KYOTO UNIVERSITY
DESIGN SCHOOL
TEXTBOOK SERIES
3

アーティファクトデザイン

ARTIFACT
DESIGN

椹木哲夫［編］
椹木哲夫・松原　厚・川上浩司・堀口由貴男［著］

共立出版

まえがき

今日，これまでの，生産者中心，少品種大量生産・大量消費，生産者から消費者へ一方通行の経済・社会システムには限界が見え始めている。価値は企業が生産し，消費者が受容し，対価を支払うという従来の構図は終焉を迎えつつあり，消費者不在の，過ぎたるものづくりのこれまでの産業構造は，市場や社会，自然環境から拒否され始めている。ここに欠落していたのは，自分たちで作った人工物を使う知恵や力である。消費者が欲しいものは，いまやモノそれ自体としての「クルマ」や「電化製品」ではなく，「クルマや家電製品を通じて得られる価値」である。それは，味わいであり，豊かさであり，楽しさであり，これらはすべからく「コトとしての実感」に通じるライフスタイルである。西洋では世界や自然を客観的に観察することにより，これをモノとして眺め，自然科学や合理的世界観が発達してきたのに対して，コトの世界に対する静かな共通感覚的感受性こそ，欧米には見られない日本独自の心性である。モノそれ自体の生産は極力最小限に抑え，むしろ企業が顧客の声を十分に商品開発や供給に反映させ，顧客と企業が一体となって供給連鎖を維持していく仕組みを生み出していくこと，そして多様化する人の価値観に応えられ，消費者は価値を発信しながら価値を増大させる生産の担い手となる社会を実現していくこと，これこそがデザイン学に託されたミッションであると考える。

ところで，人工物を介したモノからコトへの転換は，同時に，人工物とヒトへの配慮を必要とする。ヒトとの関係において人工物のデザインを考えるという視点は決して新しくはなく，これまでも人間特性を調べ，標準モデルを同定し，それを想定してできるだけ多くの人にとっての使いやすさをデザインするというアプローチは存在していた。個別仕様の差異をそぎ落とすことでの使いやすさとわかりやすさを求めたユニバーサル・デザインはその代表的アプローチである。しかしこれからの人工物デザインでは，これらとは根本的に異なる視点が要求される。それは人工物のユーザとなる者が「まったく同じ」から「すべてが違う」ことを前提にした設計思想への転換である。この転換が円滑に進むことで，高齢者や障がい者のような弱者を特別扱いするのではなく，個人の特性として対応していくことができ，その個性や潜在的能力を引き出していくことのできる社会の実現に繋がる。このような社会は，ヒトが機械や企業の論理にあわせるのではなく，機械や企業の側が，ヒトの多様性に適応的に変わっていくことのできる社会でもある。そのためには，ユーザの潜在ニーズをユーザとメーカが深いコミュニケーションを通じてものづくりや新たなサービスを生み出していくことが必須となる。

以上のようなニーズを背景に，本書では，人工物のデザイン対象を，技術的要因に加えて人的要因・組織的な要因が相互に複雑に絡む複合体と見なす。とくに，人工物自身の中身と組織である「内部」環境と，人工物がそのなかで機能する環境である「外部」環境，さらにそこにヒトがどのように人工物とかかわるかの「インタラクション」の3つの視点からのデザインを考える。ここに通底するのが，人工物の理解を可能にしているヒトの認知戦略である。本書では，ヒトの認知をどのように捉え，インタフェースの技術がそれをどのように支援するのか，それによりヒトの認知がどのように変容し，認知の対象はどこまで拡がりを見せるのか，について考える。そして人工物と環境ならびにヒトとの間で生み出されるインタラクションの諸相に着目し，ヒトが外界との連続的な相互のかかわりの中で見出している認知戦略について明らかにする。さらに，ヒトの活動を支える技術として，個人や社会にとって，光の部分のみならず，影の部分，すなわち新たな技術によって抱え込むことが予想される矛盾，へも配慮しながら，それへの解消に向けてどのような技術革新が求められるかについても明らかにする。

2018年3月

椹木 哲夫

CONTENTS
ARTIFACT DESIGN

CHAPTER

1

アーティファクトのデザイン

デザインの対象は，機械，建築物，情報システム，社会システムなど多岐に及ぶ。本章では，人工的なものをひとまとめにする人工物の概念について，まずその歴史観を含めて明らかにする。人工物のデザインにおいては，これを利用する人間との関係を抜きに進めることはできず，また人的要因に加えて技術的・組織的な要因が相互に複雑に絡む複合体として人工物を捉える視点が必要になる。そこで，デザイナが人工物をデザインするに際して，ユーザ・専門家との協業によって円滑に進めるための思考法・方法論について概観する。

（椹木 哲夫）

1 人工物の歴史と人工物観

「人工物」とは，端的に言えば「人為的に製造または建造されたもの」であり，その反対語は「自然物」と言うことができよう。「人工物」の概念が指し示すのは，外延的な定義をするならば，機械，建築物，情報システム，そして社会システムなど，人工的なものをひとまとめにする概念であると言える。それでは「人工物」の内包的な定義はどうか。H.A. Simon は「(人工物の）設計にたずさわる者は，ものはいかにあるべきか，目標を達成し，機能を果たすためにはいかにあるべきかという問題に取り組んでいる」[1, p.7]と述べている。人工物が外界，すなわち他のものに与えている効果は“機能”と呼ばれるが，まさに人工物を特徴づけるのがこの“機能”であり，このことから人工物は人間との関係性を抜きに語れず，自然物の理解を目的とする物理学とは異質のものである。人工物には「どのような意図で作られたか」，「どう使われるか」という概念が必ず伴う。そして，“意図された目的”を与えられた制約条件を満たしながら評価基準を最適にするように“機能”させるかを選択し，そのための人工物の“表現形”を決めることで完結する営為が“デザイン”である。逆に人工物の理解とは，その内部構造がどのように（人を含む）外界と作用して機能を発揮するかを知ることであると言える。この意味においては，人工物は望む機能を実現するものとして作られたものであり，人工物の“構造”とこれにより実現を望む“機能”との関係を明らかにすることがまず必要になる。たとえば，人工物の例として図 1-1（a）に示すようなさまざまな「椅子」を考える。「椅子」の“機能”としては，同図（b）に示すように，腰掛けることができる，身体を支えることができる，座ったまま回転できる，座ったまま移動できる，…などが考えられる。そしてこれを実現するために見えている“構造”の特徴としては，同図（c）に示すようにさまざまな椅子の特徴が考えられ，それぞれは“属性”と呼ばれる構造上の特徴を有することになる。すなわち，座部を有する，背もたれ部を有する，脚部を有する，キャスターを有する，…などが属性である。一般に，構造と機能の関係，機能と属性の関係は，一対一の関係ではなく，多対多の関係として定義される（図 1-2)。

ところで，現在，このような人工物の持つ“機能”の位置づけについて見直しを余儀なくされている。それは一つには，個々には望む機能を実現するものとして人間の作ったものであるにもかかわらず，人工物全体で実現される機能については，人間の望みの機能とは異なるもの，あるいは人間の意図したものとは異なる機能を持ち始める

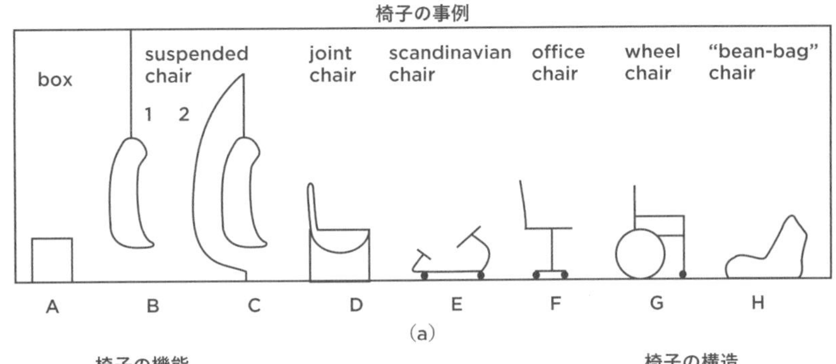

(a)

椅子の機能

function	A	B	C	D	E	F	G	H
1 seating	+	+	+	+	+	+	+	+
2 back support	+	+	+	+	+	+	+	+
3 revolving	–	+	+	+	+	+	+	+
4 movable	+	–	–	+	+	+	+	+
5 stably support back	–	+	+	–	–	+	+	+
6 ordinary design	+	–	–	–	–	+	+	+
7 contemporary design	–	+	+	+	–	–	–	–

(b)

椅子の構造

structure	A	B	C	D	E	F	G	H
1 has seat"	+	+	+	+	–	+	+	–
2 has back support	–	+	+	+	–	+	+	–
3has legs	–	–	+	–	–	+	+	–
4 has wheels	–	–	+	–	+	+	+	–
5 hasvertical rotational dot	–	+	+	+	–	+	–	–
6 has light weight	+	+	–	+	+	+	+	+
7 is hanging	–	+	+	–	–	–	–	–
8 has stopper	–	–	–	–	–	–	+	–

*A seat is a horizontal stiff object.

(c)

図 1-1　椅子における機能・構造・属性（[2] から引用）

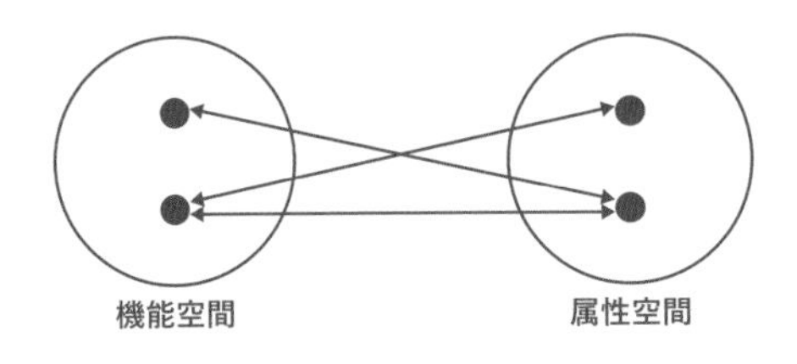

図 1-2

という事態が起こり始めていることである。ある実体を，ある状況に置いたときに発現する属性によって観察される挙動は，その状況における**顕在機能**と呼ばれる。一方，状況が変わることによって異なる機能が現れるが，その現れる可能性のある全機能は**潜在機能**と呼ばれる。現在の人工物では，顕在機能のみならず潜在機能への配慮の必要性が高くなってきている。

いま一つは，これまでの人工物のデザインは，デザインの「対象物」に焦点が当てられ，作り出されるモノがユーザの視点を反映した完成物であることが第一義に考えられてきたのに対して，これからは機能が厳格に限定されてしまったモノのデザインではなく，ユーザの視点を共に継続的に発見していけるデザインの必要性が求められるようになってきた。いわゆる**ポスト・デザインの原理**[1]である。これは「デザイン」という活動を，これまでの商品を提供する側の設計者個人の創造性から，ユーザが実際に利用する中で複数の変化しつづける視点が交錯する場で生み出される集合的な創出性に重きをおくもので，かかわり合う複数の当事者のアクティブな参加を前提とする「コ・デザイン」の観点からの人工物のあり方が問い直されている。

ところで，吉川は，人工物の意味の歴史的変遷について，有史以来の人工物がどのような目的で作られどのように使われたかを知ることによって，その時代の「人工物観」を推定できるとしている[4]。以下はその抜粋である。

『古代においては「表象のための人工物」の時代であり，人工物は精神が外化したものであり，自然と対話するために必要なものであった。やがて人工物は，「生存のための人工物」の時代に移り，人間を攻撃する外敵である邪悪なるものから人間の安全な生活のために向けられた人工物の時代が到来する。そしてその後，科学に依拠する技術を手にすることにより，科学によって人工物として構成可能なものが探求され，その可能性の中から望みのものを選択するという新たな人工物の成立過程を伴った時代が到来する。そこでは，かつての生存目的のような深刻さをもたない「利便性」が基準として選択されるようになったとし，この意味から「利便のための人工物」と位置づけている。しかし目前の利便の追求によって一つ一つ独立に成立してきた人工物が，ここへ来て突然全体が相互に結びつくことで，人工物全体の機能は人間の望みの機能とは異なるものを持つに至り，ときに人工物が人類の生存すら脅かしかねない時代が到来している（「現代の邪悪なるもの」）ことを指摘し，いまわれわれが直面している人工物観を「持続のための人工物」と締めくくっている。そして持続の実現のためには，自然物の機能と人工物の機能とを一体として対象化し，それに対する操作法を設計しなければならないとしている。個々の人工物を独立にそのものの機能によって作り，あるいは理解するのでなく，人工物の総体をまとめてみる視点が今必要とされている。』

以上の人工物観の推移を，「作りたいもの」と「作られたもの・作れるもの」との関係の推移として，図1-3にまとめる。まず表象型の人工物観の時代においては，両者の関係はほぼ等価，すなわち作りたいものを作ることで満足が得られていた時代であり，これを実現するための資源は人間が生来有している能力に限られていた。しかし生存のための邪悪なるものとの戦いのために必要になった人工物の時代には，「作りたいもの」の方が大きな広がりを見せ始め，「作られたもの・作れるもの」とのギャップが大きくなり始める。しかしこれを人間の叡智の積み重ねに基づいて後者を追随して拡大し，着実にその差を埋めていくことを可能にしてきた。このギャップを埋めるために活用された人類の叡智は，目先の邪悪なる仮想敵が消失した後は，今度は，利便性や豊かさの追求という新たな価値を引き出し，この価値を満足させるべく「作られたもの・作れるもの」の範囲を引き続き拡大させ続けてきているのが現代であると言える。そしてその結果直面しているのは，一つに人間による管理能力を超越し始めている人工物の制御を人間の手に取り戻さなければならないという自己矛盾の解消であり，いま一つは，今以上に「作りたいもの」が何かを明らかにすること，すなわち，人工物によってもたらされる新しい価値の発見，を成し遂げなければならないという問題に直面している。

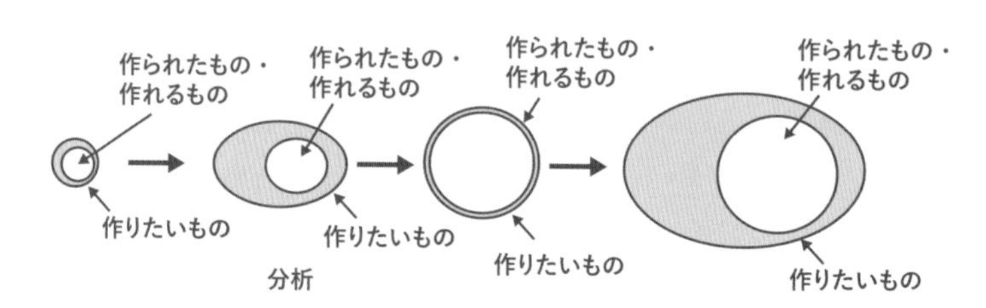

図1-3　人工物の意味の歴史的変遷（[4]p.64より著者により改編）

2
人工物と人

このような状況において，いまわれわれに必要な人工物に対する視点は明らかである。それは個々の人工物を独立にそのものの機能によって作り，あるいは理解するのでなく，人工物が構成する全体とそれらが作用する人や自然環境を含めた総体，としてみる視点の必要性である。実際，伝統的な自然科学に基づく科学技術は，自然の認識とコントロールに大きく貢献してきたと言える。しかしこのような考え方の延長に，自然と社会・人間との「調和・共生」への道があるわけではない。現代の設計では，設計者と生活者，設計者と利用者の立場が分離し，創出した人工物がいかなる帰結をもたらしているかについての配慮が十分になされているとは言えない。

前掲のH.A. Simonは，人工物の定義を，設計され組織化された内部環境と，それが機能する(人を含む)環境である外部環境の“インタフェース”であるとし，「もし内部環境が外部環境に適合しているか，あるいは逆に外部環境が内部環境に適合しているならば，人工物はその意図された目的に役立つ」[1, p.9]ことを指摘している（図1-4)。人工物が期待どおりの振る舞うとき，そこにかかわっている条件は，外部環境と内部環境の間での適合を保証するための最低限の条件となる“インタフェース”であり，ここに人工物の本質が存在する。

この主張には，人工物のデザインを考える上での重要な示唆を含んでいる。ここではあえて人工

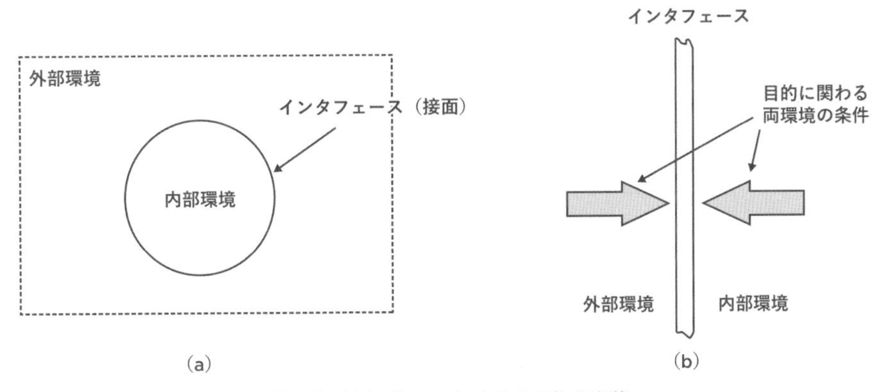

図1-4　H.A. Simonによる人工物の定義

物観として，人との関係において再定義を試みる。それはまず第一に，デザインの対象となる人工物は，従来のモノの集合体としての人工物ではなく，「人を要素として含むシステム」を対象としなくてはならず，このような系が呈する振る舞いを決定づけるのは，認知主体となる人の介在であり，人の認知は周囲環境との関係（インタラクション）を抜きには考えられないこと，第二にこのような関係のあり方は，事前の入力によってのみ決定されるわけではなく，人が置かれる時間的・空間的な文脈（コンテクスト）に依存すること，第三に認知主体がモノとしての狭義の人工物に対して持つことになる認識は，静的・固定的な内容ではなく，常に新しい認識の循環を作り出しながらダイナミックに変容し続けること，という点を押さえておかなければならない。

現実にモノづくりに対する近年の内外からの要請は新規で困難な問題を含んできている。たとえばユーザビリティ設計に対する国際標準であるISO13407は，**対話型製品の人間中心設計プロセス**（Human-centered design processes for interactive systems）と呼ばれ，われわれの身の回りにあるコンピュータを応用した対話的製品のすべてがその対象とされる。人間中心設計プロセスでは，図1-5に示すように，ユーザの実践的な利用状況をいかに把握して設計段階にフィードバックするプロセスを経ているかに関する標準化として提言された。このような動向が意味するものは，従来のデザインの「対象物」に焦点を当てた設計から，ユーザとの「関係性」に焦点を当てたデザインへの変容であり，明確なニーズや目的を持った消費者を相手にしている限りは機能性重視の設計でよかったものが，いまや製品とのインタラクションによる体験を探し求める消費者が相手であり，そこでのユーザビリティの持つ意味も「設計者により埋め込まれた機械的作業に対して，ユーザの側がどのような『意味』を読み込めるか」といった設計者とユーザの間のインタラクション設計にまで敷延した議論が必要になってきている。

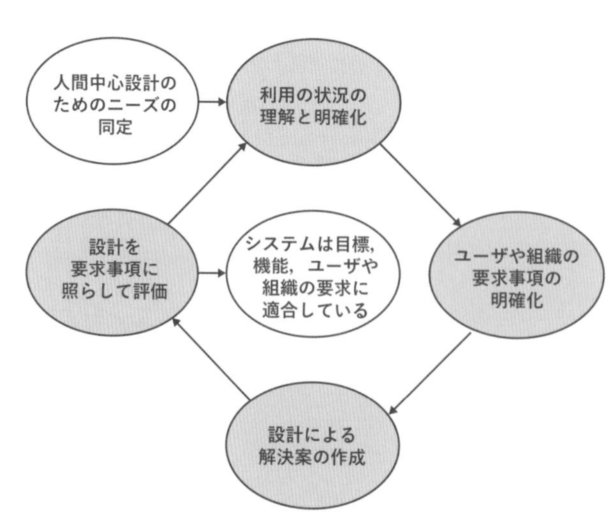

図1-5　対話型製品の人間中心のプロセス

3 人間機械系のデザイン

そもそも，人間と機械の関係は，古くは「職人と工具」の関係に始まり，やがて「オペレータと機械」の関係にシフトして人間と機械が仕事を分け合うような状況が生み出された。さらに機械の自動化が高度化し，知能を持ち始めるに至って，人間と機械の関係の安定性がいま正に破られようとしており，両者の安定した関係性を回復するべく，人間と機械を繋ぐインタフェース設計の見直しが迫られている。人間と機械の理想的な関係は，いずれが他方に対して優位に立つかの問題ではなく，さらに固定化された役割の最適割当によるものでもない。重要なのは自動化・知能化の進む機械を「自律性を持った人間のパートナ」として位置づけることである。そこで必要になるのが，ユーザとなる人間と，制御や監視の対象となる機械システムとの，社会的なインタラクションを可能にするインタフェース設計であり，人間排除から人間の認知能力・主体性を積極活用できるシステムの実現である。

人とシステムのインタラクションには図 1-6 に示すように，一般に 2 種類の界面が存在する。一つは人とシステムの間に介在する直接的な界面であり，いま一つはシステムが物理的世界で実際に課題を遂行するところに存在する間接的な界面

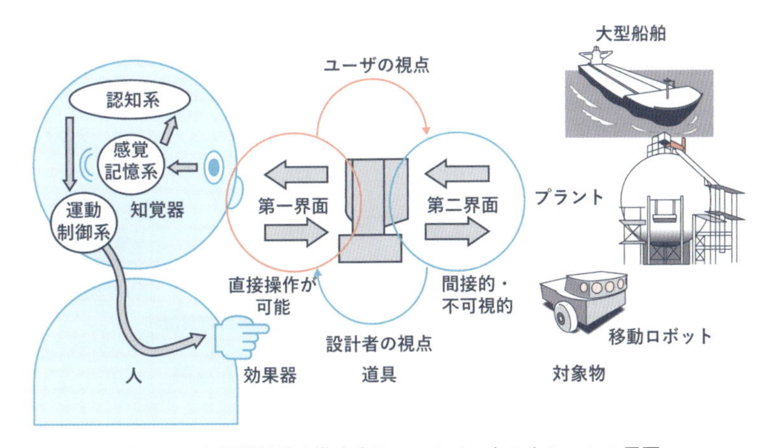

図 1-6 人間機械系を構成する二つのインタラクションの界面

で，前者は人が直接知覚でき操作できる部分であり，後者は道具が世界に働き掛ける制御部分である。人の操作の目的は後者の部分であろうとも，この部分は不可視的でありそれが故に明示されるものではなく，人はそれと直接かかわり合うことはできない。人が第一の界面を意識することなく，第二の界面での課題がうまく遂行できるように道具を設計すること，それが優れたデザインである。ユーザビリティの不備はこの両者の乖離にあり，それは第二の界面に重きをおく設計者と第一の界面から入るユーザの知識の間の不適合に依拠している。双方の差が大きければ大きいほどユーザにとっての第二の界面は不可視的なものとなり，把握できないものとなる。人が設計者の知識を理解し設計者が人の特性を理解するほどに，双方の界面で必要な知識が重なり合い，人と道具（機械）の乖離はなくなる。これは道具を自らの身体に組み込み拡張された身体を形成することに等しい。

現在われわれの日常生活にはさまざまな自動化ツールが「道具」として入り込んできている。一般に自動化システムの設計に当たっては「何が便利になるか」の部分は意識に上るが「どのような関係が失われるか」の部分は導入してみないことにはわからない。特に後者の場合，導入以前に意識に上ることなく日常化してしまっている関係ほど，いったんそれが失われたときの重大性や事故への直結性は大きい。技術主導での自動化設計から，より利用者（ユーザ）の視点，すなわち「インタラクション当事者の視点」に立ったインタフェース設計が考えられなければならない。開発された自動化システムを新たな作業環境に導入する際のフィージビリティは慎重に吟味されなければならない。そして十分に自動化の長所を活かすための戦略立案は，システムの設計段階ではなく，むしろ「実践」の場を通してユーザによって初めて可能になる。

人間機械系の分野では，しばしば“Substitution Myth”（可置換神話）という概念が引用される。図 1-7 に示すように，ある人間の作業の一部の機能を自動化で代替する場合，人間が担うその他の機能に対しては何ら影響を与えるものではない，というのは神話にすぎず，新たな道具の導入は，その作業内容そのものを変えてしまうばかりでなく，その作業を必要とする状況を変えてしまい，かつ人間がいつどのように介入できる（すべき）かの条件すら変容させるという警告である[5]。

たとえば，図 1-8 に示すのは，自動車の製造工場における組み立て作業で，エンジンを車のシャーシに取りつける作業の例を示す[6]。近年，多くの自動車メーカが，モジュール化組立工法を推進してきている．しかしモジュール化された部品は，重量・サイズが大型化し，場合によっては 50［kg］を超えるモジュール部品を数十［mm］のクリアランスを保証しながら車体に搭載する必要が出てくる。体力の衰えが否めないベテラン作業者でも作業負担を強いられることなく，また彼らが優れたスキルを発揮しながら，かつ安全にモ

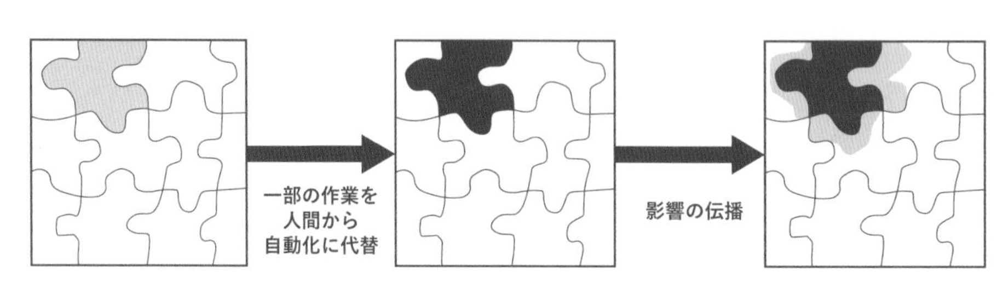

図 1-7　可置換神話の概念

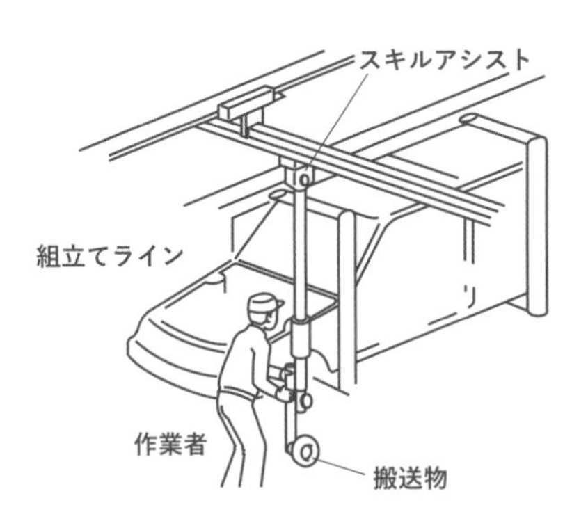

図 1-8　スキルアシスト装置
（豊田工業大学　山田陽滋氏より）

ジュール部品の搭載作業を行うことができるように，スキルアシストと呼ばれる準自動化装置による作業支援が行われている。作業者の操作ハンドルに内蔵された力センサが水平動作操作力を検出し，エンコーダ信号と共にアシスト制御の人力信号を構成し，インピーダンス制御系を構成することで，機械インピーダンスのうち，慣性・粘性を制御対象として，主に慣性値制御によりアシスト力を生み出して，操作者の操作力低減が実現されることになる。年配作業者でも厳しい条件下で組立作業が遂行できるようにするために，単に持ち上げる際の操作力を低減するだけでなく，持ち上げた状態でシャーシ上の取りつけ位置まで搬送し，取りつけ位置近くでは高い精度での位置決め作業が求められる。一連の作業過程の変化に適した操作フィーリングを違和感なく連続的に作業者に提供しなければならない。

このような支援装置の現場導入に際しては，安全性を保証するための厳しいリスクアセスメントが義務づけられている。支援装置が人の動作意志に忠実にアシスト機能を実現している限りは，リスクは避けられるが，搬送時の揺れ等で取りつけ部品がシャーシの一部に衝突しそうになった場合に，支援を受けている作業者は，思わず衝突を回避するべく，自身の手を使って止めようする。支援装置によりわずかな起動操作で部品を搬送できることから，大きな慣性力を持って移動していることに気づかず，反射的にそのような対応をとる。しかし実際には止められるものではなく，部品とシャーシの間に指を挟んで切断してしまうというリスクも十分に考えられるのである。作業のフェーズ毎にアシスト装置のインピーダンス特性を変えて，作業者にとって，手作業で行なっていた際から違和感なくアシストを受けながら支援するための技術が進む一方で，その違和感の無さは，逆に想定外の事象に際して扱っている道具に対する誤った信念を獲得させてしまうというリスクを同時に併せ持つことになるというジレンマを抱え込むことになる。そこには，頭の中では理解していても，自動車の車体内という狭あいな作業環境の下で，かつ高い精度での作業が求められるというデマンドによっては，冷静な判断ができなくなるというリスクも事前に注意深く検討しておく必要がある。この事例が示すように，人間・環境（作業）要因・自動化ツールの三者が織りなす相互作用系，技術と人間と実践で形作られる「生態系」としての認識に立ち，インタラクションを通して生成されたり消滅したりする関係生成のダイナミクスを十分に考慮することが必須となる。

4
社会技術系のデザイン

前節末尾でも述べたように，新しい機器やシステムの導入，ニーズの変化などを受け，生産現場や医療現場など，「現場」と名のつく場所での作業変容は著しい。このような作業変容は，現場とそれを取り巻く環境や組織とのかかわり合いから生まれる。すなわち，組織には複数の実践共同体が存在し，それらの実践を無視して開発された手順や機械システム等の人工物は，彼らに受け入れられないか，あるいは彼らの活動を阻害するものとして立ち現れ，ときに重大事故に繋がることすらある。

安全文化の諸段階は，第 1 段階：技術的段階，第 2 段階：人的過誤段階，第 3 段階：社会技術的段階と進み，各段階で求められる安全性解析の手法も変遷してきている。特に現在求められているのは第 3 段階としての社会技術的段階での安全性評価である。

社会技術系（socio-technical systems）の用語は，現在さまざまな分野に分岐して研究が展開されている。古くは，作業現場における情報技術の導入に伴う作業変容を論じる分野から，生産現場のみならず事業全般における情報技術のあり方を論じる分野，そしてこれらの新しい技術の実用形態についての現場観察に基づく情報技術の支援による協調作業（CSCW：Computer-Supported Cooperative Work）に関する分野も含まれる。ここではE. Hollnagel and D.D. Woodsらの提唱する認知工学（cognitive engineering）における社会技術系[7]について考える。これは，図 1-9 に示すように，技術的要因と人的要因，さらに組織的要因の相互関係から，人間の内的メカニズムのモデル化を入れ，文脈性に依存した行動形成因子，状況との相互作用による動的側面・影響因子間の相互依存性・大局的影響という側面に焦点を当てて，システムの安全性を評価する考え方である。表 1-1 に E. Hollnagel による CPC（共通行動条件：Common Performance Conditions）の 11 因子をまとめる。これは社会技術系の中での人間行動の形成に共通的に影響を及ぼす因子で，これらのいくつかが不適切であれば正常な状態から逸脱させる要因として定義されているが，そのままゆらぎ要因としても捉えられる。同表に T（技術）・

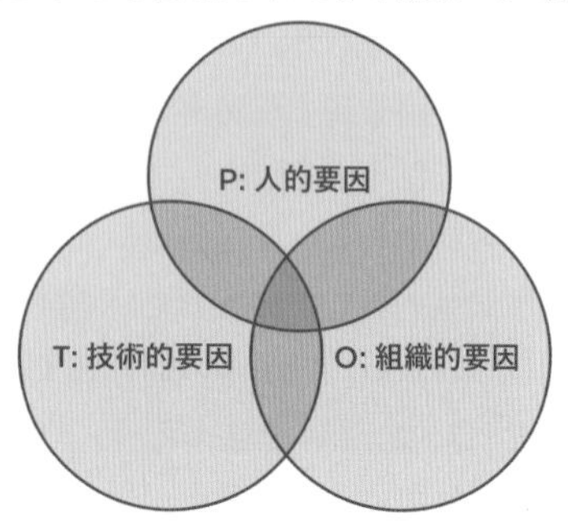

図 1-9　社会技術系の TOP モデル

表 1-1　E. Hollnagel による共通行動条件（ゆらぎ要因）

共通行動形成条件 （Common Performance Conditions）	TOP との対応	
Availability of Resources	資源可用性	(P, T)
Training and Experiences	訓練経験	(P)
Quality of Communication	連絡	(P, T)
HMI and Operational Support	インタフェース	(T)
Access to Procedures and Methods	運転要領	(P)
Conditions of Work	作業環境	(T, O)
Number of Goals and Conflict Resolution	同時達成目標	(P, O)
Needed Time/Available Time relation	時間余裕	(P)
Circadian Rhythm	サーカディアンリズム	(P)
Crew Collaboration Quality	クルー協調	(P)
Quality and Support of Organization	管理組織	(O)

O（組織）・P（人）との対応を併せて示す。

さらに技術的，個人的，社会的，管理上，組織上の要素の相互関係を解析する必要性から，社会科学からの学際的なアプローチも展開されており，その代表的なものに活動理論（Activity Theory）がある。これは L. Vygotsky らの心理学に起源を有し，Y. Engeström によって発展させられた理論[8]で，活動は人と対象で決まる二項関係ではなく，道具が介在する三項関係で定義され，さらに分業・共同体・ルールとの関係も加わる複合体として定義すべきであるとしている。活動の構造がこれらの原理から導かれる様子を示したのが図 1-10(a)である。ここで述べる道具には，物理的ツールだけでなく，記号，言語，概念などの人工物全般が含まれる。活動理論では，活動の単位を図 1-10(a)に示した構造として捉え，同(b)に示すように，活動の発展をこの構造の中ならびに複数の活動の間で発生する「矛盾の連鎖」として追跡する考え方である。なお，この詳細については第 9 章で論じる。

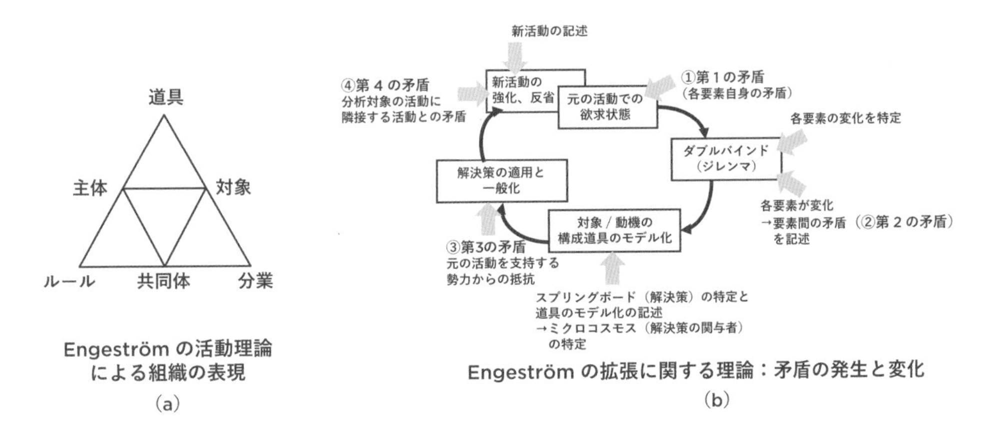

図 1-10　Y. Engeström による社会技術系の構成要素

5

人工物のデザインに向けたシステムズ・アプローチ

前節で述べたような社会的な問題複合体の解釈のためのアプローチとしてはシステムズ・アプローチがよく知られる。システムズ・アプローチの目的は，図 1-11 に示すように，実世界の問題を抽象の世界へと移すことである。あらゆる実問題を情報の伝達系としてとらえ，情報処理や通信の最新技術を駆使して，抽象の世界での問題解決を行ったうえでこの解を現実の世界に再び戻して実現しようとするものであるが，現実を抽象化する過程で大きな困難を伴い，また抽象の世界で得たものを現実の世界に戻すときにも大きな障害を伴う。実問題を情報系に抽象化する際には，この実問題に精通する専門家の協力なしには成り立たない。

システムズ・アプローチは，本来，実世界における種々の複雑な問題に対して，人間が適切な意

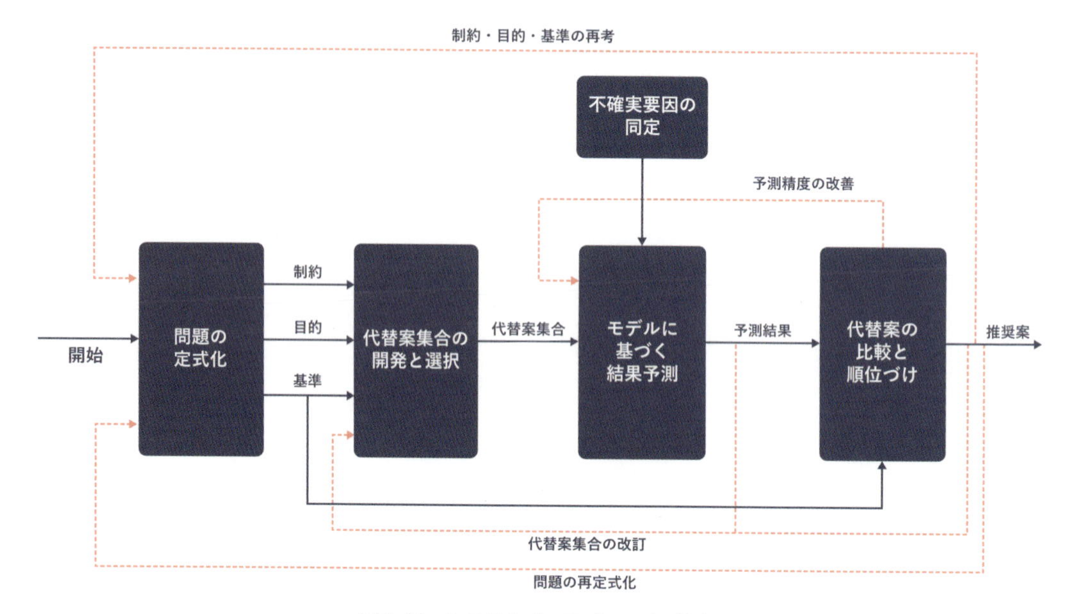

図 1-11　システムズ・アプローチの流れ

思決定を行うために必要欠くべからざる手法でなければならない。システムズ・アプローチによってシステムの解析をしようとする前にまず考えなければならないことは，システム解析のニーズを感じているユーザの存在することである。すなわち，ユーザが期待することを行うために，システム解析者は種々の知識と技術を組み合わせることによりシステムズ・アプローチに必要な適当な道具を作らなければならない。

従来までのシステムズ・アプローチは，システムエンジニア主体のものであったことから，ユーザとのギャップを深くすることが多かったが，これをユーザの主体的な参加やコミットメントを引き出せるものに転換するべく，人間とコンピュータとの対話による学習効果に重点をおいて開発されてきたのが，図 1-12 に示す参加型システムズ・アプローチである[9]。**参加型システムズ・アプローチ**は「システム的な思考によりシステムの分析・評価・最適化などの手法を駆使しながら，複雑な問題の解決を探る方法論」であり，システム設計者とユーザとコンピュータとの間の対話的プロセスとして構成される。

決定者の決定行為や認識の変化までをも組み込み，現実の状況への介入・行動をも内包することで，現実世界との相互作用を伴う継続的な探索や学習サイクルを活性化させるための方法論として提案されたのが，英国ランカスター大学の P.B. Checkland による**ソフトシステム方法論**：SSM（Soft Systems Methodology）であり，1970 年代後半から 1980 年代始めにかけてさまざまな適用が試みられた[10]。

この考え方が前提とするのは，「システム」は観察者である人間の心の中に存在するものであり，自然界の現実を表すものではない，という点である。したがってモデリングのプロダクトを得ることがその究極の目的ではなく，この種の有目的的な行為にたずさわっている人間の活動のプロセスそのものに関するシステム概念を確立する点が強調される。このプロセスを図 1-13 に示す。P.B. Checkland は，現実世界の中で生起し，あるいは認識され，問題とみなされる状況のタイプの分類として，

タイプ 1：世界の規則性の一部である相互関連性によって特性を記述される状況や現象。

タイプ 2：状況の論理性から派生する相互関連性によって特性を記述される状況。

タイプ 3：自律的な観察者による状況の認識に

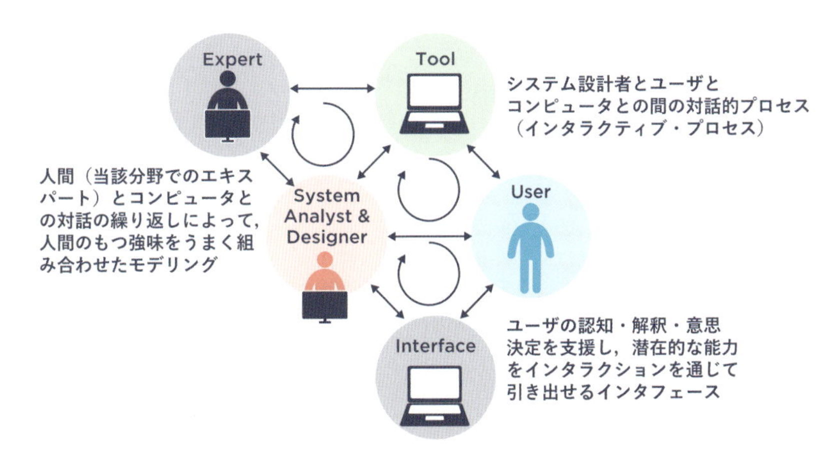

図 1-12　参加型システムズ・アプローチの構成

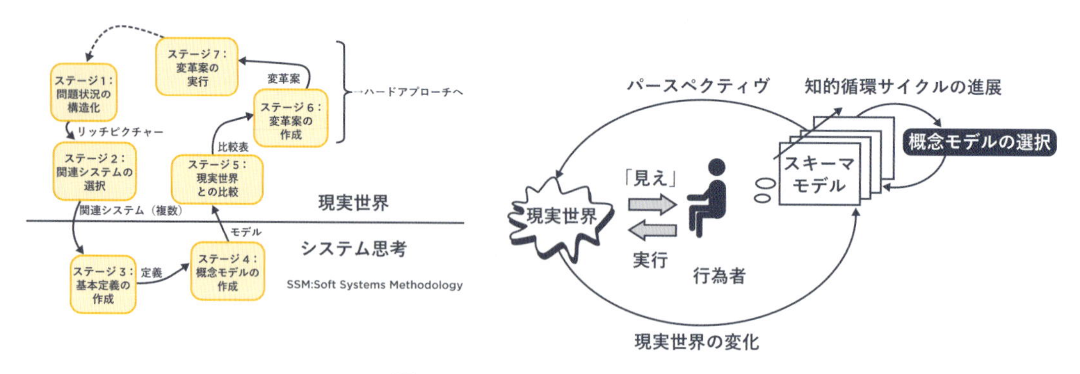

図 1-13　SSM のフレームワーク

帰属される意味によって支配されている状況。

に分類し，従来のシステムズ・アプローチ（SA）やオペレーションズ・リサーチ（OR）（いわゆる「ハードなシステム方法論」）はタイプ 1 と 2 の状況の中で開発されたものであるのに対し，SSM は人間の認識に支配されたタイプ 3 の状況を取り扱おうとするものであると位置づけている。ハードなシステム思考の仮定は，対象とすべき現実がシステム的でありそれを写像するべき方法論が体系的でありうることであった。これに対してソフトシステム方法論では，現実はより複雑なものであることを認め，これを扱う方法論がシステム的でありうることを求める。いわばシステム性を現実から現実探求過程にシフトするという根本的なパラダイム・シフトを唱える考え方であり，この点で，前述のポスト・デザインの趣旨にも合致する。

6 デザイン思考とセミオーシス

デザインを科学における「思考方法」として捉える見方は，古くはH.A. Simonの著書『システムの科学（The Sciences of the Artificial）』に見られる。続いて，P.G. Roweの『デザインの思考過程（Design Thinking）』（1987年）では建築家と都市計画者が用いる方法とアプローチを記述した著書の中で「デザイン思考」という言葉を最初に用いている。R. Fasteは1980年代から1990年代にかけて，スタンフォード大学にて「創造的営為の方法としてのデザイン思考（design thinking as a method of creative action）」を教授し，デザイン思考のビジネスへの応用はR. Fasteのスタンフォード大学での同僚であるD. Kellyよって開始された。D. Kellyは1991年にIDEOを創立した人物である。また初期のデザイン思考の一部は前節で述べたソフトシステム方法論に出自を持つとされ，実践的かつ創造的な問題解決もしくは解決の創造についての形式的方法である。IDEOのCEOであるT. Brownは，「デザイナの感性と手法を用いて，人々のニーズと技術の力を取り持つ」ことを目的に，「実行可能なビジネス戦略にデザイナの感性と手法を用いて，顧客価値と市場機会の創出を図る」のがデザイン思考であるとしている[11]。また奥出は，「デザイン思考は顧客を発見し，その顧客を満足させるために何を作ればいいか，つまりコンセプトを生み出し，そのコンセプトをどうやって作るのか，さらには顧客にどのように販売するのかまでを考えるビジネス志向の方法である」としている[12]。いずれにも共通するのは，「観察から洞察を得て，仮説を作り，プロトタイプを作って，それを検証し，試行錯誤を繰り返して改善を重ねながらモノ（製品／サービス）を創り出す」創造的なプロセスを規定するもので，“人”や“現場”に注目し，観察を通じて，人々の行動や思考，コンテクストをありのままに理解することからスタートする。

スタンフォード大学のデザインスクールで開発された5段階のデザイン思考を図1-14に示す[13]。

Step1：共感

「意味あるイノベーションを起こすには，ユーザを理解し，彼らの生活に関心を持つ必要がある」

Step2：問題定義

「正しい問題設定こそが，正しい解決策を生み出す唯一の方法である」

Step3：アイデア創出

「正しいアイデアを見つけるためではなく，可能性を最大限に広げるために行う」

Step4：プロトタイピング

「考えるために作り，学ぶために試す」
Step5：検証
「テストは，自分の解決策とユーザについて学ぶための機会」

以上のようなデザイン思考のプロセスを，わが国固有の「ものづくり」の観点から再考する。

デザイン思考により解決しようとする問題は，自分だけの問題であることはめったになく，それはあくまで特定の人々が抱える問題である。彼らのためにデザインするには，彼らが誰であり，彼らにとって重要なものは何かを理解しなければならない。人々の言動や周囲の環境に対する反応を観察することで，彼らが考え感じていることの手掛かりが得られ，また，彼らのニーズを学ぶ助けになったり，目に見えない彼らの経験が持つ意味を捉えたりすることもできる。全体像を理解したりすべてのものの中で使えるものを掴んだりするために，共感段階で得たものを結論に持っていくためには，見聞きしたすべてのものを処理する必要がある。

次の問題定義の段階では，取り組むべき特定の有意義な挑戦課題を決め，その後の創造段階ではその課題に取りかかるために解決策の考案に集中する。会話や観察時に傑出していたものは何かを考え，どのようなパターンが現れたかを掘り下げることで，ユーザだけでないより大きな文脈との関係性を生み出すことができる。ユーザがどのようなタイプの人であるか理解を深め，そして，満たす必要があると思われる限られた数のニーズを統合・選択する。

そしてアイデア創出では，自分が選択可能なアイデアの幅を可能な限り押し広げ，ただ一つの最善の解決策を見つけるのではなく，目的別に分類された知識や抽象概念に基づく抽象化が必要とされる。

目的意識の対象化ができれば，発見された規則性を用いて目的に沿った対象をプロトタイプとして作り上げる。プロトタイプはユーザが対話できるものであり，ユーザが何かを経験できるものに意識を集中させる意味を持つとともに，プロトタイプに表象されたサインを読み取り，ユーザのより豊かな感情と反応を引き出すことが目的となる。プロトタイピングとその次の検証は，ともに

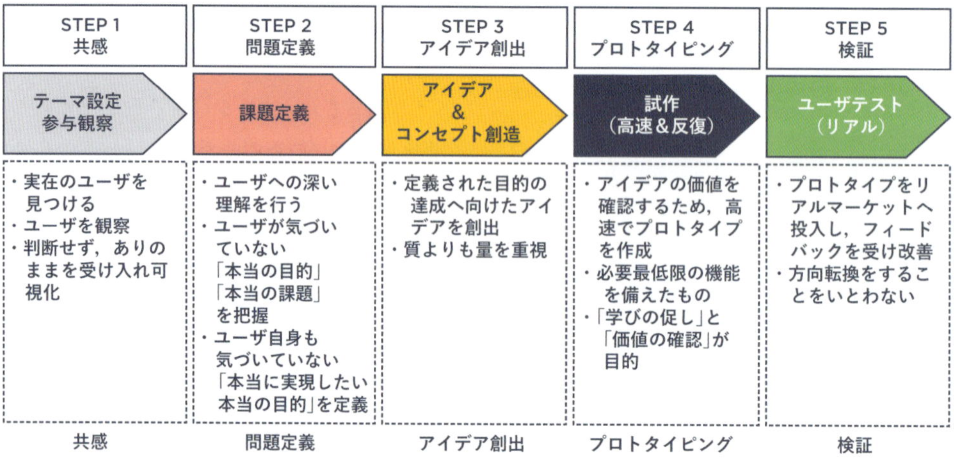

STEP 1 共感	STEP 2 問題定義	STEP 3 アイデア創出	STEP 4 プロトタイピング	STEP 5 検証
テーマ設定 参与観察	課題定義	アイデア & コンセプト創造	試作 （高速&反復）	ユーザテスト （リアル）
・実在のユーザを見つける ・ユーザを観察 ・判断せず，ありのままを受け入れ可視化	・ユーザへの深い理解を行う ・ユーザが気づいていない「本当の目的」「本当の課題」を把握 ・ユーザ自身も気づいていない「本当に実現したい本当の目的」を定義	・定義された目的の達成へ向けたアイデアを創出 ・質よりも量を重視	・アイデアの価値を確認するため，高速でプロトタイプを作成 ・必要最低限の機能を備えたもの ・「学びの促し」と「価値の確認」が目的	・プロトタイプをリアルマーケットへ投入し，フィードバックを受け改善 ・方向転換をすることをいとわない
共感	問題定義	アイデア創出	プロトタイピング	検証

図 1-14　デザイン思考の 5 段階（http://www.buildinsider.net/enterprise/designthinking）

連動した段階であり，検証しようとしている内容とどのように検証するかの方法は，プロトタイプを作る前に仮説を構成しておく必要があるが，この段階では，目の前にない存在物を間接的に考えることができる思考の間接性や推論能力の獲得を伴わなければならない。この段階では，人工物を媒介として目的意識共有のための基盤が生成される。デザイナには，ユーザが最も自然で正直なフィードバックを返してくるのはどのような方法なのか，それを注意深く考えた上で言葉から形へと変換することが求められる。ここでは，ユーザにプロトタイプへ手を加えてもらうことや，何らかの経験を彼らに提供するようにする。最初からすべてを説明せず，ユーザがプロトタイプをどのように解釈するかの観察に時間をかけ，彼らがプロトタイプをどう使うか（誤用するか），どのように扱いどのような反応を見せるかを観察する。そして，彼らがプロトタイプについて言ったことや彼らの質問に耳を傾ける。これらはすべて解釈された意味を形として提示するためであり，解である形の意味を他者に伝えることでもある。プロトタイプは唯一のものではなく，複数のプロトタイプを作ってみたり，ブレインストーミングのさまざまなトピックをさまざまなグループで試してみたりすることになる。このようにして，何度もプロセスを繰り返す中でデザインが絞られ，大まかなコンセプトから微妙な違いを含んだ詳細なものへ移っていくことになる。

以上のプロセスを，図 1-15 に示す。デザイン思考で重要なプロセスは意味生成過程であると言える。また図 1-16（a）に Y. Nagai によるデザイン思考の思考経路を示す。同図（b）に「寂しさの椅子」を目的としたデザイン思考経路モデルの一例を示す[14]。この中での，Semantic Generative Search のフェーズが特に重要である。選択可能なアイデアの幅を可能な限り押し広げ，ただ一つの最善の解決策を見つけるものではなく，抽象力が必要とされる。

デザイン思考が有効とされるのは，J. Rittel が言うところの「厄介な問題（wicked problems)」[15]，すなわち明確に定義されておらず扱いにくい問題に対してである。この種の問題は，何が要求されているかを特定するためには膨大な時間とエネルギが必要とされることから，問題解決活動の大部分は問題の定義と問題の定式化に当てられる。

以上の観点から，人工物一般のデザインは，デザイナの視点から言えば，ユーザを取り込みながら進行する複数の記号過程の連鎖と考えることができる。C.S. Peirse の記号論（semiotics）では，記号（sign）は「それ自身とは別の何かを表すもの」と定義され，記号として認識される「代表項」(representamen）とそれが参照する「対象」(object)，両者を結ぶ「解釈項」(interpretant）で

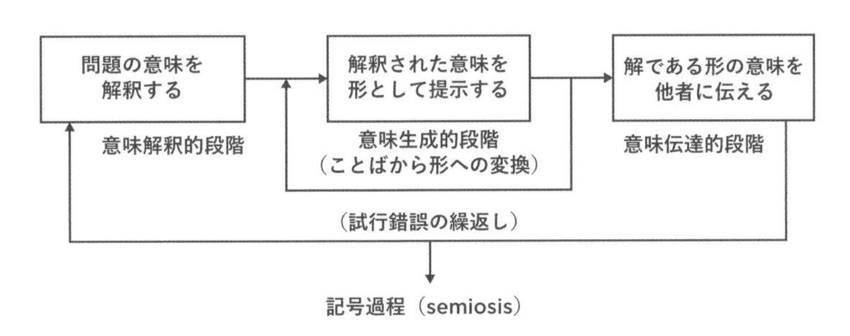

図 1-15　デザイン思考における意味生成過程

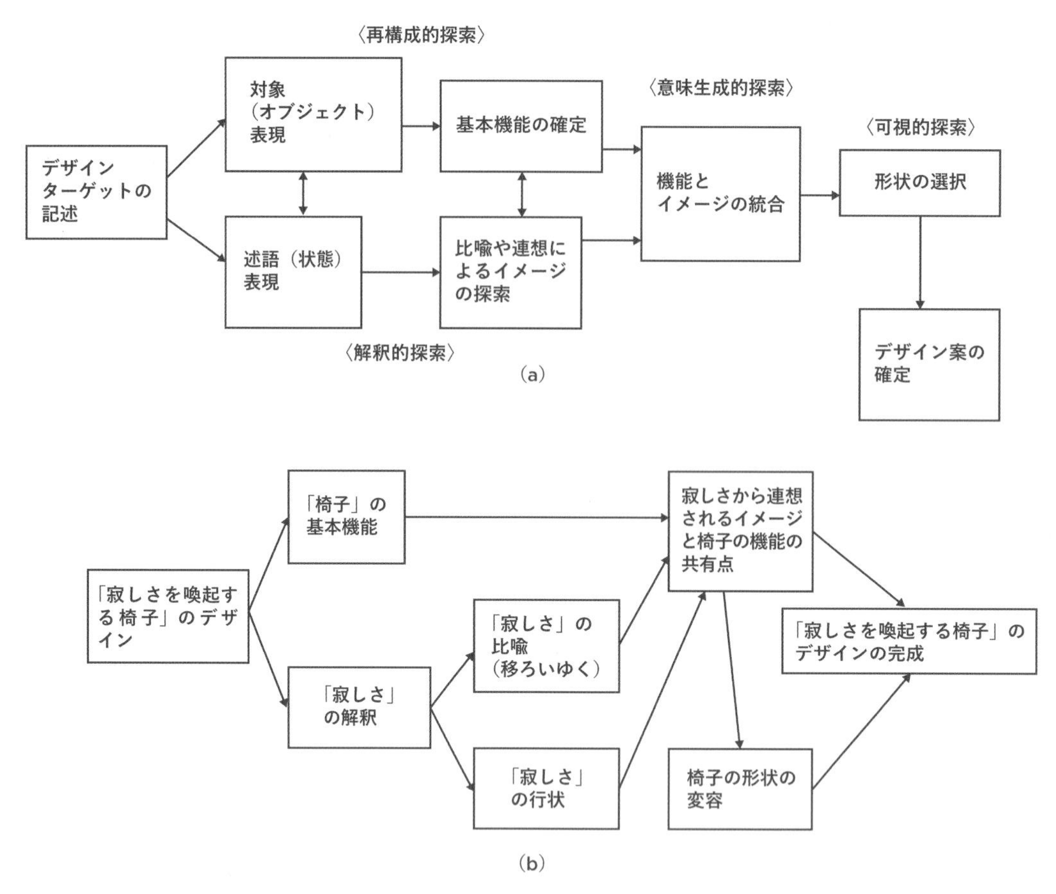

図 1-16　デザイン思考の思考経路モデル（[14] をもとに著者により改編）

構成される三項関係としてその構造が記述される[16, 17]。ここで解釈項とは，認識した記号を対象に結びつける解釈者の思考作用を意味する。つまり，代表項と対象の関係は解釈項を介して意味づけられるものであり，両者の間に直接的な関連は必要としない。記号を解釈して対象を想起していくプロセスはセミオーシス（記号過程，semiosis）と呼ばれる。解釈項はそれ自体が心の中に生成されたさらなる記号としても機能するため，解釈項が連鎖的に生まれることで記号過程という対象を中心とした思考（記号内容の意味づけ）は次々と発展し得る。

まずデザイナが問題の意味を解釈する段階を経て，その考えるビジョンのプロトタイプは，記号化された“表現形”としてユーザへ伝達されるべく特定の構造やメディアによって物質的に具体化され，デザイナの解釈した意味が形としてユーザに提示される。そしてこの表現形がユーザのもとに晒されユーザにより体現化されて，ユーザによるその解釈項の内容は「ユーザエクスペリエンス」として表出される。今度はこの解釈項の内容がデザイナにとっての新たな記号に転じることになり，その利用実態がデザイナにフィードバックされる。そしてここで生みだされる記号に対するデザイナの解釈項は，デザイナによるユーザモデルの再構成というプロセスに相当し，その結果に基づいて，新たな記号過程が循環的に引き続くことになる。

デザインされたプロトタイプは，元来有限性の拘束下でしか表現できないのに対して，その後のユーザによる解釈項の作用により，その限られた構造が生成的に補完され無限の可能性が引きだされることになる。すなわちユーザの解釈という主体的参加により，人工物の機能が選択されていく。デザイナの不完全性に対してユーザの記号解釈への積極的参加がそこにはあり，同時にデザイナにおいてもユーザの呈する利用実態に対する積極的参加が伴ってくるのが，記号論的に見たデザイン思考である。記号論，セミオーシスについては，第 8 章で詳述する。

システムズ・アプローチは「実世界の問題を，情報処理を介して，抽象の世界へと移す」ことであるのに対して，セミオーシスは「デザインの目標となる抽象の世界を，記号の世界（＝プロトタイプ）を介して，ユーザの解釈できる世界へ移す」ことであると言える。そしてその前提になるのが，ソフトシステムズ・アプローチで唱える「自律的な観察者による状況の認識に帰属される意味によって支配されている状況」を扱っていくことにほかならない。

演習問題

（問 1） 図 1-1 で示した椅子の例に倣い，日常的な人工物の例として，「マグカップ」と「旅行用スーツケース」それぞれについて機能と構造の属性群を示し，両事例で共通する特徴について述べよ。また，それぞれについて顕在機能と潜在機能について例示せよ。

（問 2） H.A. Simon はその著書の中で「もし内部環境が外部環境に適合しているか，あるいは逆に外部環境が内部環境に適合しているならば，人工物はその意図された目的に役立つ」という言明を与えている。身近な人工物を例に，この言明の意味するところを説明せよ。

（問 3） 本章で取り上げた“Substitution Myth”（可置換神話）について，身近な自動化機器の例を取り上げ，新たな道具の導入が，どのように作業内容を変えてしまい，その作業を必要とする状況をも変えてしまうことになるかを例示せよ。

（問 4） 本章で述べたように，吉川弘之氏はこれからの人工物観として「持続のための人工物」という視点を与えている。ところで，2015 年 9 月の国連サミットで加盟 193 か国が 2016 年〜2030 年の 15 年間で達成するために掲げた目標として以下の 17 のテーマが SDGs（Sustainable Development Goals：持続可能な開発目標）として採択されている。

(1) 貧困をなくそう
(2) 飢餓をゼロに
(3) すべての人に保健と福祉を
(4) 質の高い教育をみんなに
(5) ジェンダー平等を実現しよう
(6) 安全な水とトイレを世界中に
(7) エネルギーをみんなに，そしてク

リーンに
(8) 働きがいも経済成長も
(9) 産業と技術革新の基盤をつくろう
(10) 人や国の不平等をなくそう
(11) 住み続けられるまちづくりを
(12) つくる責任つかう責任
(13) 気候変動に具体的な対策を
(14) 海の豊かさを守ろう
(15) 陸の豊かさも守ろう
(16) 平和と公正をすべての人に
(17) パートナーシップで目標を達成しよう

いずれかのテーマを取り上げて，人工物のデザインとして果たすべき役割について論じよ。

参考文献

[1] Simon, H. A.: *The sciences of the artificial* (3rd, rev. ed. 1996; Orig. ed. 1969; 2nd, rev. ed. 1981) (3 ed.), MIT Press, 1969.
[2] Yoram R.: *A critical review of General Design Theory Research in Engineering Design*, Volume 7, Issue 1, pp 1-18, 1995.
[3] Sanders, E.B.–N.: From User-Centered to Participatory Design Approaches,*Design and the Social Sciences Making Connections*, Edited by Frascara, J., pp.1-8, CRC Press, 2002.
[4] 吉川弘之：人工物観，横幹，1(2) pp.59-66, 2007.
[5] Carrroll, J. M., Campbell, R. L.: Artifacts as psychological theories: the case of human computer interaction, Watson Research Center, 1988.
[6] 鴻巣仁司，荒木勇，山田陽滋：自動車組立作業支援装置「スキルアシスト」，日本ロボット学会誌，Vol.21, No.1, pp.57-58, 2003.
[7] Hollnagel, E., Woods, D. D.: *Joint cognitive systems: Foundations of cognitive systems engineering*, CRC Press, 2005.
[8] ユーリア・エンゲストローム（著）, 山住勝広等（監訳）:『拡張による学習—活動理論からのアプローチ』, 新曜社, 1999.
[9] 椹木義一，河村和彦（編）:『参加型システムズ・アプローチ－手法と応用－』，日刊工業新聞社，1981.
[10] ピーター・チェックランド，ジム・スクールズ（著），妹尾堅一郎（監訳）:『ソフト・システムズ方法論』，有斐閣，1994.
[11] Brown, T.: Design Thinking, Harvard Business Review, 86 (6), pp.84-92, 2008.（『人間中心のイノベーションへ：IDEO デザイン・シンキング』，Diamond Harvard Business Review, pp.56-68, 2008.）
[12] 奥出直人：『デザイン思考と経営戦略』，NTT 出版，2012.
[13] スタンフォード大学ハッソ・プラットナー・デザイン研究所（著），一般社団法人デザイン思考研究所（編），柏野尊徳，中村珠希（訳）:『スタンフォード・デザイン・ガイド：デザイン思考 5 つのステップ』，2012.
[14] Nagai, Y.: Dynamic Cognition in Design Thinking Process, Proceedings of International Conference of Engineering Design in Stockholm-ICED03, 2003.
[15] Horst, W., Rittel, J., Webber, M. M.: Dilemmas in a general theory of planning,*Policy Sciences*, Volume 4, Issue 2, pp.155–169, 1973.
[16] Peirce, C.S.（著），内田種臣（編訳）:『記号学』，パース著作集 2，勁草書房，1986.

[17] Chandler, D.: *Semiotics: The Basics*, Routledge, 2007.

注

1 文化人類学の E. B.-N. Sanders による概念で，従来のユーザ第一主義のデザイン原理に代わるものとして提唱されている[3]。

CHAPTER

2

人工物の機能と概念設計

人工物の設計を行うためには，人工物の価値を理解しながら，必要な機能を定義し，最適な構造をつくりあげていく必要がある。すなわち，人工物を創造するためには，その設計プロセスを同時に創造しなければならない。それぞれの機能には依存関係や矛盾関係があり，構造についてもさまざまな選択があるが，設計初期の概念設計が正しく行われれば，その後の詳細設計・製造でのロスが劇的に減るといわれている。本章では，このような概念設計にかかわるさまざまな分析手法と設計手法について概観する。

（松原　厚・川上 浩司）

1

人工物の機能と構造

a. 機能と構造

人工物は，人間（または他の人工物）と関係を持つ。この関係の中で，人工物の価値に影響するのが機能（function）と品質（quality）である。機能はそれが“宿る”仕掛けや造形が必要であり，これらをまとめて構造と呼ぶことにする。人工物の価値とは，使うことで使用者の要求や理想がどのように満たされるかであり，機能はそれを実現するための抽象化された手段，構造（structure）は機能を提供する実体（要素と全体）となる。

たとえば，図 2-1 はイスの機能と構造を説明した図である。人の“座る”という行為に対して，イスは“支える”という機能を提供する。座るという行為に対する人間の価値は，使用者との関係で表現される。たとえばイスの場合，“ちょっと休める”，“落ち着いて仕事ができる”が表現の例である。また，“ガタガタしない”という負の価値の否定表現もある。このような定性表現は人にとってわかりやすいが，このままでは人工物をデザインするプロセスへとつなげることはできない。これらの使用価値を実現する機能を紐づけすることが必要になる。このため，使用価値が，どのような人のどの行為と関連しているかを具体的に観察または洞察する必要がある。たとえば，“ちょっと腰掛ける”とは，中腰の姿勢であると

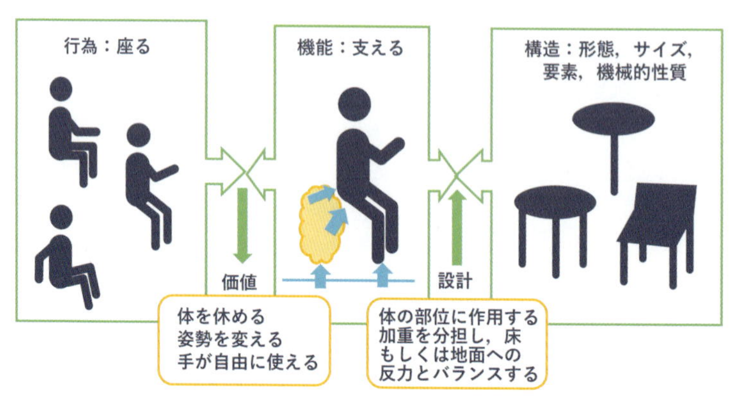

図 2-1　人工物（イス）の価値，機能，構造

か，対象が大人か子供であるとかである。このようなプロセスには，5W1H（Who, What, When, Where, Why, How）が問いとして用いられる。

成熟した人工物をデザインするためには，さらに使用環境，人の身体的な制約，心理状態の深い分析が必要となる。例として，商業施設や公共施設に設置されたイスの例を図 2-2 に示す。これらは，何かを待つ間にちょっと腰掛けるためのイスであるが，その使用形態が異なっていることが想像できる。この図に見られるような色合いや形態の違いは，人の行為に影響を与えるシグナルであることも想像できる。意匠としてのデザインは人の心理に訴求する機能を持つともいえるが，ここではそれは機能とは異なると考える。なお，デザインと設計を明確に分けることは難しい。価値を創造すること，そのための機能を計画することをデザイン，機能を具体化し最適な構造を計画することを設計と一般的に呼んでいるように思うが，実務では，構造や生産の最適化まで行うデザイナもいれば，価値創造に深く関与する設計者もいる。

デザインから構造設計のプロセスの中で，機能は精査され分析される必要がある。イスの例では，人の使用目的は，体の部位を休めること，または，手を使った作業を安定に行えること等である。これを実現するためのイスの機能は，下半身の各部位（手－腕の一部が加わる場合もある）に，自身の体重を分配することといえる。さらにイスは，床または地面という環境との関係において，力学的にバランスを保たなければならない。足を固定しないイス単体が転倒しないようにする条件は，“鉛直方向から見たとき，イスの重心が，イスの足と地面との接点を結ぶ線の内側にあること”である。これはイスの足が何本でどのように配置するかという構造設計問題となる。しかし，人の実際の使用条件は複雑である。さまざまな人の動作，たとえば，ぱっと立ち上がる，もたれかかる，（子供が）のぼる等に対しても転倒しない機能，もしくは転倒しても大きな損失にはならない機能が計画されていなければならない。構造は抽象的な表現から，より物理的，要素的な表現に変換される。この変換において，機能はできる限り数値で定義される必要がある。機能が数値で定義されることは，“仕様が決まる”と表現される。仕様は，人工物を設計する側からは，設計の目標値であり，検査，検証の基準となる。

b. 機能と構造の分離

デザインと設計の中で，機能と構造を分離することは工業製品の発展に大きく寄与する一方で，大きな問題も起こしてきた。これを以下に要約する。

(1) 機能を実現する構造は無数にあるが，同じ機能を実現するとき品質，性能，コストを考えて構造の最適化が図られる。人はアイデアを出すときに，機能より構造を先に考えつく

図 2-2 イスの例

傾向があるが，分離することにより構造選択のミスを減らすことができる。

(2) それぞれの専門家集団を持つことで，より複雑で大規模な人工物がデザインできる。

(3) 設計側からは，定量化された機能だけが強調され，使用価値が見えなくなる。

(4) 構造自体が，使用者に正しい使用行動を誘発しない。または，使用者の想定していない行動を誘発する。

たとえば，大人の侵入を阻むための柵を設計したとき，子供にとって頭が入る隙間があると子供はのぞき込むという行動をとったりする。このように構造や形態そのものが，行為の可能性を示すことはアフォーダンス（affordance）[1, 2]と呼ばれる。人工物と人との関係が多様であることは，人の生活を豊かにする可能性を無限に与える反面，大きな損失を起こすことの原因にもなっている。

機能から構造，構造から機能を考えるプロセスは互いに逆の関係であるが，この関係を柔軟にとらえるには一定の訓練が必要である。具体的な例でこれを見てみよう。

例 1：キャンドル問題

図 2-3 は，Dunker が機能的固着（functional fixedness）を示した有名な課題実験[3]である。心理学者はさまざまなバージョンのテストを行っているが，筆者は，この課題を設計工学の授業で次のように実施している。まず，この図を見せて次の問を与える。

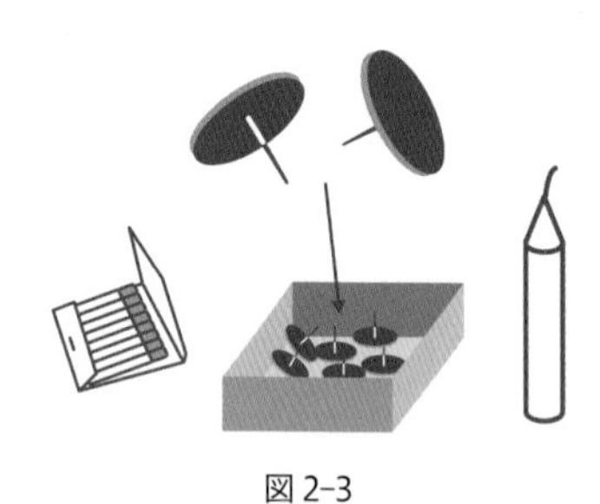

図 2-3

質問 1：テーブルに蝋がたれないようにロウソクを壁に取り付けてください。

授業でこの質問をして，最初に回答ができる学生の比率は 5 % ぐらいである。そこで，次に質問を加えてみる。

質問 1′：次の要素 X を見つけてください。

(1) 壁につけることができる。

(2) ろうそくを支えることができる。

この質問を加えると回答を思いつく学生が増える。さらに画鋲を箱から出した図を見せると，ほとんどの学生が回答できる。

最初の質問 1 の段階では，ろうそくをダイレクトに壁につけないといけないのかもしれないという問題自体に対するあいまいさがある。加えて，箱は画鋲をまとめるための要素であるので，ろうそくとの関係性に気がつきにくい。画鋲を箱から出せば，箱の機能を再定義でき，ろうそく，箱，画鋲，マッチの関係（つまり構造）に気づくことができる。そして，次のプロセスである最適化，すなわち，ろうそくの重さに対して箱の強度が十分であるか，また，画鋲何個あれば箱を壁に固定できるかという設計問題に進むことができる。

例 2：バスルームの蛇口

図 2-4 はバスルームの代表的な蛇口を示す。読者には，この図を見て蛇口の機能とはなにかを考えていただきたい。このとき機能はできるだけ独立に定義し，次に，それぞれの機能を実現する構造や要素でどのようなものが使いやすいかを考えていただきたい。これらについての背景は，後に述べる Suh の設計公理論で具体的に述べる。バスルームの蛇口は意匠的な意味で多くのデザインがあり，使用者の行動に与える影響が大きいことは，海外のホテルでよく経験する。

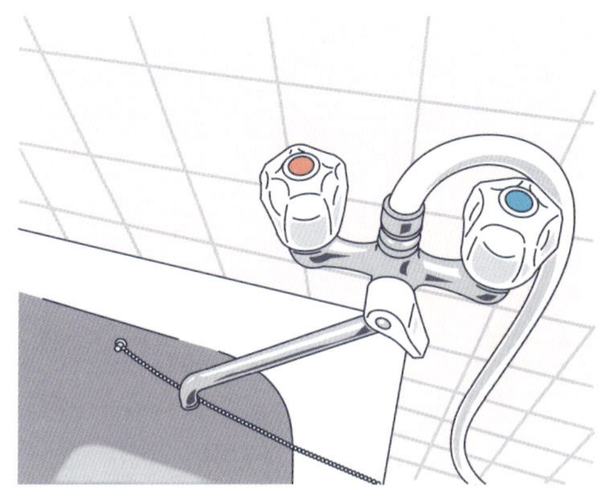

図 2-4　バスルームの蛇口

2
一般設計学

一般設計学は日本発祥であり，その原典である一般設計学序説[4]の副題が「一般設計学のための公理的方法」であるように，設計一般に関する公理的な理論の構築が試みられた。そこでは，機械設計・電気回路設計・建築設計などの各分野の設計活動の背後に共通する，シンセシスに関する一般的な方法の存在が仮定されている。この仮定は，シンセシスの逆であるアナリシスが長い歴史を経て高い一般性を持つに至ったことに支持される。

a. 設計問題の定式化

一般設計学では，出発点として図 2-5 に示すような極めてシンプルな設計過程の表現が設定される。すなわち，設計仕様を入力とし設計解を出力とする変換過程とみなされる。そして，設計にかかわる実体とその機能が以下の 3 項目によって定義される。

・実体集合
・属性の項目とその値
・機能（顕在機能と潜在機能）と場

図 2-5　一般設計学における設計過程のモデル

また，人が設計をするために必要となる概念として以下の 5 つが定義される。

・実体概念
・抽象概念
・属性概念
・形態概念
・機能概念

b. 一般設計学における公理系

Suh の公理論的設計論（2.3 節参照）における公理は，デザインプロセスの指針とも捉えられるものであるが，一般設計学の公理はデザインプロセスのガイドではなく，デザインプロセスを考察する上で皆が共有すべき「人間の概念に関する性質」ともいうべき内容である。それらは，以下に示す公理を前提とする。

公理 1（認識公理）：実体は抽象概念（属性，機能，形態など）によって認識あるいは記述することができる。

公理 2（対応公理）：実体集合と（理想的な）実体概念集合とは 1 対 1 対応する。

公理 3（操作公理）：抽象概念集合は実体概念集合の位相である。

公理 4（現実的知識）：物理概念集合から任意に選んだ集合属による，実現可能な実体概念集合の被覆には必ず有限被覆が存在する。

これらの定義と公理を用いて，設計仕様に関する定理，設計解に関する定理，設計に関する定理が演繹的に導かれる。

c. 一般設計過程

前節で概要を示した序説[4]では，設計の静的構造が集合論的なモデルで記述されたにとどまり，そこで定められた公理や定理は直ちに設計プロセスをサポートするものではない。その後，序説で得られた知見を設計作業と対応させ得る形式にまで発展させることが試みられた[5]。すなわち，静的構造から動的プロセスのモデルが演繹されたのである。

3

設計公理論

N. P. Suh らによって，設計解を演繹的に導く公理体系の構築が試みられた[6]。公理（axiom）およびそれから導かれる系（corollary）は，いわば設計過程を司る基本的ガイドラインの役割を果たし，これらがシステマティックに設計過程を誘導する。これを，設計公理論と呼ぶ[7]。

a. 公理論的設計アプローチの概要

一般に，設計作業においては経験と実績が重視されるが，当然ながら必ずしも経験が万能ではない。たとえば，熱機関の設計に際しては，熱力学の公理から導かれる種々の熱力学的計算から，効率の悪いもの，あるいは実現不可能な設計仕様（永久機関など）はあらかじめ検討対象から除外される。このような個別的問題に限らず，もし「設計作業全般」に関する普遍的な原則や公理が想定されれば，それに基づいて企画段階からの設計評価が可能となる。このような視点から，設計公理論が構想された。これに基づく設計作業を，公理論的設計アプローチと言う。

b. 二つの公理（axiom）と機能的要求

最も基本的な公理は，以下の二つである。

Axiom1: An acceptable design alternative maintains the independence of the functional requirements.（機能の独立性を維持せよ）

Axiom2: Designs are optimized by minimizing information content.（情報量を最小化せよ）

ここで，functional requirements（FR：機能的要求）とは，以下のように定められる。

the minimal set of independent specifications which completely specify the design problem.

公理 1 は，機能的要求が本来持っている独立性が，それを実現する設計解においても保存されていることを要求するものである。

公理 2 は，できるだけシンプルであることを要求するものである。この定義に含まれる情報量とは，Shannon によって導入された通信理論におけるメッセージの持つ情報の量的評価をさすものであり，一つの情報を構成する要素の出現頻度を考慮に入れて，各要素に対する理想的なコーディング（符号化，記号列表現）を導入して算定される。

冷蔵庫の扉を例にとって，二つの公理の働きを概括する。冷蔵庫の扉をデザインするときの機能的要求（FR）として，以下の 2 項目を考える。

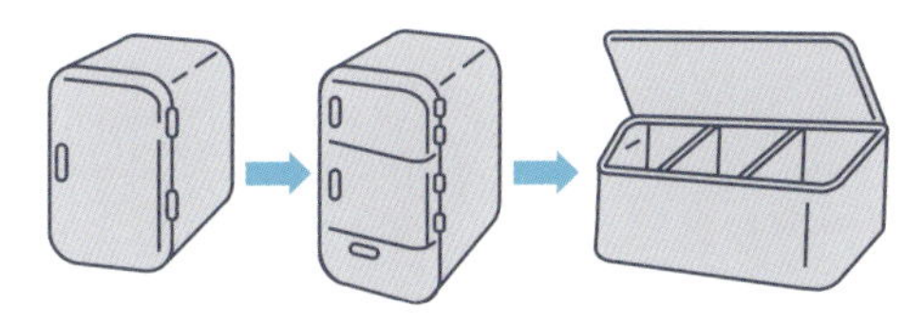

図 2-6　設計公理に基づく冷蔵庫の進化

FR1：外部からの熱の流入を抑え，エネルギの損失を少なくすること。

FR2：容易に物を出し入れできること。

図 2-6 の左端にある 1 ドア型の冷蔵庫は，物の出し入れの際に冷気が流出してしまう。これは FR1 と FR2 が独立に満足されていないので，公理 1 に照らして悪いデザインである。これを「機能的に連結した（coupled）デザイン」と呼ぶ。

ここで，図 2-6 の中央に示すように貯蔵スペースを区分けして各々のスペースに専用のドアをつければ，FR1 と FR2 の独立性は高まる。すなわち，物の出し入れの際に冷気の流出は少なくなる。しかしこれは，構造が複雑になり，公理 2 に照らすと悪いデザインである。

これに対して，図 2-6 の右端に示す上開きのアイスボックス型にすれば，物を出し入れしても冷気はほとんど流出せず，機能的要求の独立性が維持される。これを，機能的に非連結（uncoupled）な設計と呼ぶ。この場合，公理 2 に従えばドアの数は少ない方が良い。

機能の独立性に関して，非連結と連結の間に準連結（decoupled または quasi-coupled）がある。準連結なデザインでは，使用の際に定められた手順に従った制御や操作がユーザに求められる。たとえば，2 ドアの乗用車では，後部座席に乗るためには，まずドアを開け，前部座席に人が居ればいったん降車させ，前部座席を前に倒し，後部座席から降車したい人がいれば先に降ろさなければならない。

乗降に関しては，4 ドアの乗用車は非連結であり，準連結な 2 ドアよりも優れている。準連結は連結より優れているが，非連結よりも制御や操作手順という情報が付加されているので，公理 2 に照らせば劣ったデザインである。

c. 公理から導かれる系（corollary）

二つの公理を少し具体化して現実的な適用を容易にしたものとして，いくつかの系（corollaries）が考えられている。

系 1：機械的要求が設計案で連結されているときは，部品や相を分割して機能的要求が互いに独立であるようにせよ。

系 2：機能的要求を満たすのに，資源（労働，材料，エネルギなど）の使用をできるだけ抑えよ。

系 3：機能的要求や制約（constraint）の数を最小に抑えよ。

系 4：もし，機能的要求の独立性が維持できるのであれば，それらを一つの部品や一つの解に統合せよ。

系 5：標準部品や互換性のある部品を用いよ。

系 6：エネルギの伝導が重要なときは連続体として部品を形成せよ。

系 7：可能な限り対称な形状とせよ。

系 8：機能的要求を表現するときは許容誤差をできるだけ大きな値とせよ。

これらの系がどの公理から導かれたかの関連を図 2-7 に示す。

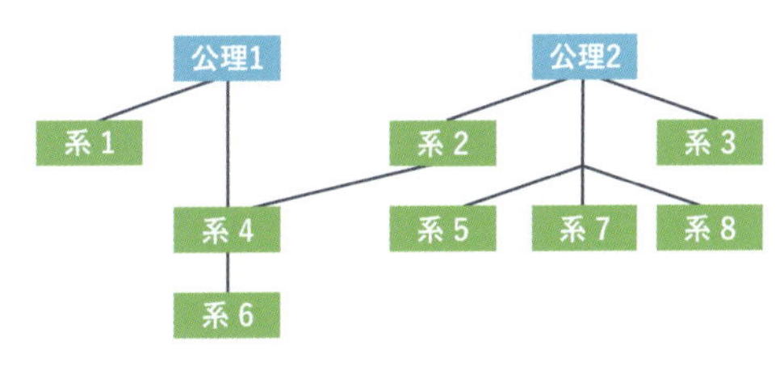

図 2-7　設計公理と系の導出関係

機能的連結は，構造上の物理的一体化と混同されてはいけない。複数の部品を一つに統合することは，機能的独立を維持したままで可能ならば，公理 2 に従った「良いデザイン」である。

たとえば，後端に消しゴムがつけられた鉛筆，お尻に針のリムーバがついているホッチキス，2 色鉛筆，両端が太さの違うネームペンなどは，系 4 に従うデザイン案とみなすことができる。他端に栓抜きがついている缶切りも同様である。この場合，「缶を切る」という機能と「栓を抜く」という機能は同時に働くことは要求されていない。柄の部分はいずれの機能に対しても「握られる，力を伝える」という機能を提供する。このように，一つの構造が複数の機能を担うことは，function sharing[8] と呼ばれ，情報量を減らすための有効な手段の一つである。

4
価値分析と価値工学

a. 価値工学の概略

価値工学（Value Engineering：VE）とは，最低の総コストで必要な機能を確実に達成するために，製品やサービスの機能分析に注がれる組織的な努力のことをいう[9]。そこでは，価値 V は以下のように定められる。

$$V \equiv F / C$$

ここで，F は価格に換算した要求機能の評価値，C は製品やサービスにかかる総コストである。

VE の目的は，価値 V を向上させることであり，上記の定義から，以下の三つの方策が考えられる。

- ・F を下げずに C を下げる
- ・C を上げずに F を上げる
- ・F を上げ，かつ C を下げる

上げ下げという言葉が使われていることから，これらは既存製品を改良するときの方策であり，セカンドルック VE と呼ばれる。一方で，既存製品の構造レベルにとらわれることなく，機能レベルにまで抽象化して分析することは，現状にとらわれない新たなデザインを導くことが可能であり，これをファーストルック VE と呼ぶ。現在では常識となっているが，価値工学は表層的な構造を捨象して機能に注目することを特徴とする。

価値工学の歴史は長く，1947 年まで遡ることができる。アメリカで国防総省が採用した頃から日本国内でも知られるようになり，1970 年代のオイルショックを契機として産業界に拡大し，以後は民間主導で発展してきた。

b. 価値分析の基本ステップ

価値工学でデザイン対象の分析に用いられる価値分析（Value Analysis：VA）は，以下の基本ステップを踏む。

機能分析：対象の機能を定義し，機能群の間に目的－手段関係を与えることによって，ツリー状に整理する。整理した結果を機能系統図と呼ぶ。

機能評価：機能別にコストを分析する。

代替案作成：機能評価結果に基づいて代替すべき部分機能を選び，そこに注目して新たなデザインを案出する。

通常は，単独ではなく数名のグループワークで価値分析を実施することが多い。

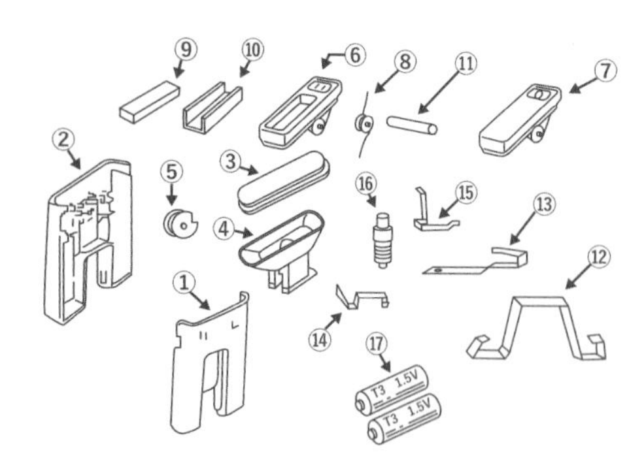

図 2-8　価値分析の事例：懐中電灯の部品

c. 機能分析

価値工学における標準的な機能分析手法[10]は，FAST（functional analysis system technique）[11]と呼ばれ，以下の手順に従う。

1. 解析対象システムを構成要素に分解する。図 2-8 に示すのは，衣服固定型懐中電灯を構成要素に分解して番号をつけた例である。

つぎに，各構成要素の機能を，構成要素を主語とした「（名詞）を（動詞）する」という形式で定義する[12]。たとえば，図 2-8 に示す要素 16 の機能は「光を出す」，要素 3 の機能は「電球を保護する」などと定義される。

2. 以下の質問に答えることによって，すべての機能間に上下（目的－手段，原因－結果）関係を与える。

（a）この機能を果たすのは，実は何をしたいからか？

（b）この機能を果たす原因となった上位の機能は何か？

結果として，関係が与えられた機能ごとにグループ分けされる。たとえば「電球を保護する」のは「光を出す」ための機能であるから，この二つは同じ機能グループに入る。

3. 各機能グループで，以下の基本機能決定質問を当てはめて，機能系統図を作成する。

（a）機能 A を果たす必要がなくても，機能 B を果たす必要があるか？

（b）機能 A を果たすために機能 B があるのか？

（a）が no で（b）が yes の場合に限り，B は A の下位機能である。たとえば，「光を出す」必要がなければ「電球を保護する」必要はないので，電球を保護するのは光を出すための下位機能である。

4. 各機能グループの最上位機能によって，新たに機能グループを作り，これに基本機能決定質問をすることによって，全体の最上位機能（基本機能）を求める。

FAST を実施した結果として，機能を目的－手段関係で整理したツリー状の FAST ダイヤグラム（機能系統図）が完成する。図 2-9 に示すのは，図 2-8 に示した構成要素からなる衣服固定型懐中電灯の機能系統図である。

結線の左側が右側に対する上位機能であり，一番左の「周囲を明るくする」が最上位機能（基本機能）となる。既製品の構成要素からスタートしてボトムアップに作成したので，このような最上位機能となったが，さらにこれが何のための手段であるかを考えることによって，より根本に立ち戻ったデザインを考えることもできる。本例の場合，「（暗闇で）環境を認識する」ことがより上位の機能となる。その場合，手段としては「周囲を（可視光で）明るくする」だけでなく，赤外線を可視にする，視認能力を向上させる，などの選択肢を考えることができる。

d. 機能評価

価値工学における機能評価は，機能系統図のす

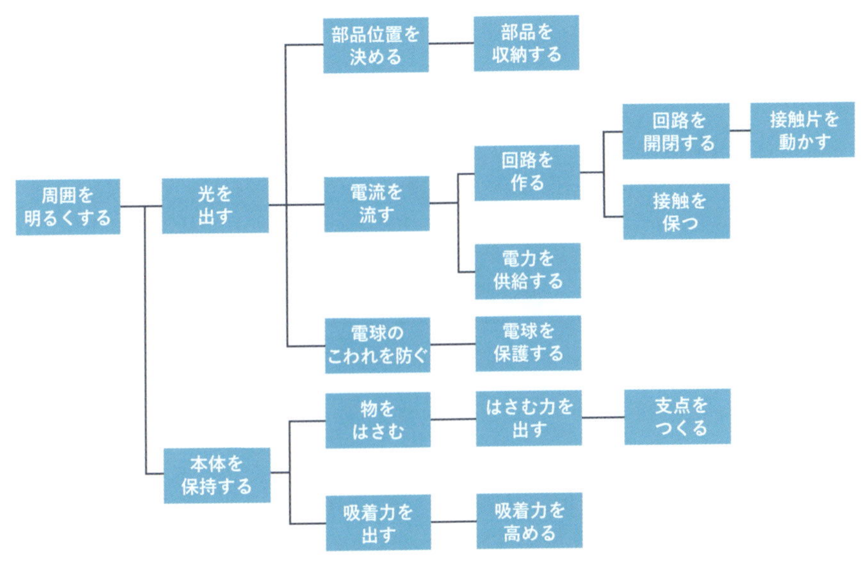

図 2-9　機能系統図の例：懐中電灯

べての部分木に対して行われる。その結果，最も $V=F/C$ が低い部分木の根元に位置するノードが，改善すべき機能となる。機能評価は，以下に例示の方法が知られている。

経験法：過去の経験から機能の価値を見積もる方法である。一人の専門家の知識や経験に基づく場合，あるいは複数メンバが入札した平均値を用いる場合，などがある。

比較法：同一機能を持つ他の製品の価格から，機能の価値を見積もる方法である。同一機能の製品がなければ，同一属性（形状，材質，性質，加工法など）の製品を使う場合もある。

価値標準法：実在する物のうちでコストの最も安いもの，あるいは理論的に算出した値によって，価値基準を決める方法である。さまざまな機能についてのコスト実績を評価値とする，あるいは機能とコストの間に理論的に関数を定めることができれば，それを用いる。

レイティング法：現場でよく使われる方法であり，機能相互間の相対的重要度や，総合機能に対する貢献度を数値で評価し，機能を順位づける方法である。たとえばNVRS（Numeric Value Rating System）は，1965年に米国海軍で採用された方法であり，部品数・作業量・機能の格・複雑性・重量・材質・作業時間・信頼度・保全容易性の9つが数値で評価される。

5

TRIZによる設計問題解決

TRIZ(トゥリーズ)は，発明的問題解決理論と呼ばれているが，現在ではマネジメント・創造性開発などにも適用される発想支援方法という側面を持つ。

a．発明原理と矛盾マトリクス

旧ソ連の特許審査官であったアルトシューラーは，分野や課題が異なっていても，特許には類似の解決策が繰り返し適用されていることに気づき，1940年代から40万件をこえる特許を分析した。TRIZは，その分析結果として得られた以下の知見に基づく手法である。

- 発明と呼ぶにふさわしい内容は，特許のうちの数パーセントであり，それらはおしなべて「あちら立てればこちら立たず」という技術的競合状態を打開したものである。
- それらの解決方法は，40種類に分類（発明原理と呼ばれる）することができる。一覧を図

「発明の原理」40

1. 分割原理
2. 分離原理
3. 局所性質原理
4. 非対称原理
5. 組み合わせ原理
6. 汎用性原理
7. 入れ子原理
8. つりあい原理
9. 先取り反作用原理
10. 先取り作用原理
11. 事前保護原理
12. 等ポテンシャル原理
13. 逆発想原理
14. 曲面原理
15. ダイナミック性原理
16. アバウト原理
17. 他次元移行原理
18. 機械的振動原理
19. 周期的作用原理
20. 連続性原理
21. 高速実行原理
22. “災い転じて福となす”の原理
23. フィードバック原理
24. 仲介原理
25. セルフサービス原理
26. 代替原理
27. “高価な長寿命より安価な短寿命”の原理
28. 機械的システム代替原理
29. 流体利用原理
30. 薄膜利用原理
31. 多孔質使用原理
32. 変色利用原理
33. 均質性原理
34. 排除／再生原理
35. パラメータ変更原理
36. 相変化原理
37. 熱膨張原理
38. 高濃度酸素利用原理
39. 不活性雰囲気利用原理
40. 複合材料原理

図2-10　初期のTRIZにおける発明原理

その結果悪化する技術特性 / 改善すべき技術特性	1. 動く物体の質量	2. 不動物体の質量	3. 動く物体の長さ	4. 不導物体の長さ	5. 動く物体の面積	6. 不動物体の面積	7. 動く物体の体積	8. 不動物体の体積	9. 速度	10. 力	11. 張力・圧力	12. 形状
1. 動く物体の質量			15,8, 29,34		29,17, 38,34		29,2, 40,28		2,8, 15,38	8,10, 18,37	10,36, 37,40	10,14, 35,40
2. 不動物体の質量				10,1, 29,35		35,30, 13,2		5,35, 14,2		8,10, 19,35	13,29, 10,18	13,10, 29,14
3. 動く物体の長さ	8,15, 29,34				15,17, 4		7,17, 4,35		13,4, 8	17,10, 4	1,8, 35	1,8, 10,29
4. 不導物体の長さ		35,28, 40,29				17,7, 10,40		35,8, 2,14		28,10	1,14, 35	13,14, 15,7
5. 動く物体の面積	2,17, 29,4		14,15, 18,4				7,14, 17,4		29,30, 4,34	19,30, 35,2	10,15, 36,28	5,34, 29,4
6. 不動物体の面積		30,2, 14,18		26,7, 9,39						1,18, 35,36	10,15, 36,37	
7. 動く物体の体積	2,26, 29,40		1,7, 4,35		1,7, 4,17				29,4, 38,34	15,35, 36,37	6,35, 36,37	1,15, 29,4
8. 不動物体の体積		35,10, 19,14	19,14	35,8, 2,14						2,18, 37	24,35	7,2, 35
9. 速度	2,28, 13,38		13,14, 8		29,30, 34		7,29, 34			13,28, 15,19	16,18, 38,40	35,15, 18,34
10. 力	8,1, 37,18	18,13, 1,28	17,19, 9,36	28,10	19,10, 15	1,18, 36,37	15,9, 12,37	2,36, 18,37	13,28, 15,12		18,21, 11	10,35, 40,34
11. 張力・圧力	10,36, 37,40	13,29, 10,18	35,10, 36	35,1, 14,16	10,15, 36,25	10,15, 35,37	6,35, 10	35,24	6,35, 36	38,35, 21		35,4, 15,10
12. 形状	8,10, 29,40	15,10, 26,3	29,34, 5,4	13,14, 10,7	5,34, 4,10		14,4, 15,22	7,2, 35	35,15, 34,18	35,10, 37,40	34,15, 10,14	
13. 物体の安定性	21,35, 2,39	26,39, 1,40	13,15, 1,28	37	2,11, 13	39	28,10, 19,39	34,28, 35,40	33,15, 28,18	10,35, 21,16	2,35, 40	22,1, 18,4

図 2-11　初期の TRIZ における矛盾マトリクスの一部 [13]

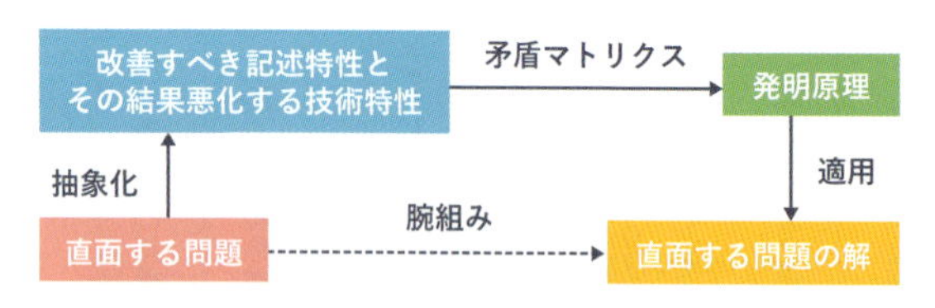

図 2-12　TRIZ における発明的問題解決のフレーム

2-10 に示す。

これらの知見を活用するためのツールとして，矛盾マトリクスが考案された。これは，図 2-11 にその一部を示すように，「あちら」に対応する行と「こちら」に対応する列から特定されるマスに，それらの技術的競合を解決する発明原理が表示されたマトリクスである。使用者は，自らが解決したい問題を二つのパラメータのトレードオフとしてモデル化できれば，参考になる発明原理を知ることができる。

たとえば，ユーザの具体的な問題が「指し棒を長くしたいが，そうするとカサ張る」であったとする。この場合，改善すべき技術特性は「3. 動く物体の長さ」，その結果悪化する技術特性は「7. 動く物体の体積」であるから，図 2-11 に示す矛盾マトリクスは発明原理 7, 17, 4, 35 の適用を勧める。原理 7 は「入れ子構造」，17 は「他次元への変換」，4 は「非対称性」，35 は「物体の物理的・化学的状態の変更」である。たとえば原理 7 から伸縮自在の入れ子構造の指し棒などが発想される。

矛盾マトリクスによる問題解決プロセスを図 2-12 に示す。同図の左下にある「直面する問題」から右下に直接的に移るべくトライアンドエラーで腕組みをしながら解決するのではなく，同図左下から左上に移って問題を二つのパラメータ（技術特性）のトレードオフとして定式化し，矛盾マトリクスを使って右上の発明原理を得て，それを直面する問題に適用して右下に至る。

b. 進化トレンド

アルトシューラーが特許の解析を通して得たのは，発明原理と矛盾マトリクスだけではない。多くの人工物が類似のパターンで進化していることがわかり，それらは 14 のトレンドにまとめられた。これは，直面する問題を解決するというより，新たなデザインの方向性を予見する時に有効な知見である。

図 2-13 に，トレンドの一覧を示す。

たとえば「トレンド 8. 可動性を向上させる」には，図 2-14 に示す説明図が添えられている。これを用いて，キーボードの未来を予測するなら，非可動からいくつかの関節を持つ段階を経て

No	技術進化
1	新しい物質を導入する
2	改良物質を導入する
3	類似物のモノ-バイ-ポリ構造の進化
4	異質物のモノ-バイ-ポリ構造の進化
5	物質や物体を細分化する
6	空間を細分化する
7	表面を細分化する
8	可動性を向上させる
9	リズムの調和を図る
10	作用の調和を図る
11	制御性を向上させる
12	線構造の幾何学的進化
13	立体構造の幾何学的進化
14	トリミングを増大させる

図 2-13　初期の TRIZ で定められた「システムの進化トレンド」一覧

非可動　関節可動　複数関節可動　全面柔軟　流体／流体圧「場」

図 2-14　システムの進化トレンドの一例：「8.　可動性を向上させる」

現在は柔らかなキーボードが商用化された段階にある。このままトレンドに従えば，次は流体キーボードが開発されると予想される。

この可動性のトレンドに沿うものとして，ドアが 1 枚板から複数枚，巻き上げ式，エアカーテンに遷移した事例などがある。

c.　コンテンポラリー TRIZ

旧ソ連崩壊に伴って西側に流出した TRIZ は，アメリカを中心にして進化発展し，1990 年代初頭から商用ソフトウェアが開発され，特許分析も 200 万件を超えている（アルトシューラーの時代には 40 万件）。これに伴い，矛盾マトリクスも部分的に拡張された。トレンドも，30 を超えるまでに拡充されている。これらをまとめて，コンテンポラリー TRIZ と呼ぶ。

6

品質のデザインとタグチメソッド

人工物の中で工業製品は多くの人に価値を提供することを目的として生産される。工業製品の使用にあたっては，機能のレベル（性能）だけでなく，機能ばらつきや性能劣化のスピードが問題となり，これらの概念は品質と称される。品質工学（quality engineering）では，品質とは理想と現実の乖離度と考えられている。たとえば，ISO8420での品質の定義は，「ある“もの”の，明示された又は暗黙のニーズを満たす能力に関する特性の全体」となっている。設計者は，品質を支配している因子を効率よく見つけ出さなければならない。タグチメソッド（Taguchi method）は田口玄一が構築した品質管理手法であり，複雑な問題を解決するための実務的な方法を提供している。タグチメソッドは品質に関する壮大な技術論であるので，正しい理解のためには他の成書[14, 15, 16]を参照いただき，ここでは基礎となる実験計画法（design of experiment）の分散分析（analysis of variance）との対比の下にエッセンスだけを示す。

a．実験計画法（分散分析）

実験計画法は，解析や設計の対象となる特性

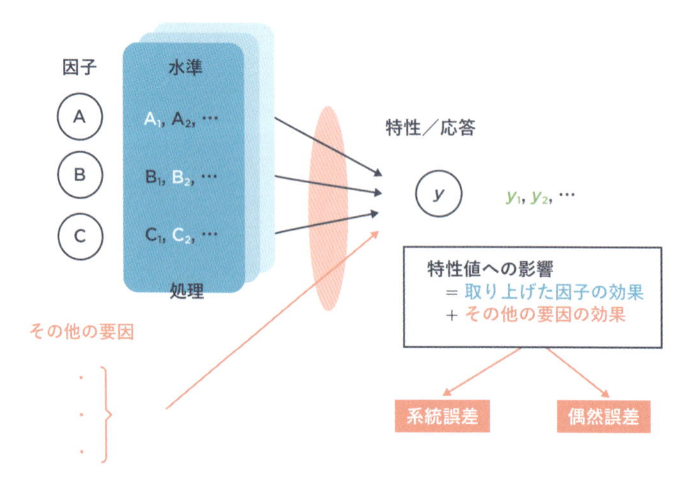

図 2-15　要因と応答のモデル（青山学院大学・水山元氏提供）

（または応答）と要因の間にある因果関係を調べるためのツールである。この因果関係を図 2-15 に示す。要因は，因子（factor）と水準（level）で記述され，因子は特性に影響を与えている要素（図中では A,B,C），水準はその因子の変化（図中では A_1, A_2 など）である。図中の特性 / 応答 y は，取り上げた因子の各水準変化の影響だけでなく，その他の要因の影響も受け，その影響は加算的である。また，その他の因子の効果は，再現性のある系統誤差（systematic error）と再現性のない偶然誤差（random error）に分けられる。

取り上げた因子の効果のあるなしを分散分析でどのように判定するかを直感的に理解するために，図 2-16 に示す簡単な例で説明する。この例では，一つの因子 A について，2 水準で行った実験の測定値から，その影響を判断している。その他の因子の影響を明らかにするには実験を繰り返さなければならず，この場合 5 回繰り返している。このような実験を，繰り返しのある 1 元配置実験と呼ぶ。1 元配置実験の構造モデルは，

$$y_{in} = \mu + a_i + e_{in} \tag{2.1}$$

ただし，y_{in}：実験データ，a_i：因子 A の主効果，i：水準番号，n：実験の繰り返し番号，μ：総データの平均（一般平均），e_{in}:残差項である。

同図（c）は一般平均と各データの偏差のばらつきを図式的に示しており，ばらつきの程度は総偏差平方和 S_T で表される。同様に，同図（d）は各水準平均と一般平均の偏差のばらつき，同図（e）は各水準内での水準平均と実験データの偏差のばらつきを示し，それぞれ水準間平方和 S_A と残差平方和 S_e で表される。以上の平方和を自由

因子 水準	繰り返し　n					合計	平均	一般 平均
	1	2	3	4	5			
A_1	11.2	10.8	11.4	11.1	10.5	55.0	11.0	10.5
A_2	9.8	10.0	10.5	9.7	10.0	50.0	10.0	

（a）測定値：y_{in} と平均値

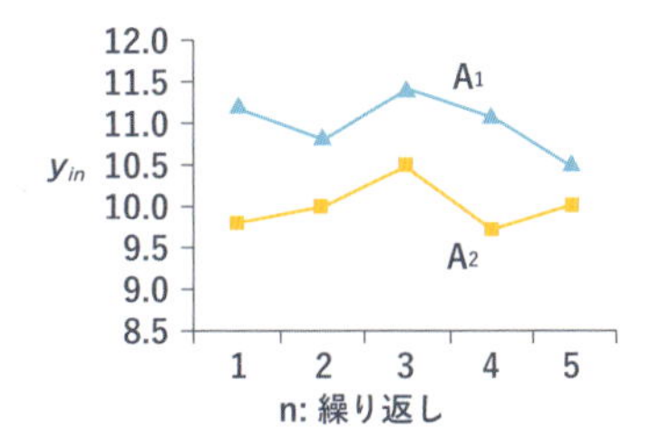

（b）測定値のプロット

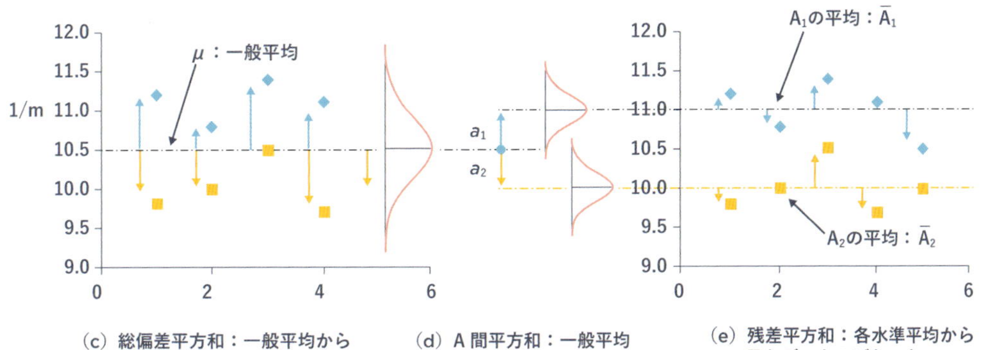

（c）総偏差平方和：一般平均から見た各データのばらつき

$$S_T = \sum_{i=1}^{I} \sum_{n=1}^{N} (y_{in} - \mu)^2$$

（d）A 間平方和：一般平均からの各水準平均のばらつき

$$S_A = N \sum_{i=1}^{I} (\bar{A}_i - \mu)^2$$

（e）残差平方和：各水準平均から見たデータのばらつき

$$S_e = S_T - S_A$$

図 2-16　分散分析の例

要因	平方和	自由度	平均平方	F値
A	S_A	$f_A=I-1$	$V_A=S_A/(I-1)$	$F_A=V_A/V_e$
残差	S_e	$f_e=I(N-1)$	$V_e=S_e/I(N-1)$	–
計	S_T	$IN-1$	–	–

要因	平方和	自由度	平均平方	F値
A	2.5	1	2.5	22.727
残差	0.88	8	0.11	
計	3.38	9		

図 2-17　分散分析表の例　(図 2-16 の測定データの分析結果)

度で割り，平均平方を求めて図 2-17 に示す分散分析表をつくる。そして，計算された F 値（F-ratio）を統計量と比較するか，p 値（P-value）を求める。p 値とは，該当する統計量（この場合は F 分布に従う）が計算された F 値より大きくなる確率を表し，Excel の FDIST 関数等で簡単に求められる。この例では計算された F 値は大きく，その p 値$=0.00141$ とかなり低い確率となる。つまり，このような F 値は偶然では現れにくいので，要因 A の水準変化に測定値が応答していると判断できる。

b. タグチメソッド

前節で述べた分散分析の考え方を要約すると以下になる。

(1) データのばらつきを，要因 A のばらつきと，それ以外のばらつき（残差のばらつき）に分ける。
(2) ばらつきの比を計算する。
(3) その値が得られる確率を統計量から計算し，確率が小さければ，その要因は偶然とはいえないと考える。

すなわち，残差のばらつきを“物差し”にして，因子 A の水準平均の差を測っているが，これはデータのプロットを見て人が直感で行っていることと同じである。また，偶然であるという仮説は棄却されると要因の影響がないことになるので，これは帰無仮説（null hypothesis）と呼ばれ，要因の影響があることは“統計的に有意である(statistically significaut)”と表現される。古典的な分散分析ではそれぞれの水準のばらつき（分散）は等しいと仮定されている。これは「因子 A が応答に影響するか？」という分析的な立場をとっているからである。しかし，この方法では実験の繰り返し数を増やさないと，因子の存在を判定できないことが多い。

これに対してタグチメソッドでは，単に実験を繰り返すよりも因子を増やし，水準平均の差だけでなくばらつきの差も積極的に探す。

タグチメソッドの理解のために，いまいちど因子について理解しなければならない。因子の中で，最適水準を見いだしたい因子を制御因子(coutrol factor)，最適水準を見いだすのではなく，他の制御因子との交互作用（interaction，後述する）を調べるために取り上げる因子を標示因子（indicative factor）と呼ぶ。標示因子は，たとえば製品の品種のように選択はできるが，設計者が最適化に使えない因子である。さらに選択もできない因子は誤差因子（noise factor）と呼ばれる。たとえば製品の使用環境の温度は実験でテストできても，使用段階では選択できない。この場合，設計者にとって重要なのは，誤差因子と制御因子の交互作用である。なぜなら，設計者は制御因子の水準の中で最適な組合せを探そうとするが，誤差因子がこの決定に影響を与えるからである。

たとえば，図 2-16（b）の A_2 のばらつきだけを変化させた図 2-18 を例に考える。因子 A は制御因子，横軸は誤差因子 B とする。応答を見ると，誤差因子 B に対して制御因子 A の水準 2 のほうがばらつきは小さいことが読み取れる。したがって，品質を安定させたいなら，こちらの水準を選ぶほうがよい。ただし，同時に，目的に合わ

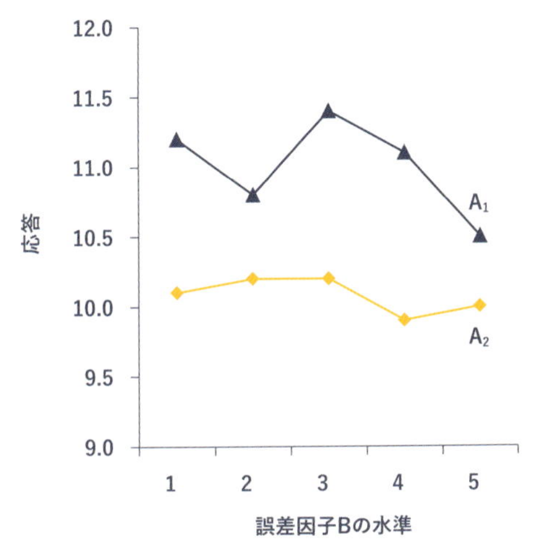

図 2-18　誤差因子の制御因子への影響の例

せて水準の平均値も評価しなければならない。この例では他に制御因子がないので，ばらつきと平均の両方を満たす水準を見つけるのは難しい。また，評価尺度は，応答値が大きいのが良いのか（望大特性），または，小さいのが良いのか（望小特性），または目標値に近いのが良いのか（望目特性）で変化する。タグチメソッドでは，より多くの因子を扱い，制御因子と誤差因子の交互作用を明らかにしながら，制御因子の最適な水準を見つけ出すこと，すなわち，「合理的な条件の選択」に重きが置かれている。

c. 交互作用と直交表

交互作用の説明を簡単にするために，因子 A の 2 水準×B の 2 水準で実験を行った場合を考える。ここで，A のみの効果（主効果）を調べる立場でいえば，B の 2 水準は実験の繰り返しに相当し，B の主効果についても同様である。しかし，実際は図 2-19（b）に示すように A の水準変化の応答が，B の水準の影響を受ける場合があり，これを A×B の交互作用と呼ぶ。このような交互作用がある場合の構造モデルは次式になる。

$$y_{ijn} = \mu + a_i + b_j + (ab)_{ij} + e_{ijn} \tag{2.2}$$

ただし，b_j：要因 B の主効果，j：水準番号，$(ab)_{ij}$：交互作用 A×B の効果であり，式（2.1）と比べて，応答と誤差項にも j のインデックスが追加されている。

因子が増えた場合，交互作用も増え，すべての交互作用を検討するのは不可能である。このために，3 因子以上の交互作用は無視し，2 因子の交互作用についても一部を無視して，実験を計画する。これを一部実施要因計画という。交互作用の影響を検討しながら，効率よい実験を計画するために活用されるのが，直交表（orthogoral array）である。直交表には素数べき型直交表と混合系直交表がある。素数べき型には，$L_8(2^7)$, $L_{16}(2^{15})$, $L_9(3^4)$, $L_{27}(3^{13})$ 等があるが，ここでは，図 2-20 に示す L_8 直交表を例に説明する。

直交表は行番号と列番号と数字 1,2 で成り立っているが，数字 1, 2 は因子の水準，行番号は実験番号であり，列番号には因子を割りつける。たとえば，同図（b）に示すように A,B,C,D の 4 因子を割りつけると自動的に実験における水準組合せが決まる。この表の特徴は，どの 2 列をとっても（1, 1）（1, 2）（2, 1）（2, 2）の組合せが同じ回数だけ現れることである。この性質のおかげで，行 1〜4 の実験結果の和と行 5〜8 の実験結果の和には，それぞれ因子 A の水準 1 と 2 の影

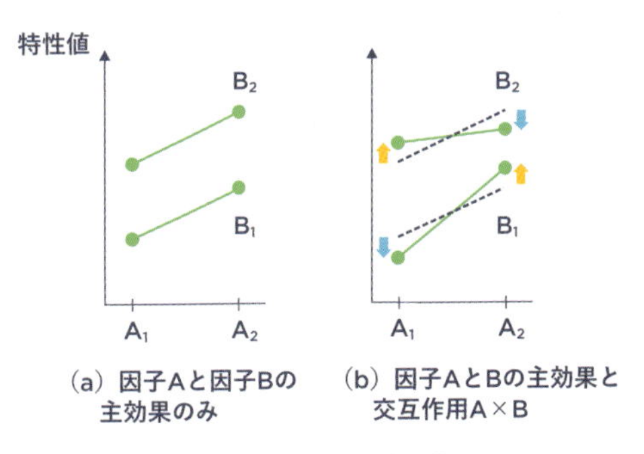

図 2-19　主効果と交互作用

	1	2	3	4	5	6	7
1	1	1	1	1	1	1	1
2	1	1	1	2	2	2	2
3	1	2	2	1	1	2	2
4	1	2	2	2	2	1	1
5	2	1	2	1	2	1	2
6	2	1	2	2	1	2	1
7	2	2	1	1	2	2	1
8	2	2	1	2	1	1	2

(a) $L_8(2^7)$直交表

	A	B		C			D		実験条件
	1	2	3	4	5	6	7		
1	1	1	1	1	1	1	1	→	(A_1,B_1,C_1,D_1)
2	1	1	1	2	2	2	2	→	(A_1,B_1,C_2,D_2)
3	1	2	2	1	1	2	2		
4	1	2	2	2	2	1	1		・
5	2	1	2	1	2	1	2		・
6	2	1	2	2	1	2	1		・
7	2	2	1	1	2	2	1		・
8	2	2	1	2	1	1	2	→	(A_2,B_2,C_2,D_2)

(b) 直交表への因子の割りつけ

	A	B	A×B ↓	C	A×C ↓	B×C ↓	D
	1	2	3	4	5	6	7
1	1	1	1	1	1	1	1
2	1	1	1	2	2	2	2
3	1	2	2	1	1	2	2
4	1	2	2	2	2	1	1
5	2	1	2	1	2	1	2
6	2	1	2	2	1	2	1
7	2	2	1	1	2	2	1
8	2	2	1	2	1	1	2

(c) 交互作用の割りつけ

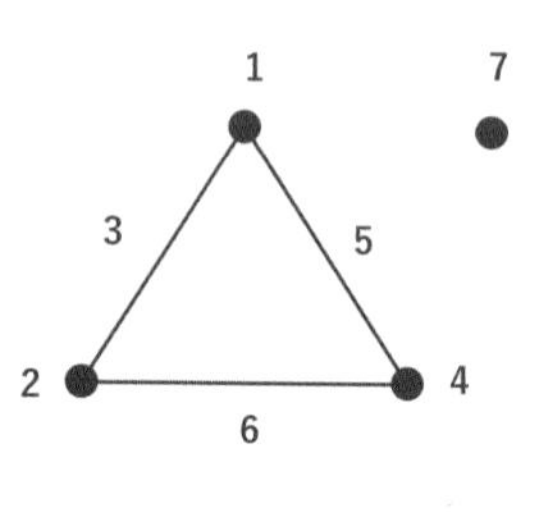

(d) 線点図

図 2-20　直交表と線点図の例

	X_1	X_2	Z_1 ↓	X_3		X_4	X_5
	1	2	3	4	5	6	7
1	1	1	1	1	1	1	1
2	1	1	1	2	2	2	2
3	1	2	2	1	1	2	2
4	1	2	2	2	2	1	1
5	2	1	2	1	2	1	2
6	2	1	2	2	1	2	1
7	2	2	1	1	2	2	1
8	2	2	1	2	1	1	2

(a) 誤差因子の割りつけ(悪い例)

	内側							外側	
	X_1	X_2		X_3		X_4	X_5	Z_1	
	1	2	3	4	5	6	7	z_{11}	z_{12}
1	1	1	1	1	1	1	1		
2	1	1	1	2	2	2	2		
3	1	2	2	1	1	2	2		
4	1	2	2	2	2	1	1	実験結果	
5	2	1	2	1	2	1	2		
6	2	1	2	2	1	2	1		
7	2	2	1	1	2	2	1		
8	2	2	1	2	1	1	2		

(b) 誤差因子の外側割りつけ

図 2-21　誤差因子の割りつけ

響だけが残る。残りの因子に関して，かならず水準 1 と 2 の影響が均等に入り，平均化されるためである。つまり，各水準で実験を繰り返したことと同じであり，A 間平方和を計算して分散を求めることができる。他の因子についても同様であるが，C は直交表の 3 列目ではなく 4 列目に，D は 7 列目に割りつける。この理由は，3, 5, 6 列目には A×B, A×C, B×C の交互作用の影響があるためである（同図（c））。このような因子同士の交互作用がどの列に出るかは同図（d）に示す線点図を見ればわかる。交互作用の影響が特定の列に出る性質は素数べき型直交表の性質であり，混合直交表では交互作用の影響は別の列に分散される。この性質のため，実用的には混合直交表が薦められている[16]。

d. 誤差因子の外側配置とロバスト設計

特性をある一定の目標値にする（望目特性を得る）ために，制御因子の最適な水準を決定する実験を，誤差因子を指定して行う場合を想定する。

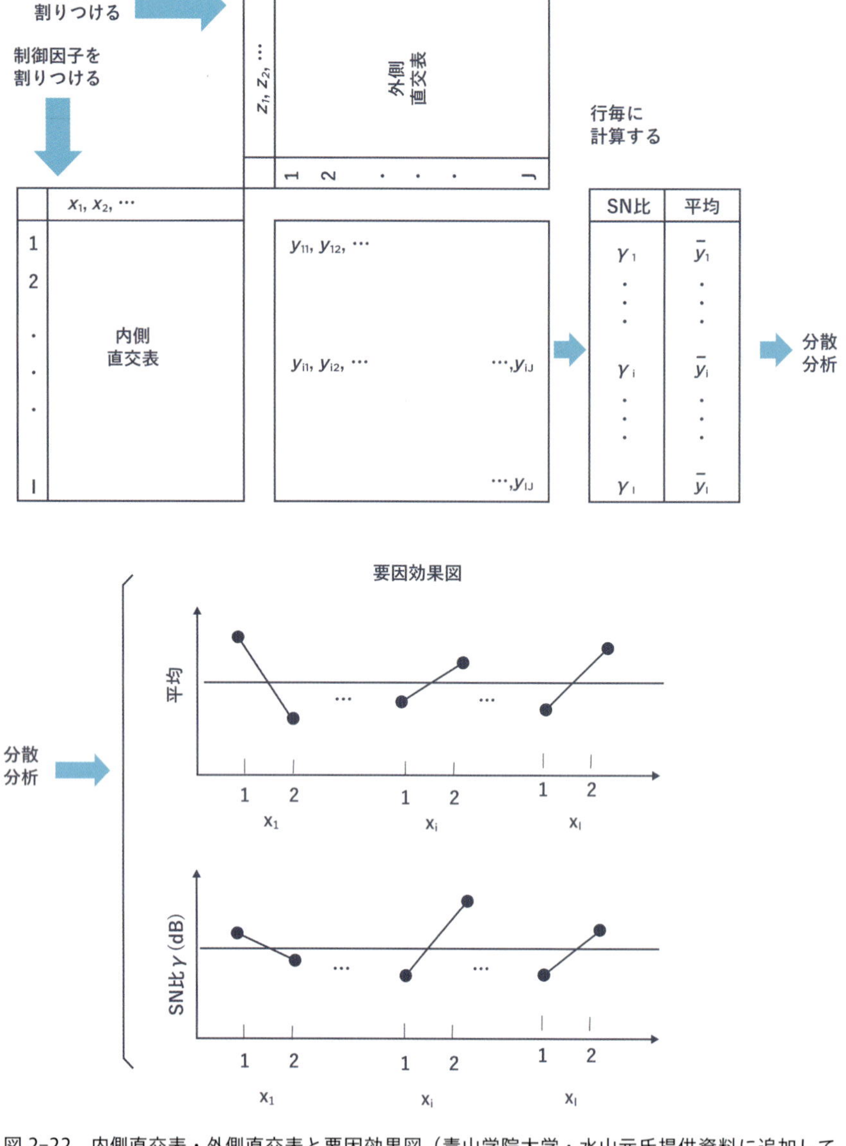

図 2-22　内側直交表・外側直交表と要因効果図（青山学院大学・水山元氏提供資料に追加して作成）

例として X_i（i=1,..,5）の制御因子があるとし，これを図 2-21（a）に示すように，これを L_8 直交表に割りつけたとする。誤差因子を Z_1，その水準が 2（z_{11}, z_{12}）であるとし，これを同図に示すように 3 列目に割りつけると，交互作用 $X_1 \times X_2$ の効果と分離できなくなる（宮川がいうところの最悪の実験になる）。その場合，同図（b）のように，左の直交表（内側直交表，inner array と呼ぶ）で計画した実験条件に対して，外側に誤差因子を 2 水準ふって実験する。このような操作は,「誤差因子を外側に割りつける」と言われる。

誤差因子が増えた場合は，図 2-22 に示すように外側直交表（outer array）をつくり，内側直交表との直積で実験を計画する。得られた実験結果については，すべての行の平均値とばらつきを評価する。特にばらつきは標本 SN 比（signal-to-noise ratio）という指標で評価するが，代表的なものには次の二つがある。

ばらつきが平均に依存しない場合：

$$\gamma = 10 \log \left(\frac{1}{V_e} \right)$$

ばらつきが平均 $\bar{y}$ と共に増大する場合：

$$\gamma = 10 \log \frac{\bar{y}^2 - V_e / N}{V_e} \approx 10 \log \left(\frac{\bar{y}^2}{V_e} \right)$$

標本 SN 比が大きいことは，誤差因子の影響を受けにくいことを意味する。直積実験のデータ行列の各行毎に得られた標本 SN 比と標本平均について，分散分析を行い，各制御因子の要因効果（水準値を変えたときの結果の変化）を調べることができる。この結果をわかりやすくするために，図 2-22 に示す要因効果図が描かれる。SN 比に影響が大きく，平均値に影響しない因子は品質の安定化に用い，平均値に影響が大きく，SN 比に影響しない因子については，応答の調整に用いる。まず，前者の因子で，SN 比が大きい水準を選び，後者の因子で応答を目標値に合わせる。このようなプロセスは 2 段階設計法とかロバスト設計（robust design）と呼ばれている[16]。

7
機能構造化モデリング

デザイン対象の特定の属性を抜き出してモデル化する方法は，デザインの内容によってさまざまである。構造をデザイン対象とする場合には，寸法や加工精度などを3面図で記述する方法が古くから知られる。質感などを知りたい場合，乗用車のデザインでは実物大のクレーモデルが用いられる。3次元的な外観を知りたい場合には，プラスティックモデルを用いることもできる。

このような構造レベルではなく，機能デザインレベルにおいては，抽象的な「機能」がモデル化，すなわち記述されて操作されなければならない。そのようなモデル化の枠組みはいくつか知られている。ソフトウェアのデザインで有効性が確認されているオブジェクト指向も，機能をモデル化する枠組みという側面を持つ。

本節では，ハードウェアデザインに注目し，マルチレベルフローモデリングを取り上げる。ただし，モデル化手法はこれに限られるものではない。

マルチレベルフローモデリング（Multilevel Flow Modeling：MFM）[17]は，システムの機能を定性的に記述するものである。対象システムとしてはプラント系が好適であり，MFMで記述することによってプラントの状態表示，診断，制御などが容易になる。

MFMは，システムを手段と目的の観点から，目標・機能・構造（コンポーネント）ならびにそれらの関係を図式的に表現する。図2-23に，図式表現に用いるシンボルのうち，目的と機能に関するものを示す。

(a) は目標を表す。(b) は流れ構造を表し，質量の流れ（mas flow）であることとエネルギの流れ（energy flow）であることを区別する。なお，システムのハードウェア機能は，質量やエネルギの流れによって表現される。一方，制御システムや運転員の機能は，行動や情報の流れによって表現される。(c) は機能を表し，それぞれ質量やエネルギの発生（source）・吸収（sink）・輸送

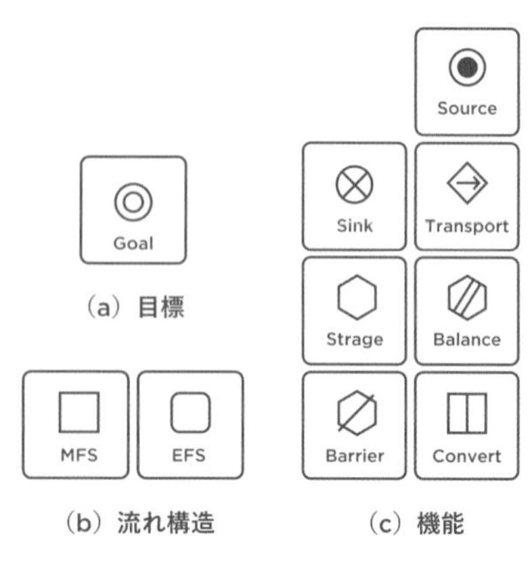

図2-23　MFMで用いる目的と機能の要素

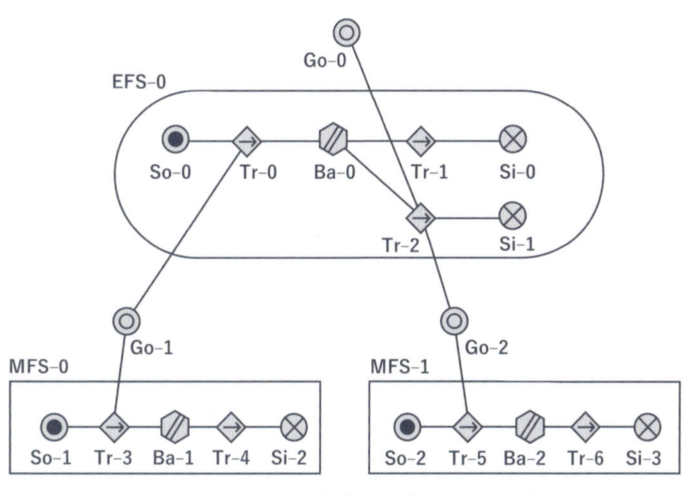

図 2-24　MFM で記述したプラント系の例

(transport)・貯蔵（storage)・バランス（balance)・障壁（barrier)・変換（convert）を表す。

これら機能が，物質やエネルギの授受，条件関係，達成関係などを意味する結線で結ばれることによって，対象システムが表現される。

図 2-24 に示すのは，連続冷却器を MFM で記述した例である[18]。また，図 2-25 に示すのは，この装置の構造を模式したものである。

連続冷却器の目的 Go-0 は，入口から連続して流入してくる高温流体の温度を出口までに下げることであり，これは高温流体と低温流体の間での熱交換で実現する。すなわち，高温流体が入口で持っているエネルギの一部を低温流体へ移す（伝熱する）ことである。これを図 2-24 では，エネルギの流れ EFS-0 において，高温流体の持つエネルギを二つに分割して，冷却器から流出させることとして記述されている。このとき，分割には入出力をバランスさせる機能が使われ，エネルギが保存されることを表している。

また，高温流体が連続して冷却器に流入する仕組みは，図 2-24 では，目標 Go-1「高温流体の確保」を機能 Tr-0「高温流体の持つエネルギの冷却器への流入」の条件として，Go-1 と Tr-0 の間を条件リンクで結ぶことによって表される。

そして，Go-1 を達成するための高温流体の流れは，質量の流れ MFS-0 によって表現されている。そして，Go-1 と MFS-0 の要素が，「達成」を表すリンクで結ばれている。

低温流体の流れも同様に，MFS-1 で表現され，目標 Go-2「低温流体の確保」とリンクされている。

MFM は，定量的な情報を捨象して，定性的に機能をモデリングするものであり，以下の特徴を持つ。

(1) 役割や目的をシステム挙動と関連づけることができる。

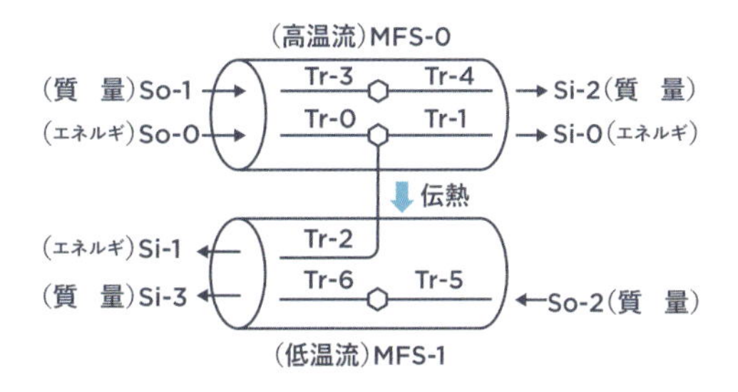

図 2-25　プラント系の例の構造

(2) 因果関係が表現される。

(3) 階層的なモデル化能力がある。

(4) 言語的表現が含まれる。

演習問題

2.1　人工物の機能と構造

(問 1)　例 2 で示したバスルームの蛇口の機能を定義し，機能を独立に満足する機構要素を述べよ。

(問 2)　炭酸飲料の缶の価値，機能，構造を述べ，その関係性を整理せよ。

2.2　一般設計学

(問 1)　一般設計学から「シンセシスの科学」が始まり，設計とは何かという問いに答える学問の形成が試みられた。そこで言われる「設計の思考過程」を，abduction, deduction, induction の三つを用いて説明せよ。

(問 2)　新鮮な肉：s1，腐った肉：s2，凍った肉：s3 の三つの元からなる実体集合 S ＝ {s1, s2, s3} を考える。これらの実体から抽象される属性として，たとえば T1＝ {s1, s2} ならば「時間とともに変化する」が設定される。このように，属性とは人にとっての価値や意味である。T2＝ {s2, s3}，T3＝ {s1, s3} に対する意味づけを試みよ。

2.3　設計公理論

(問 1)　本文中の冷蔵庫の例のように，公理 1 が機能，公理 2 が構造を規定するものと考えると，アーティファクトデザインに適用できる。しかし，公理 2 は「情報」というだけであり，構造に限定されるものではない。構造をもたないデザイン対象，たとえばビジネスやサービスのデザインにおいて，設計公理に基づく進化とみなせる例を挙げよ。

(問 2)　経験則として多くの「デザイン法則」が知られる。KISS（keep it simple, stupid）

の法則，オッカムの剃刀など，二つの設計公理に類似の法則や原理を取り上げ，その類似性と違いを整理せよ。

2.4 価値分析と価値工学

(問 1) 「ホッチキス」などの比較的部品点数の少ない日用品を取りあげ，価値分析をして，改善設計案を導出せよ。

(問 2) 同様の例題を用いて，基本機能をさらに抽象化することによって，より根本に立ち戻ったデザインをせよ。

2.5 TRIZ による設計問題解決

(問 1) 矛盾マトリクスは，初期のものでも 39 行×39 列の大きさがあり，本節で示したのはその一部に過ぎない。本節で示した範囲（13 種の「こちら」と 12 種の「あちら」）で定義できる問題（たとえば「指し棒の改良問題」）を考え，TRIZ の問題解決プロセスに沿って新たなデザインを案出せよ。

(問 2) 車の操舵機構，窓のブラインド，シャッター，長さの計測装置，音声記録メディアなど，「8. 可動性を向上させる」トレンドに沿って変化している最中であるものを挙げ，未来の新たな形態を予測せよ。

2.6 品質のデザインとタグチメソッド

(問 1) 図 2-17 中に示した数値データを用いて分散分析を行い図 2-18 の結果が正しいかを確認せよ。

(問 2) 紙コプターは，手軽なおもちゃとしてワークショップなどの課題とされることが多く，Web に例が紹介されている。滞空時間が長い紙コプターを設計するために，次の因子を選んだとする。

a）羽根の長さ（2 水準）

b）羽根の幅（2 水準）

c）羽根のひねり（2 水準）

d）落下場所（2 水準　例えば　屋内，屋外）

上記の因子を制御因子と誤差因子にわけ，タグチメソッドを用いて，実験を計画せよ。

2.7 機能構造化モデリング

(問 1) MFM によって記述されたプラントの例を挙げよ。

(問 2) 身近にあるプラント系（たとえば自宅の風呂を沸かす装置，エアコンの室外機と室内機など）を取り上げ，MFM によって記述せよ。

参考文献

[1] Duncker, K.: On problem solving, *Psychological Monographs*, 58 (5), 1945.

[2] J. J. ギブソン（著），古崎 敬（訳）：『生態学的視覚論－ヒトの知覚世界を探る』，サイエンス社，1986.

[3] 佐々木 正人：『アフォーダンス－新しい認知の理論』，岩波書店，1994.

[4] 吉川弘之：一般設計学序説，精密機械，45(8)，pp.906-912, 1979.

[5] 吉川弘之：一般設計過程，精密機械，47(4)，pp.405-410, 1981.

[6] Suh, N. P.: *The principles of design*, Oxford University Press, 1990.

[7] Suh, N. P., Bell, A. C., and Gossard, D. C.: On an axiomatic approach to manufacturing systems, *Trans. of ASME,* J. Eng. Ind., 100, pp.127-130, 1978.

[8] Ulrich, T. T., Seering, W. P.: Function Sharing in Mechanical Design, *Proc of AAAI '88*, pp.342-346, 1987.

[9] 玉井正寿：『価値分析』，現代経営工学全書，北森出版，1978.

[10] 日本 VE 協会：機能分析技法，1983.

[11] 日本 VE 協会：機能定義技法，1982.

[12] 日本 VE 協会：FAST マニュアル，1976.

[13] G. アルトシューラー：『入門編「原理と概念に見る全体像」』，日経 BP 社，p.164, 1997.

[14] 田口玄一：タグチメソッドわが発想法，経済界，10 月号，1999.

[15] 立林和夫：『入門 タグチメソッド』，日科技連，2004.

[16] 宮川雅巳：『品質を獲得する技術―タグチメソッドがもたらしたもの』，日科技連，2000.

[17] Lind , M.: Multilevel Flow Modelling of Process Plant for Diagnosis and Control, Riso-M-2357, 1982.

[18] 五福明夫：「機能」と安全マネジメント，安全工学，47(4)，pp.201-209, 2008.

CHAPTER

3

人間機械系のデザイン

ある目的を達成するために，人間と人間が操作する機械や装置などによって構成されるシステムが人間機械系である。近年では機械に埋め込まれた自動化や知能化が画期的に進み，このような機械と人間が共存し，協調して仕事をすることになる。ここでの協働を円滑に進めるためには，それぞれの特徴を生かした役割分担と，相互の情報交換における整合性，双方の間での淀みない適切な権限委譲等の課題を解決しなければならない。本章では，人間機械系研究の歴史を振り返り，航空機・車のような輸送機械の運転やものづくりの現場において実践されてきた人間機械系について，その課題とともに概説する。

（椹木 哲夫）

1

人間機械系研究の歴史

『人間は，宇宙，動物界，そして人間自身に関する連続的な領域の中に位置づけられることになる。人間はもはや，自分の周囲の世界から切り離された存在ではない。人間がこの状況を受け入れることさえできれば，人間は他の存在者達と調和するということ，ここにはある重要な意味がある。』

これはブルーズ・マズリッシュ著『第四の境界：人間-機械進化論』[1]の序論からの一節である。第一の境界は地球が宇宙の中心ではなく大きな宇宙系のほんの一小部分であることを解き明かしたコペルニクスの業績，第二の境界は人間と動物界のものとの間の境界を取り払ったダーウィンの業績，そして第三の境界はフロイトによる自我の境界で心的な病と心的な健康状態との連続性に関する業績を指している。そして，これに引き続く第四の境界が人間と機械の境界である。同氏の言う「人間と機械」の関係は，「人間と技術」あるいは「人間と人工物」さらに「生命体と人工物」の関係に敷衍化して捉えることができるが，これらの境界を克服し，両者を連続的な関係体と捉えた上で共生していくためのシステム設計論を構築するにはどのようなパラダイム転換が求められるのであろうか。

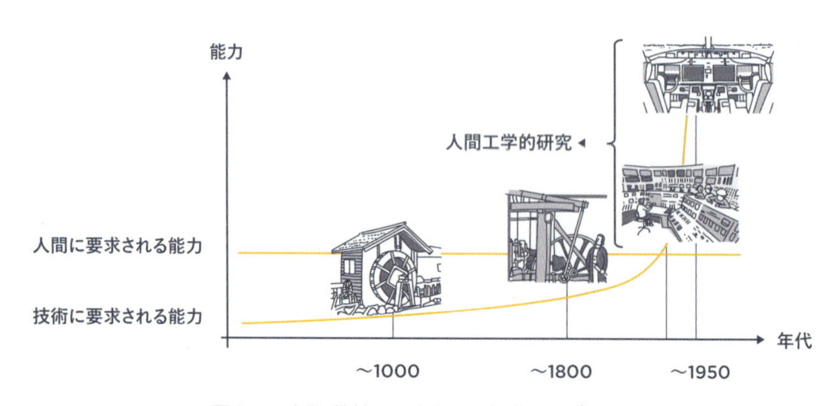

図 3-1　人間-機械に要求される能力間のギャップ

人間の能力と機械の能力の差異についての歴史的な変遷は図3-1のように示すことができる。古くは技術に要求されるデマンドが，人によって対応できるデマンドを上回ることはなかった時代においては，機械は人にとっての利便性を提供する便利なものであった。それが産業革命を経て，機械の能力が格段に増強されるに従い，機械に要求されるデマンドは指数的に大きなものとなり，いつしか人の対応できるデマンド以上のものを要求するに至った。そして，このギャップをいかに埋めるかの観点から人間工学的な研究が必要になるに至った。

人と機械のかかわりに関する研究は，これまでにもさまざまな領域で進められてきている。**人間機械系**の研究領域の呼称も，その昔はマンマシンシステム（man-machine systems）であったが，ジェンダー問題もあって1990年代にはヒューマンマシンシステム（human-machine systems）へと呼称が改められた。元来，人間中心のシステム設計の理念は北欧を始めとする欧州で盛んになってきた研究分野である。そこでの機械（マシン）の概念も，機械装置ハードウェアのみでなく，機械に埋め込まれた自動化ソフトウェアや作業者を取り巻く人工環境までが含まれ，広く人と人工物の間の境界や融合・共生を扱う研究分野として拡大してきた。

人間機械系をテーマにした初期の論文に［2］がある。この論文では，マンマシンシステム設計への二つのアプローチとして，

- システムの要求を満たすように人間を訓練する。
- システムの側を人間に適合するように調整する。

が掲げられており，すでにこの時代から，人間の限界（知覚・作用・認知）がシステムの稼働を妨げないように作業現場をデザインすることの必要性が説かれている。

また，これに先立つこと1951年には，［3］の文献があるが，これは航空管制の業務を対象にしたワークロード分析の先駆的な研究であり，人間工学（Ergonomics）の必要性を最初に示唆した論文であると言える。

時代を遡って研究動向と時代のキーワードを眺めるならば，まず1960年代のわが国でのロボット導入では，「自動化の島」と呼ばれる孤立しがちな工程間のインタフェース役を人間が巧みにこなし，賢くないロボットでも働ける作業環境の整備と従業員の配置転換が容易に進んだ。また生理学的計測法や疲労や負担の客観的計測の研究が，あるいは車社会の到来とともに，運転姿勢や視認性・操作性評価などが人間工学の分野で発展した。

その後，1970年代に入ると，化学・原子力を始めとするさまざまな工学プラントのプロセス監視・制御において，操作員（オペレータ）の認識の問題が取りざたされるようになった。米国TMI（Three Mile Islands）での原子力事故が世界を震撼させたこともあり，人間の認知機能が工学設計の重要因子として取り上げられるようになった。

1980年代には，労働や運転，そして日常生活の中にもコンピュータ制御による高度な自動化機能を内包したシステムや製品が出始め，このような機器を使いこなしやすくするための表示系・操作系の双方にかかわるユーザビリティ設計という概念が登場した。その背景には，対象となるシステムが高度化とともにますます複雑化が進み，それを使いやすくするために新たな機能が付加され，複雑さが複雑さを生む悪循環を生み出したことがある。**人的過誤**（ヒューマンエラー）が新たな問題として露呈してきたのもこの時代である。

1990年代には，情報格差の問題が新たに発生

し，生活場面において多くの人に使えるものをという発想から，バリアフリーやユニバーサルデザインが叫ばれるようになった。複雑さを抑え，むしろ余計な機能をそぎ落とすことでの使いやすさを追求する方向への転換である。そして21世紀を迎えたいま，超高齢化社会の到来とともに，人と技術のマッチングが改めて見直されるべき時期に来ていると言える。

2
人間と自動化の役割分担

従来人間が行ってきた作業に対して自動化の導入を考える際の方針（ポリシー）としては，図3-2(a)に示す三つがある[4]。

（1）Left-over principle（自動化できない部分を人任せ）
（2）Compensatory principle（人と自動化の分業）
（3）Complementarity principle（人と自動化の協働，Human-in-the-loop の 原 則，Joint

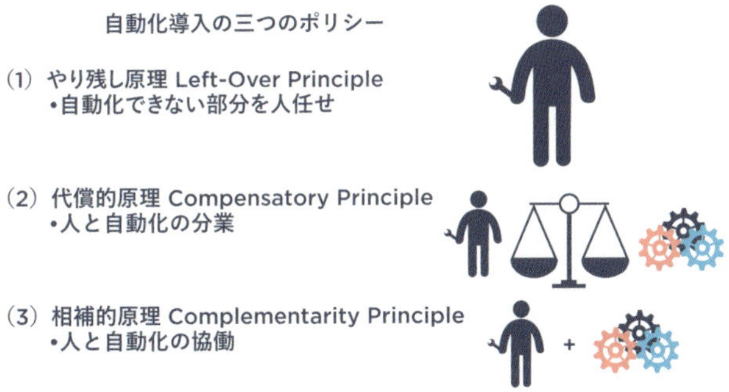

自動化導入の三つのポリシー

（1）やり残し原理 Left-Over Principle
•自動化できない部分を人任せ

（2）代償的原理 Compensatory Principle
•人と自動化の分業

（3）相補的原理 Complementarity Principle
•人と自動化の協働

(a)

	“人”の位置づけ	“人”と機械の相互作用	作業の特性
(1) 人任せ	主役	なし	定型的・反復的
(2) 分業	能力が限られた機械の補佐役	アドホックに限定	明確な役割分担
(3) 協働	成長可能な認知主体	動的調和系	相互に代替可能

(b)

図 3-2　自動化導入に際しての三つのポリシー

cognitive system）

（1）は自動化できるところは機械に任せ，自動化できない部分を人に任せるという考え方である。（2）は人間と機械の双方がそれぞれ得意とする役割を担って分業すべきとする考え方で，人間と自動化の双方が，相手に比べて秀でている面を洗い出し，より優れた能力を発揮できる機能を見極め，それぞれが分担すべきとする考え方である。そして（3）は，役割を固定化するのではなく，人間同士の円滑なチームワークに見られるような自然な繋がりを通して人間と自動化が協働すべきとする考え方であるそれぞれのポリシーにおける特徴の対比を同図(b)に示す。

人間が作業遂行に扱う機器に高度な自動化の導入が進むに従って，人間と自動化の役割について議論が盛んに行われるようになった。その基本的な考え方は，人間と機械の双方がそれぞれ得意とする役割を担うべきとするMABA-MABA（Men Are Better At-Machines Are Better At）の概念である。この考え方に従えば，人間と機械の能力比較は表3-1[5]のようにまとめられる。

T.B. Sheridanは，表3-2に示すように，自動化と人間の役割分担の分類に関する概念を**自動化レベル**として，完全手動から完全自動までの10段階に分けて定義している[6]。またその後，稲垣は自動化レベル「6.5」を1段階追加して11段階に再定義することを提案している[7]。これらの分類が示すように，ある作業を人間が遂行する際には，情報獲得，情報分析，決定，実行，というフェーズに分解できるが，いずれのフェーズにおいても，人間が遂行するか自動化が遂行するかによって上記の11段階に分類が可能であり，選ばれた段階によって，人間と自動化の間で交わされることになるインタラクションも決まる。

たとえば，図3-3に示すような食事の介護作業を考えてみる。近年，介護ロボットの開発も進められており，ここではロボットが介護者の代わりに食事介護の作業を行うものとする。本来被介護者が理想とする摂食のための作業とは，健常者と同じように，自身の手で箸やフォーク・スプーンを自在に扱い，提供された料理プレートを眺めて，それぞれがどのような食材かを見極めるために視覚や臭覚を駆使し，ある時には探り箸のよう

表3-1　人間と機械の能力の比較

特徴	機械	人間
処理速度	高速	秒単位で低速
パワー	大きく繰り返し精度が高い	小さくコンスタントな出力は困難
繰り返し精度	極めて高い	信頼性低く，学習能力や疲労によるばらつき
情報容量	マルチチャンネルで処理可能であり大量の情報量を伝送可能	原則としてシングルチャンネルで伝送できる情報量に限りあり
記憶	文字を使った再現は完璧で，アクセス制限あり	原理や戦略等の記述は得意で，多様なアクセスが可能
推論・計算	演繹的でプログラムするには手間。高速で正確だがエラーからの復帰は不得手。	帰納的でプログラムするのは容易。低速で不正確だが，エラーからの復帰は得意。
計測	特殊化された狭い範囲の計測は得意で，定量的評価に優れるが，パターン認識は不得手。	広範囲で複数を同時に計測可能。
知覚	手書き文字や話し言葉の多様さには脆弱。ノイズに敏感。	手書き文字や話し言葉の多様さには頑健。ノイズに敏感。

表 3-2　T. B. Sheridan による自動化のレベル

自動化のレベル	レベルの説明
レベル 1	コンピュータの支援なしに，すべてを人間が決定・実行。
レベル 2	コンピュータはすべての選択肢を提示し，人間はそのうちの一つを選択して実行。
レベル 3	コンピュータは可能な選択肢をすべて人間に提示するとともに，その中の一つを選んで提案。それを実行するか否かは人間が決定。
レベル 4	コンピュータは可能な選択肢の中から一つを選び，それを人間に提案。それを実行するか否かは人間が決定。
レベル 5	コンピュータは一つの案を人間に提示。人間が了承すれば，コンピュータが実行。
レベル 6	コンピュータは一つの案を人間に提示。人間が一定時間以内に実行中止を指令しない限り，コンピュータはその案を実行。
レベル 6.5	コンピュータは一つの案を人間に提示すると同時に，その案を実行。
レベル 7	コンピュータがすべてを行い，何を実行したか人間に報告。
レベル 8	コンピュータがすべてを決定・実行。人間に問われれば，何を実行したか人間に報告。
レベル 9	コンピュータがすべてを決定・実行。何を実行したか人間に報告するのは，必要性をコンピュータが認めたときのみ。
レベル 10	コンピュータがすべてを決定し，実行。

に物理的につまんでみることで情報収集を行い，それがどのような食材から作られたどのような料理であるかを情報分析し，その結果に基づいて，どの料理に最初に手をつけるかを決定し，それに手をのばして口に運ぶ，という一連の作業が基本サイクルをなすであろう。この様態は，図 3-4 の中に赤い線で示すように，情報獲得，情報分析，決定，実行，のすべてのフェーズがレベル 1 で被介護者自身で遂行されることに相当する。一方，この対極として，レベル 10 での自動化を考える。この場合には，同図の緑の線で示すように，介護ロボットが前述のすべての作業を被介護者に代わって実行することになり，被介護者自身は，口元に運ばれた料理を，口を開けて摂食するのみである。まさに食事介護作業の完全自動化であると言える。しかしこれを実現するためには，被介護者自身で摂食の際に行っているすべての作業を自動化できなくてはならないが，困難なのは，その時の気分で提供された料理の中のどれから先に手をつけるかといった判断まで含め被介護者に取って代われなければならない。そのためには被介護者に固有の嗜好や満足状態，食べ方のペースについても学習が完了していることが前提となる。料理をピックアップして把持して口元に運ぶという物理的な作業を自動化する限りにおいては，現代のロボット技術をもってすれば十分実現可能性はあるし，人工知能の機械学習を実装すれば，個々の料理や被介護者ごとにカスタマイズされた食事介護の自動化も実現性は高い。しかし，問題になるのはコストである。そこまでの自動化を実装した介護ロボットのコストは，判断に

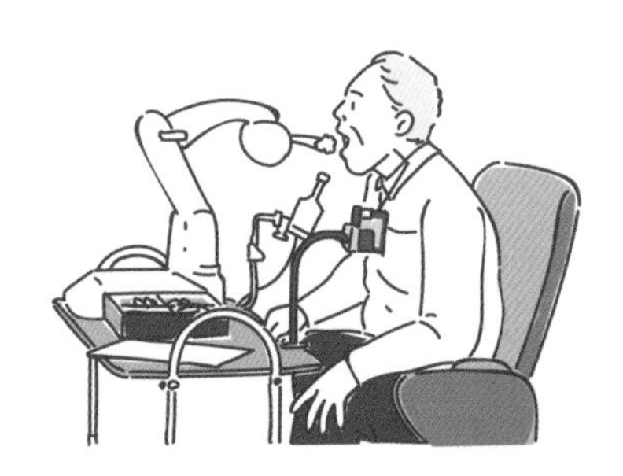

図 3-3　介護ロボットの一例

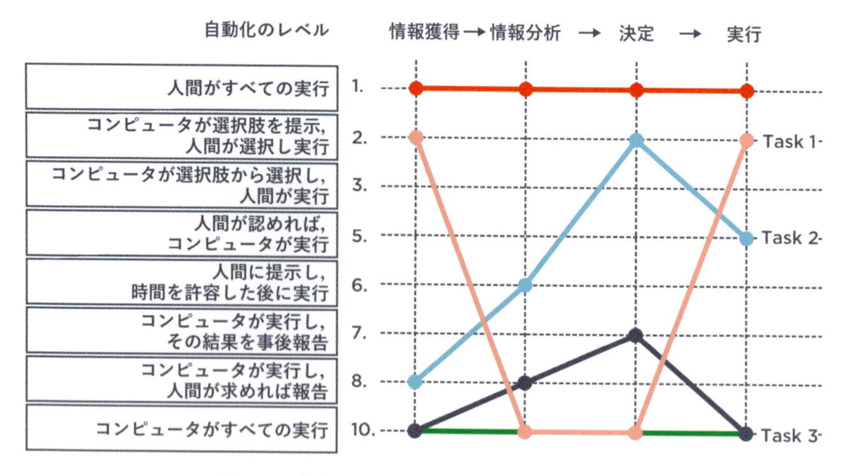

図 3-4　作業フェーズに応じた自動化のレベル

必要な情報収集のためのセンサや情報分析のための学習機能を含めると，多分最先端の自動走行車よりもはるかに高価なものになるであろう。

一方これに対して，部分的に摂食作業に被介護者が介入し，自動化に任せる作業を限定的なものにすることが考えられる。たとえば，食べたいものは被介護者が指定して，その指示に応じてロボットがそれを食べさせてくれるであるとか，食べたいものはどれかという質問をロボットが被介護者に対して投げかけ，その回答を待ってロボットが実行する，というような自動化と人との協業は十分あり得るし，たとえば出された料理の食材に関する情報収集などは，人よりもロボットの方が得意とするところであろうし，提供された情報に基づいて被介護者自身が分析して，食べるか否かの判断を人が行うという協業もあり得る。このように，さまざまな摂食のフェーズにおいて，図 3-4 の赤や緑以外の線で示すようにレベル 1 からレベル 10 までの自動化レベルを想定することで，被介護者中心の自動化に向けた道が拓けることになる。

以上の例が示すように，自動化のレベルに応じて，人と自動化がどのようにかかわることになるかについても変わってくることになる。図 3-5 に示すのは，T.B. Sheridan が完全手動制御と完全自動制御を両極としてその中間的な制御系の組み方を分類したものである。手動制御では，すべての作業遂行を人が常時，直接対象を観測して必要な操作を決定し直接対象に実行を行なっていくものであり，完全自動制御は，人は制御ループ内には一切介入せず，すべてを自動化が対象との制御ループのみで対応することとなる。そして中間段階としての監視制御系は，自動化で作業が遂行されるもののその遂行状態を人が常に監視している必要があり，必要に応じて自動化による制御ループのパラメータを修正したり，場合によっては，自動制御系に代わって人による手動制御で対応したりするといった形態を表している。

たとえば，図 3-6 に示すようなへら絞りの作業を考える。へら絞りとは，平面状あるいは円筒状の金属板を回転させながらへらと呼ばれる棒を押し当てて板厚を一定にしながら少しずつ変形させる塑性加工の手法である。本来この加工作業は，人間の熟練職人がへらに伝わる感触で素材の変形状態を確認し，へらに加える力を加減しながら加工するもので，制御系としては手動制御系であると言える。しかしこのへら絞り加工においても，一部では機械化も進められているが，そのための

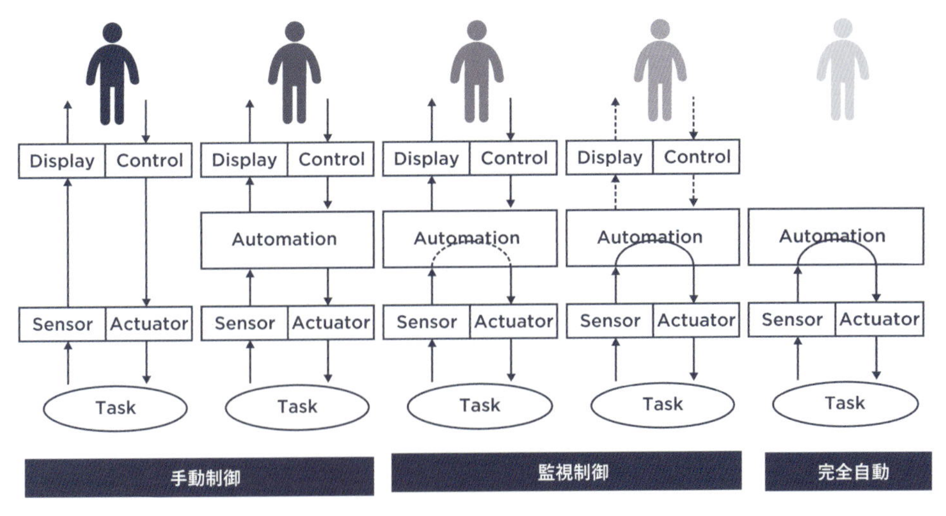

図 3-5　T. B. Sheridan による分類

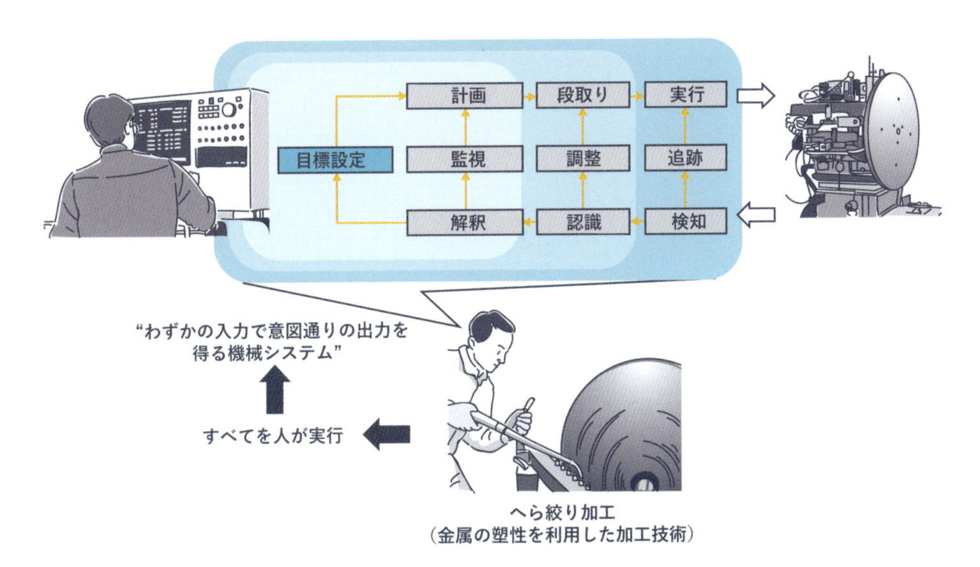

図 3-6　人と機械（自動化）の分業

機械に対する加工条件の設定においてはやはり熟練工の介在が不可欠とされる。この形態は監視制御系である。作業者は自らへらを持って直接絞り加工を実行するわけではなく，加工自身は自動化に任せ，その代わりに機械に対するパラメータの設定や段取り計画という部分のみを委ねられることになる。この意味では，自動制御系が介在することで，作業者と制御対象の間の距離が拡がりを持つことになり，作業者の判断の糧となる情報収集や情報分析も，各種センサや制御系に組み込まれたロジックに従って行われることになる。人は作業対象の直接観察や直接の操作から，インタフェースシステムを介した関係の下での作業遂行が求められることになる。それとともに，人と対象システムとの境界は，手動制御系の場合には制御対象に直接向き合う近接部分に置かれることになるが，監視制御系では制御対象から遠隔に位置する表示盤との間に推移することになる。

3 人間と自動化の関係の歪み

前節末尾のへら絞り加工の自動化の例を見る限りは，最小限のパラメータ設定のみ人が行い，実際の加工作業は機械が行うという理想的な役割分担であるように思えるかもしれない。これに対して，実際の人間と自動化による役割分担は時によってはこのような理想からはずれ，人間の側に無理を強いているのではないかとの疑問が呈されるようになった。人間機械系の研究領域でしばしば引用される「プロクルーステースのベッド (Procrustean bed)」の挿話（図 3-7）が有名である。これは，ギリシア神話に出てくるアッティカの強盗に関する挿話で，通りがかった人々に「休ませてやろう」と声をかけては隠れ家に連れて行き，鉄の寝台に寝かせる。もし相手の体が寝台からはみ出したら，その部分を切断し，逆に，寝台の長さに足りなかったら，サイズが合うまで，体を引き伸ばす拷問にかけたという。このことから，「無理矢理，基準に一致させる」という意味に使われる。神話では，このような悪行を繰り返す強盗が，プロクルーステースにより退治されるという結末を見るのであるが，現代の自動化の利用形態においてこのような神話が引用されること

図 3-7　プロクルーステースのベッド

の意味は明らかであろう。人にとっての利便性をうたい文句に導入された自動化が，ときに人の負荷を限界以上に求めたり，人のできる部分を無理矢理切り捨てるような導入になっていないかについての警鐘を与えるものである。

実際，人間と自動化の間の垣根について，さまざまな事故事例が報告されており，その警鐘が鳴らされ続けてきている。

たとえば，L. Bainbridge は「自動化の皮肉 (ironies of automation)」と称して，前節の図 3-2 のポリシーの (1) の自動化できない部分を人間に任せることの矛盾を指摘している[8]。これは，本来自動化を導入した目的が，そもそも信頼性に欠けたり作業遂行が非効率な人間を置き換える目的で導入するにもかかわらず，それでもなお人間に委ねられるのは，どのように自動化して良いかすらわからない困難な作業だけが人間に残され託されることになるという皮肉を表す。技術的な自動化が進めば進むほどに，自動化でカバーできないところを人間に委ねなければならないというジレンマである。さらに，自動化による作業代行が円滑に進むためには，人間と自動化それぞれが担当するタスクの間の独立性が保証されていることが前提になる。しかし実際には，このような作業の固定的な切り分けは難しく，すべての作業が互いに依存しあう関係にあるのが実際で，その中での円滑な自動化と人間との協調作業の遂行は，人間の側の調整や適応の能力のみに依存しているのが実際である。

現実に，人間が自動化の適正な稼働状況を見失い混乱に陥る現象は，自動化に誘起された驚愕 (automation-induced surprise) の名の下に広く認識されている[9]。たとえばハイテク旅客機では，パイロットが直接操縦操作を行う場面は極度に減少し，それに代わってフライト全体の計画の生成や，必要な自動操縦のモードを選択して確認し実行するという操作が新しい業務となっている。これに伴い，パイロットが操縦を直接担う制御ループから外れることに伴って陥る「状況認識の喪失」が問題になっている。パイロットが飛行計画入力のデータを処理する過程や，選択したモードに従って動作を起こすまでの処理過程がフィードバックされないために，パイロットが自動化の稼動状況を見失って混乱に陥り，事故に至ってしまう事態が報告されている。その代表的な例を以下に 2 件示す。

まず，図 3-8 は 1994 年に名古屋空港で発生した中華航空機（エアバス社製：A300-600 型機）の墜落事故を模式的に示したものである。この事故の発端は，着陸直前の空港へのアプローチへの

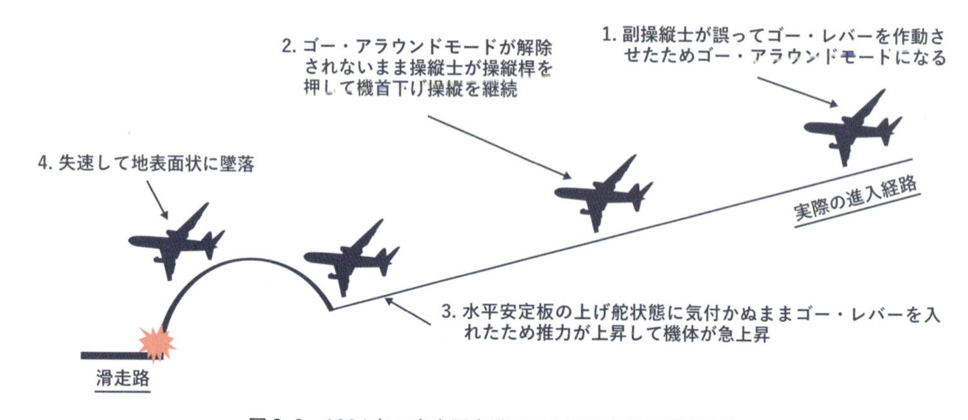

図 3-8　1994 年の名古屋空港での中華航空機の墜落事故

段階で，副操縦士が誤って自動操縦のゴー・アラウンドモード（着陸復行モード）を作動させたことにある。パイロットはこのことに気づいておらず，自らの操縦桿操作によって機体が降下を続けることを想定していた。ところが機体はパイロットたちの意に反して上昇を開始し混乱した。しばらくして彼らはモードがゴー・アラウンドモードになっていることに気づき，解除を試みたが解除することができず，そのまま降下を続行するために，操縦桿を機首下げの方向に加え続けた。このため自動操縦システムとパイロットの入力が対立する形となり，あたかも自動操縦システムとパイロットが綱引きをしているような状況に陥った。最終的にパイロットが降下を諦めて機首下げの操作を中止したが，このとき綱引きをしていた片方が急に手を放したような形となり，機体は急上昇の後に失速し墜落した[10]。

図 3-9 は，2013 年にサンフランシスコ国際空港で発生したアシアナ航空機（ボーイング社製：B777-200 型機）の着陸失敗事故を模式的に示したものである。事故機は着陸の初期段階において，適正な高度よりも高い位置を飛行していた。そこでパイロットはさらなる降下が必要と考え，自動操縦における高度調整のモードを変更した。しかしこのとき機体は，モードを切り替えた後も降下を続行するであろうというパイロットの意に反し，事前に設定されていた着陸復行のための高度に向けて，エンジン出力を増加させるとともに上昇を開始した。機体が自分の意思とは異なる動きをしていることに気づいたパイロットは，急いで操縦桿を機首下げの方向に入力するとともに，上昇しつつあるエンジン出力を抑えるために，スラストレバーを目一杯推力を抑える方向に引いた。これにより機体は再び降下に転じたが，同時にパイロットによるスラストレバーのオーバーライドが，スピードの自動制御を事実上解除してしまった。パイロットはこれに気づかないまま降下を続け，最終的には適正な高度よりも低い位置を飛行することとなった。そこで高度が低すぎることに気づいたパイロットは，低空飛行を回避するために操縦桿を機首上げの方向に操作をし続けた。このとき機体のスピードは，パイロットからも自動操縦システムからも一切制御されておらず，低下する一方であった。最終的に上昇に十分な揚力が確保できず，滑走路手前の岸壁に衝突した[11]。

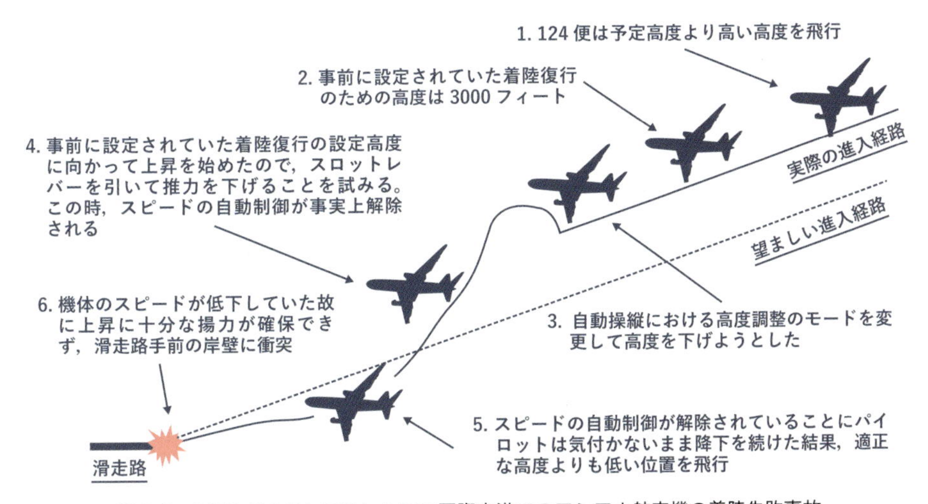

図 3-9　2013 年のサンフランシスコ国際空港でのアシアナ航空機の着陸失敗事故

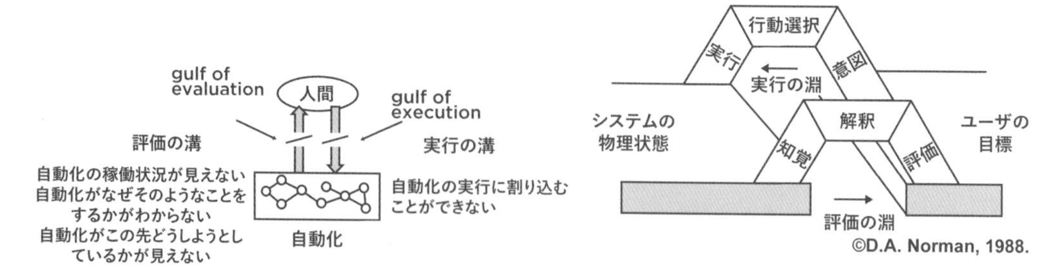

図 3-10　D. A. Norman による人間と自動化の溝

このような自動化の導入が進む中で，モード取り違えエラーをどう克服するかが深刻な設計課題となっている。自動化プログラムにはデザイナによるさまざまなロジックが組み込まれているが，そのすべてがユーザに理解されているわけではなく，この乖離がときに大きな惨劇を招く。この原因には二つあり，一つは制御系のロジックそのものが複雑すぎてユーザにとってはブラックボックスと化してしまってそれへの理解が追いついていかないことである。いま一つは，ユーザの側で進行している対象や自動化の稼働状況に対する理解が実際とは食い違っており，誤ったメンタルモデルや仮説を持ってしまうことである。後者の場合には，ユーザが確信を持って誤った信念を保持するために，乖離が発生した時点で確実に混乱に陥る。この種の原因による事故は，自家用車におけるACC（定速走行制御，車間自動制御システム）やブレーキアシストなどの運転支援システムや，作業現場での作業員のパワーアシスト機器等のさまざまな自動化機器の導入現場でも新たな人的過誤として懸念されている。

図 3-10 は D.A. Norman による複雑化する自動化とそのユーザとなる人間の関係を示したものである。同氏によると，近年益々多機能化する機械システムは，ユーザとの間に二つの越えるに越えられない溝（gulf）を作り出していると警告する。一つは，**評価の溝**（gulf of evaluation）であって，自動化の稼働状況をユーザが正しく認識できないという溝であり，いま一つは**実行の溝**（gulf of execution）であって，自動化の実行に対してユーザが介入して制御を取り戻すことが困難になるという溝である[12]。

さらに，人間と機械が対等な立場で境界を越えた協調を創出していく上で必要になる機械側（自動化側）の技術的課題として，D.D. Woods は以下の二つを掲げている[13]。その一つは**透明性**（observability）である。人間のパートナとして現状認識を共有できると同時に，自身が何を行っているかについての了解を人間に保証できることを意味するが，自動化の自律性が高まれば高まるほどにその難しさは大きくなる。相手への理解を深める上で最良の手段は，それぞれのタスク実行中に，絶え間ないフィードバックを授受し合えることである。協調が破綻をきたし，何かが起こってからの警報による情報フィードバックでは遅すぎるのであり，破綻を起こしかけている兆候を互いにすばやく検知することのできるインタラクション設計が必須となる。そしていま一つの技術的課題として挙げられているのが**可介入性**（directability）である。現状での人間と自動化の役割分担は，自動化でできるところは人間の介入を極力回避し，自動化の手に負えなくなった段階で人間に制御を引き渡すというのが原則で，言わば all or nothing の役割分担である。自動化の認識できていない部分がどこであるかを人間に認識でき，自らの役割を的確に見いだすことができて，任せられるところは簡単な指示で自動化に任せられるということになってこそ，初めて境界を意識しないで済む連続的なパートナーシップの確立が可能になる。

前掲の二つの事故が示すように，高度な自動化が搭載されているハイテク旅客機では，近年「CFIT（Controlled Flight Into Terrain）」と呼ばれる事故，すなわち，機体に何ら不具合が発生していないにもかかわらず，山岳地帯や地表面に激突するという事故が多発している。これはまさに新しいシステムとオペレータすなわちパイロットとのヒューマンインタフェースの問題でもある[14]。その背景には，自動化システムが進化して情報処理容量が増大し，ブラックボックス化するに連れて，パイロットにとってはますますその処理過程が不透明となり，情報インプットの段階から正しくアウトプットされるまでのモニター業務が極めて煩雑となっていることが原因と言える。

先端技術を応用し知能化された自動化システムや警報システムによって，パイロットはワークロードが軽減され，危険状態から救われているケースが多いのは事実である。しかし，これまでの実績からみれば，自動化システムの意外な暴走や警報システムの誤報（GPWS（対地接近警報装置）やTCAS（空中衝突防止装置）の誤報など）の事例も少なくない。このような経験をもつパイロットにとっては，コンピュータの信頼性がいかに高まっても，これらのシステムに対する不信や疑念は払拭できない。システムの「信頼性（reliability）」とそれを用いるパイロットの自動化に対する「信頼（trust）」との間に問題が潜んでいる。

自動化システムや警報システムに対して人間が抱く信頼（trust）は，以下の四つの要件によって左右されると言われている。

(1) 基礎：自然の大原則や社会の秩序に合致していること。
(2) 能力：終始一貫して，安定的かつ望ましい行動や性能が期待できること。
(3) 方法：行動を実現するための方法，アルゴリズム，ルールが理解できること。
(4) 目的：その背後にある意図・動機が納得できるものであること。

の四つである。厳格な耐空証明審査に合格している航空機搭載機器では，(1) は充たしているが，(2) から (4) に関する要件は，そこまで配慮した技術開発が進んでおらず，あくまで「慎重に使いなさい」ということで人間の側にゲタを預けられているのが現状である。人間もそうであるように，システムも「来歴」が信頼の要素となる。誤作動や誤報がなく，時間の経過と共に，行動を支配している規則が理解できるようになり，さらにその背後にある動機づけや意図が理解できるようになって初めて確固たる信頼が持てるようになる。

人的過誤を防止するための自動化によるフェールセーフや多重防護の安全設計は確かに有効である。しかし，依然人間が制御ループ内に留まって最終の決定権限を担う中での自動化の使用形態を考えるならば，自動化の側には，当該タスクに対する状況認識の能力のみならず，自らが実行しようとしている意思を適確にユーザに伝えられる能力，さらに他者であるユーザの知識や認識の世界をも正しく推論して管理していける能力が必要になる。安全設計の対象を，ヒトやモノの個別的な機器や行動のみならず，それらの織りなす「関係体（relatum）」へとその対象を変えていくこと，関係の見えるインタフェースへの転換がこれからは求められることになる。

4
人間と自動化の協働

前掲の T.B. Sheridan は現在の自動化技術の抱える問題を自閉的自動化（Single-Minded Automation）と称し，他者との関係生成能力の不備を指摘している[13]。自動化の能力として，対象作業に対する遂行能力のみならず，ユーザとなる人間や他の自動化モジュールとの関係生成能力を併せ持つことの必要性を説いている。言わば，自動化をツールとして人間が使いこなすという段階から，さらに進んで図 3-11 に示すような，自動化が人間との共同作業にあたるパートナとなり，共通の制御や監視の対象システムに対して向き合う構図の下での自動化設計が必要になる。特に人間と自動化の協調を実現する上で必要になる状況認識の共有の問題を中心に，人間同士の円滑なチームワークに見られるような自然な繋がりを通しての共同作業を実現していくための自動化が具備すべき社会知（social intelligence）の側面についての組み込みが求められる。ここでは社会学や認知心理学からの知見と併せて紹介する。

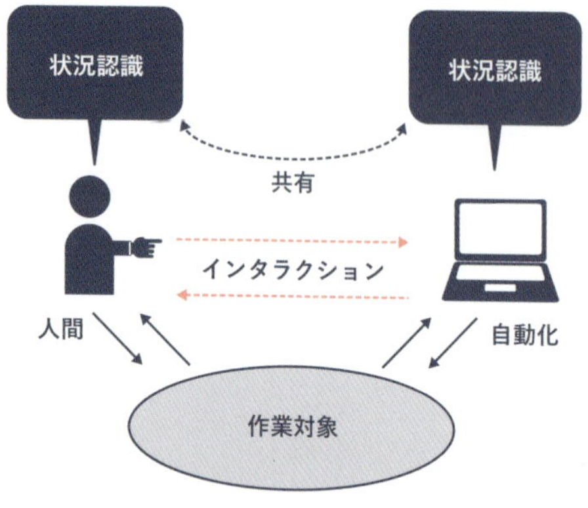

図 3-11　人間と自動化の共同作業系

人間中心の自動化（human-centered automation）という概念が提唱されて久しい[14]。複雑大規模化する自動化システムを，より人間にとってわかりやすい，使いやすいものにしていかなければならないという発想の下に，もともと航空機の自動化の分野で提唱された概念であるが，現在では広くプラントや自動車，医療の分野など自動化が介在してくる作業領域に拡げて議論がなされている。現在の航空機の運航にはさまざまな自動化が用いられており，安全性・経済性への貢献が大きい。一方，新たな自動化技術の導入が職務遂行上の従来の人と人との関係や相互信念の構築プロセスを変容させていることも事実であり，ときにこのことが大事故に繋がるリスクも抱えている。特に自動化の中でも，緊急の状況で自動化独自の判断が根拠の説明なく提示される状況では，パイロットは機械の誤動作か遵守すべき提示かで判断を迷わされることが多い。以下は，2001 年 1 月 31 日に焼津沖上空で発生したハイテク旅客機同士のニアミス事故の概要である（図 3-12）。

事故発生前，A 機と B 機を航空交通管制していたのは訓練中の航空管制官であった。この訓練管制官は事故発生の 8 分 30 秒前，A 機に対して FL350[1] から FL390 まで上昇するよう指示をした。その後，訓練管制官は訓練監督者から業務に関する説明を受けていた。事故発生 56 秒前にレーダー表示画面で衝突警報装置が作動し，訓練管制官はこのときはじめて B 機の存在に気づく。訓練管制官は B 機を降下させるのが適切だと判断した。そこで，訓練管制官は B 機に対して降下指示を出したつもりが，A 機と B 機を取り違え A 機に対して降下指示を出してしまう。このとき，A 機と B 機に搭載されている TCAS[2] により A 機では上昇指示，B 機では降下指示が出ていた。A 機パイロットは管制指示に従い降下した。B 機パイロットは TCAS に従い下降した。この後，訓練管制官および途中で交代した訓練監督者は A 機，B 機に対して高度および進路変更指示を出すが，応答がなくニアミスに至った。

ここで特徴的なのは，この事故には，A 機と B 機のパイロット，管制官，そして A 機と B 機に搭載されている TCAS（Traffic alert & Collision Avoidance System，衝突防止警報装置）[2] と呼ばれる自動化エージェントが関与しており，これらの間での信念の共有が破綻をきたしたことによる事故という側面である。特に TCAS はパイロットの誤判断に対するバックアップとして，多重防護の観点から近年の航空機には広く導入されている自動化装置である。上記の事故の場合には，この装置は設計されたとおり正常に動作したものの，むしろ TCAS と人間との間での適応不全が事故を引き起こしたと言える。すなわち，自動化はあくまで自らの機械の目を通した状況認識に基づいてパイロットに対して回避操作を指示するのに対し，人間の側（A 機パイロット）の状況認識は，TCAS による回避指示以前の管制官とのやりとりの文脈から TCAS の指示が何を意味しているのかを推論し，誤作動であろうとの判断から誤った管制官の指示の方に従ったがため，両機とも降下をしてしまいニアミスが発生してしまった。自動化の判断はその場面にのみ根拠を求めるのに対し，人間は時間的により過去にまで根拠を求め，さらにそこでの環境にまで要因を求めて説

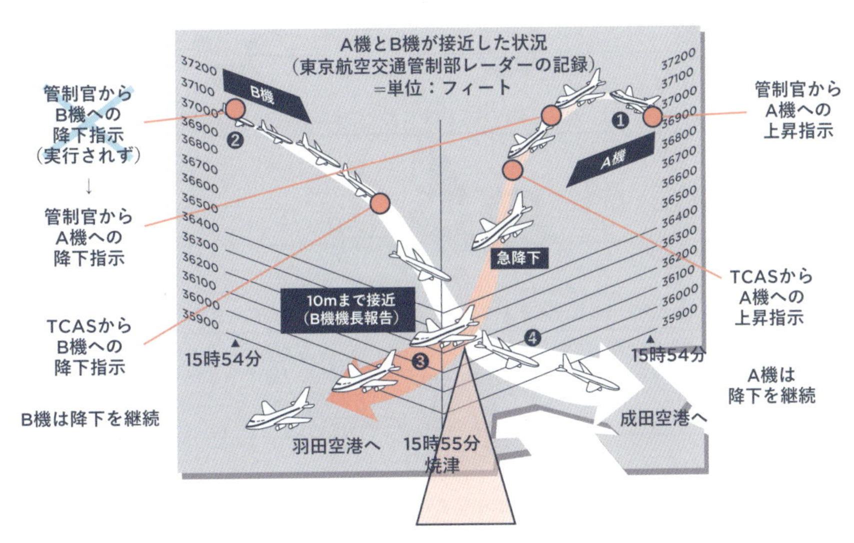

図 3-12　2001 年の焼津沖上空でのニアミス事故

明を構成しようとする。このような両者の状況認識の違いがもたらした齟齬が事故に繋がった事例である。もちろん，本事故の場合，直接の原因が管制官のコールミス（B機に対して出すべき指示を誤ってA機に対して降下指示を出してしまったこと）にあったことは疑う余地はない。しかし，ユーザであるパイロットを支援しバックアップするための能力として自動化に決定的に欠けているのは，「ユーザとの間で状況認識を共有できているかについて考えることのできる能力」である。「他者の誤った信念を推測できる能力」は，社会的動物である人間にとっては無意識に遂行している基本的な社会知の能力の一つであるが，現在の自動化には本質的に欠落している機能であり，このことが冒頭で述べた自閉的な自動化と呼ばれる所以である。

自閉症児を対象とした心理学実験の一つに，図3-13に示す「誤った信念課題（false belief task）」

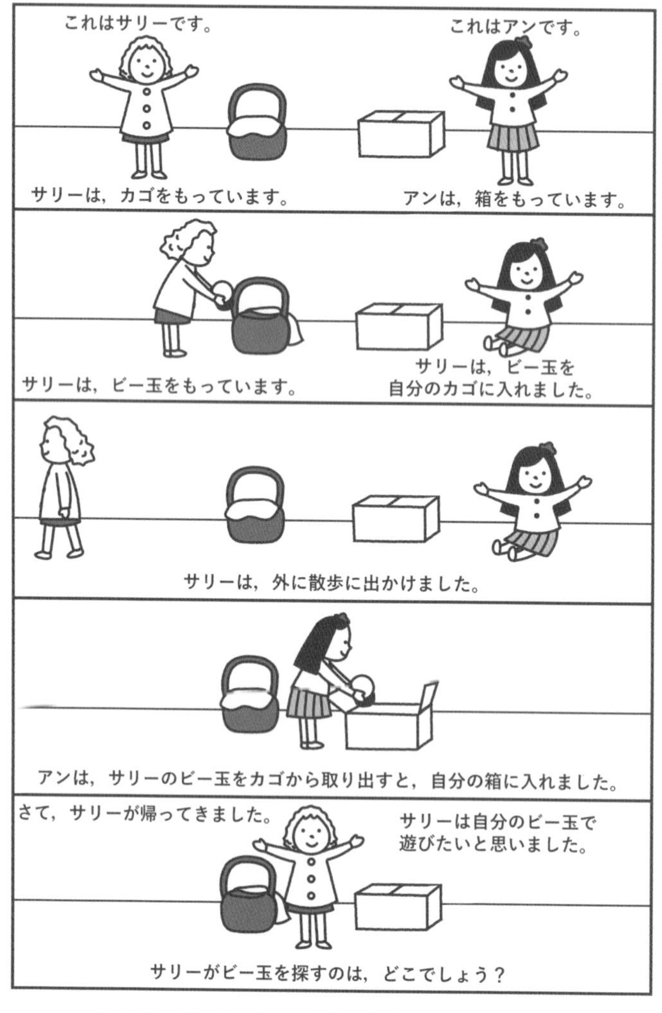

図 3-13　誤った信念課題（[15] より著者により改編）

というものがある[3][15]。ここでの実験は，サリーとアンの二人が登場するエピソードを実験者が協力者に説明する。サリーはアンの目の前で，ビー玉を自身のカゴの中に入れてその場を立ち去った。サリーが外出していない間に，アンはビー玉をサリーの入れたカゴから取り出して，自分のカゴに入れた。そしてサリーが外出先から戻り，先ほどしまっておいたビー玉を取り出して遊ぼうと思った。このとき，サリーはどのカゴを探しに行くか，という質問を実験者が協力者に行う。協力者が健常児である場合には，「サリーのカゴ」と回答するのに対して，協力者が自閉症児の場合には「アンのカゴ」と答えてしまうことが，J. Pernerらの実験で明らかにされている[3]。すなわち自閉症児には，他者の誤った信念（サリーの不在中に，ビー玉がカゴから取り出されたことを知らないならば，サリーはもとのカゴにあるはずであると誤って信じてしまうこと）を推測することができない。

上記の二つの具体例の対応は明らかであろう。人的過誤を防止するための自動化によるフェールセーフや多重防護の安全設計は確かに有効である。しかし依然人間が制御ループ内に留まって最終の決定権限を担う中での自動化の使用形態を考えるならば，自動化の側には，当該タスクに対する状況認識の能力のみならず，ユーザである他者の知識や認識の世界をも正しく推論する能力が必要になる。

上述のような他者の誤った信念を推測できる能力は，基本的な「社会知」の能力の一つである。そして，このような社会性を有した自動化（ロボット）の実現に向けては，

(1) 当該作業に対する状況認識の能力
(2) 自らが実行しようとしている意思を適確に人間パートナに伝えられる能力
(3) 他者である人間パートナの知識や認識の世界をも正しく推論して管理していける能力

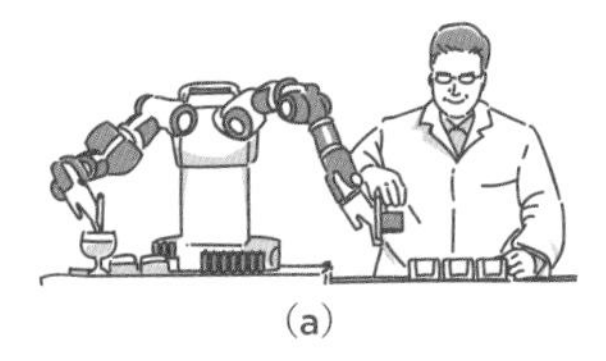
(a)

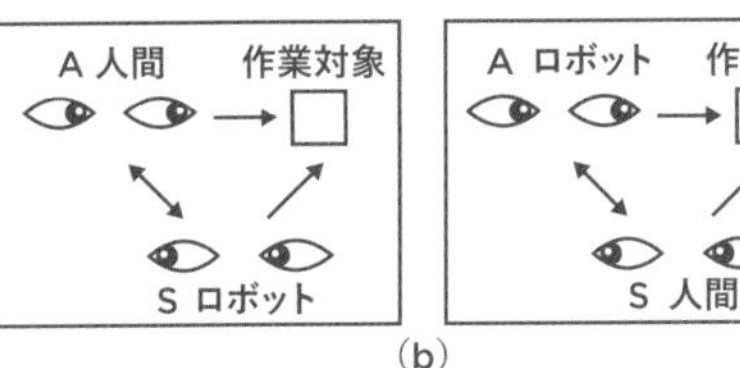

(b)

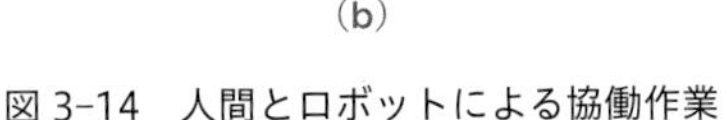
図 3-14　人間とロボットによる協働作業

の実装が望まれる。図3-14（a）に示すように，人間とロボットが協働作業を実行できるためには，同図（b）に示すような三項関係を組み込む必要がある。すなわち，「ロボットが『人が対象をどう認識しているか』を認識できる能力」（同図（b）左）であり，同時に，「人が『ロボットが対象をどう認識しているか』を認識できる能力」（同図（b）右）である。この実現の難しさは，図3-15に示す視点の多様性を考えれば明らかである。同図（a）は観察者としての視点である。鳥瞰的に人の振る舞いを観察し，どのような意図を持って振る舞っているかを推定するための視点である。同図（b）は対話者としての視点である。人とロボットの向き合った関係として，両者の間で交わされるインタラクションをどうデザインするかという問題に帰結する。ここまでは，観察する側とされる側，対話を働きかける側と受ける側，という二項関係のデザインである。これに対して，第三の視点が，同図（c）に示す共感者の視点である。ロボットは人が何を認識しているかを推定できなければならないし，逆に人の方もロボットが何を認識しているかを理解しなければ

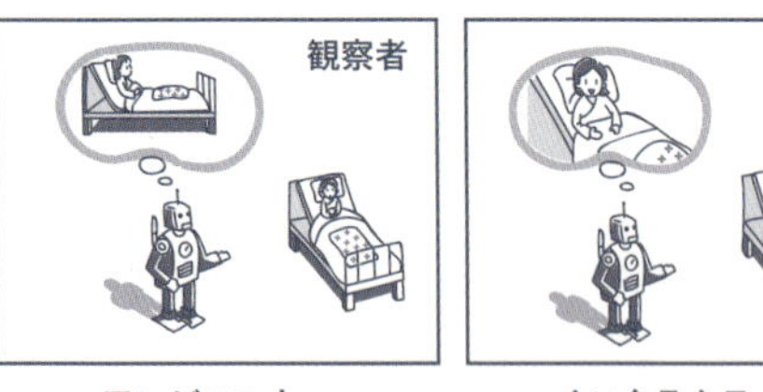

アンビエント・
インテリジェンス
(a)

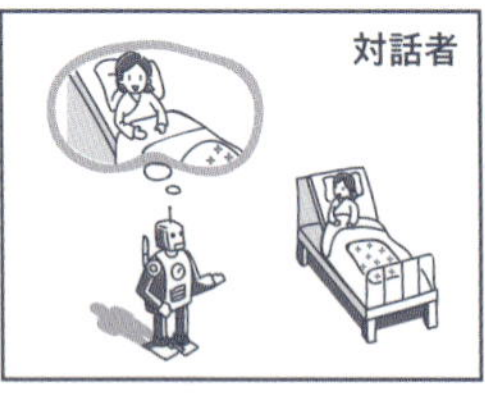

インタラクティブ・
インテリジェンス
(b)

ソーシャル・
インテリジェンス
(c)

図 3-15　視点の多様性

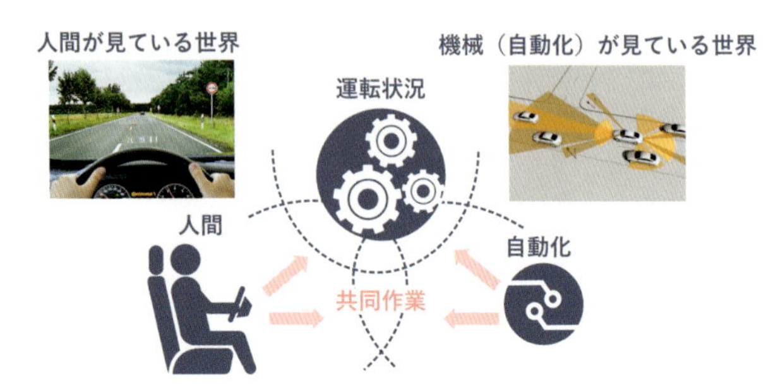

図 3-16　ドライバと自動運転機能との協働

ばならない。認識される対象や状況を第三項とする三項関係のデザインという課題に拡大される。この構図は，図 3-16 に示す自家用車の自動運転機能と人間の協働のデザインにも当てはまる。

5
人間と自動化の権限共有と権限委譲

人間と自動化で共通のタスクを行うことになる場合，どちらが主導権を持って行うのかが重要となる。このための概念として**権限共有**と**権限委譲**がある。権限共有とは，人と自動化が力を合わせて一つのタスクの実行にあたることをいう。すなわち，人も自動化も同時に力を出している形態である。稲垣は，このような形態を，能力伸展，負担軽減，タスク分割の3種類に大別できると述べている[16]。

(1) 能力伸展

人の行為に自動化が力を添えることによって人の行為の質を高めようとする形態，あるいは自動化の行為に人が力を添えることによって自動化の行為の質を高めようとする形態。例としては，パワーステアリング，パワーブレーキ，操舵回避アシスト機能等がある。

(2) 負担軽減

タスクを達成するために人の負担を軽減しようと自動化が手助けする形態。例としては，車速・車間制御機能，車線維持支援機能等がある。

(3) タスク分割

タスクを互いに共通部分を持たないサブタスクに分割し，人と自動化がおのおの相補的な部分を担当する形態。例としては，クルーズコントロール中に車間・車速制御をコンピュータに任せ，ステアリングを人が行うことに相当する。

一方，権限委譲とは，人が行っていたタスクをある時点で自動化に譲り渡す，あるいは自動化が行っていたタスクをある時点で人が引き継ぐことと定義されている[16]。権限委譲はまず「権限委譲を行うべきか否かを決定するのは誰か」という観点から，人，自動化のそれぞれ2通りのパターンが存在し，それぞれについて「人から自動化へ」移すケースと「自動化から人へ」移すケースの2通りが存在する。したがって，権限委譲には図3-17に示す4通りのタイプが存在する。この中で安全上深刻な問題を引き起こすのは，「自動化の判断による自動化から人への権限委譲」である。自動化の判断での権限委譲に関して，自動化が自らの担当してきたタスクを自動化の判断や都合で辞めるときに，人側が「自動化から人へ権限委譲」が起こることを前もって確認してから権限委譲しないと安全が保障できない。こうした権限委譲の要否を常に人に判断させるのは妥当ではなく，自動化の判断に委ねる方が理に適う場合があることはすでに数学的に証明されている[17]。しかし，現実には自動化の判断で権限委譲を実行させるかどうかは人間中心の自動化の根幹に位置

	人が判断する場合	自動化が判断する場合
人から自動化へ委譲	人の判断によって自動化へ委譲される 例：高速道路に入ったので，ACCを使った走行に切り替える。	自動化の判断によって自動化へ委譲される 例：このままだと飛び出してくる歩行者にぶつかるので自動化が自動ブレーキを作動させた。
自動化から人へ委譲	人の判断によって自動化から人へ委譲される 例：レーンキープにハンドルを任せていたが，急カーブ地帯に来たのでシステムをOFFにした。	自動化の判断によって人へ委譲される 例：人がレーンキープとACCに運転を任せていたら，一定時間操作がないとして，自動化が支援をOFFにした。

図 3-17　人間と自動化での権限委譲

自動運転レベル	概要	注（責任関係等）	左記を実現するシステム	
レベル1	加速・操舵・制動のいずれかをシステムが行う状態	ドライバー責任	安全運転支援システム	
レベル2	加速・操舵・制動のうち複数の操作をシステムが行う状態	ドライバー責任 ※監視義務及びいつでも安全運転できる状態		
レベル3	加速・操舵・制動をすべてシステムが行い，システムが要請したときはドライバーが対応する状態	システム責任（自動走行モード中） ※特定の交通環境下での自動走行（自動走行モード） ※監視義務なし（自動走行モード：システム要請前）	準自動走行システム	自動走行システム
レベル4	加速・操舵・制動をすべてドライバー以外が行い，ドライバーがまったく関与しない状態	システム責任 ※すべての行程での自動走行	完全自動走行システム	

図 3-18　自動運転のレベル

する難しい問題である。

現在，運転支援による部分的な自動運転を実現するシステムが多々開発されつつあるが，こうした自動走行の段階について**自動運転レベル**として定義されている。日本政府が策定した官民ITS構想・ロードマップ[18]では，図3-18のように自動制御活用型の運転支援をレベルに応じて4段階に分類し，安全運転支援システム，自動走行システム，完全自動走行システムと定義している。自動制御活用型の運転支援に対して情報提供型はドライバが常に主制御系統の操作を行うが，支援として前方衝突警告の注意喚起が行われる。これらは，主制御系統を操作しないので自動制御とは別の情報提供型に分類され，レベル0とされる。レベル1では，加速，操舵，制動などのある一つの機能をシステムが代わりに行うことによる運転支援を行う。このレベルの自動運転は安全運転支援技術としてすでに実用化されている。レベル2では，これらの複数の機能を一度にシステムが行う部分的な自動化となる。具体的には縦方向（進行方向）と横方向の制御をシステムが行うものであり，ドライバは基本的にシステムによる制御が妥当か否かを監視する役割を担う。一般に，人がシステムに何をすべきかを指示し，システムが指示どおりの制御を行っているかどうかを監視する方式を「監視制御」と呼ぶが，これはシステムの制御が状況に不適なときや異常を検知した場合に人が直ちに介入し事態に対処することを期待している。レベル3では，加速，操舵，制動をすべてシステムが行い，システムが対応できないときのみドライバが対応する条件付きの自動化となる。レベル3では，機能限界でシステムが対応できないときにはドライバに制御の交代（権限委譲）を要請することになるが，この際，ドライバは的確に状況を理解した上で車両制御を引き継ぐ必要があり，ドライバにとっては，いきなり権限が委譲される状況の認識を瞬時に行わなければならないという新たな負荷を課せられることになる。レベル4では，完全な自動化であり，ドライバは関与しない完全自動走行システムということになる。

同様の問題は，現在，航空機の管制業務の自動化においても議論が盛んに行われている。年々増加する航空機の管制業務で，現在は人間の管制官が担当空域を航行する航空機の進路や高度を確認しながら，適宜各航空機に指示を出して，空港への離着陸時の誘導を行っている。特に混雑する空域においては，複数の旅客機の異常接近（ニアミス）を回避するべく，航空機が指示どおりに航行しているか，十分な距離が保たれているかについての監視業務が，便数の増大とともに大きな負荷となってきており，管制業務の部分的な自動化による代替が検討されている。管制業務は，ニアミスに繋がる状況の見極めを意味する conflict detection，さらにこれに引き続いて当該航空機に対して適切な回避行動を指示する conflict resolution の二つのタスクに分割できるが，このうちの前者の conflict detection のタスクを人間管制官から自動化に置き換え，その後の指示を人間管制官に委ねる分業のあり方が模索されている。しかしながら，シミュレータを用いた実験で，部分的な自動化導入を行った場合とすべてを人間管制官が行う場合とで管制官のパフォーマンスを比較したところ，conflict detection のタスクを人間管制官から自動化に置き換えた場合に，すべてを人間が行う場合に比べて，人間管制官による当該航空機への回避指示に無視できない遅れが生じることが確認されている。状況認識とその後の判断並びに実行は，本来人間によって連続的に行われているフローであるが，これを部分的に自動化に委ね，突然人間に権限移譲される際の人間側の負荷が無視できないことを示しているが，自家用車の準自動運転時においても，同様の問題がもたらされることは明らかである。

6
ものづくり現場における人間機械系

ロボット・NC→FMS→FA→CIMと変遷してきたものづくりのパラダイムは，いまヒトへの回帰，すなわちヒト依存の生産方式への転換が注目されている。少品種大量生産時代の機械化・自動化は，多品種変量生産時代のアジャイル生産には不適であることが露呈し，その結果，消費者ニーズの多様化に迅速に対応するべく，伸縮可能で随時再編成可能（flexible and reconfigurable）な可変型のライン編成へと変貌を遂げた。そしてその行き着いた先が，一人屋台生産方式と呼ばれるような**セル生産方式**である。

このような生産方式の変遷の背後には，さまざまな自動化機械に絡む人的要因が見てとれる。まず第一に，大規模自動化は必然的に生産設備のブラックボックス化をもたらし，作業者に使いこなせない機器が多くなって，修理者と作業者の分離を余儀なくしてきた。これらが正常に稼働してくれているときはいいが，自動機器は故障発生要因でもあり，「チョコ停」の発生のたびに，その復旧に要する手間と時間が甚大となる。このようないわゆる「止める自動化」は現場ではもっとも排除されるべきものである。第二は，その報酬制度への反映である。従来方式では，ライン速度一定のため一人が努力しても全体に反映されなかったものが，セル生産方式では作業者各自の工夫の効果が直ちに生産効率に反映されるという個人別成果の顕在化の効用である。そして作業そのものが，部分ではなく全体にかかわることでのやり甲斐と「カイゼン」への主体的な工夫が引き出される仕組みにもなっている。実際，セル生産を導入した多くの現場では，導入後から作業者の慣れが進むに従って飛躍的な生産性の向上が見られるという。この理由として，作業者の課題に対する習熟が進む結果として説明されているが，より大きな意義は，セル生産を通して，全体を把握する「モノをみる眼」が養われること，すなわち全体像との関連で自らの作業を捉え直していくなかで，新しい知識が次々に生み出されていくという効果である。

このようなセル生産方式の前身は，1980年代後半のスウェーデンのボルボ社によるウッデバラ生産方式や，1980年代以降のアメリカのアパレル産業で見られたモジュール型生産システム，さらに自動車産業における自律完結工程などが挙げられる[7]。それまでの各作業者の標準作業は，標準作業時間内の各自の正味作業時間をできる限り均一化することのみに重きが置かれ，各作業者の標準作業は必ずしも相互に関連のある作業から構成されているものではなかった。これに対してこれらの生産方式では，各作業者の標準作業を比較的相互に関連性を持った作業上の固まりに変えることで，各作業者にとって，自らの担当する作業の作業全体の中に占める位置やその意味等の理解を促し，このことが，作業者の各作業への習熟や，習熟作業の範囲の拡大（多能工化）に寄与するという効果をもたらした。

現在，わが国でのセル生産方式は，人セルからロボットセル，すなわち人間作業員に代わってロボットによるセル生産への移行が進められようとしている。その背景には，巨大な労働力を擁する諸外国の追い上げを考えるときに，ヒト依存のセル生産方式は，やがて新興経済圏の安い労働力にはかなわなくなるという危惧がある。セル生産にロボットを組み入れることで，諸外国の追随を許さない，模倣の効かないわが国固有の次世代生産システムを作り上げることがその目的である（図3-19）。

人セルからロボットセルへの移行に際しては，単なる人の作業のロボットによる代替として捉えるべきではなく，人セルの長所・短所を明らかにし，その長所を活かす一方，短所を克服できるような新しい自動化の概念の確立が必要である。まず長所としては，人セルによって実現された作業対象への適応性や学習能力である。人セルの生産方式では，作業の全体と個別作業の関係が顕在化され，排除すべき手持ちのムダや，あるいはそれを排除するための工夫やカイゼンを作業者に継続的に生み出させ，学習効果を引き出す効果が大きな特徴である。一方，短所としては，その作業パフォーマンスが作業員の技量によって大きくばらついてしまい，効果を発揮するにはセルに投入される作業員の習熟が条件となることが挙げられる。ロボットセル化によって，このようなばらつきを抑え，セル導入初期からのある程度の作業効率の確保は見込める。しかし同時に，ロボットによる自動化には，機種や品種の切替えのたびにロボットへの動作教示作業が必要となり，教示や調整の善し悪しによってはチョコ停を引き起こす要因ともなる。ロボットセル化への移行に際しては，「教示しやすく，止めない自動化」を目指さなければならず，そのためには，柔軟な作業能力と，エラーから自律的に復帰できるための適応的な学習能力の実現が必須となる（図3-20）。

自律型セル生産ロボットシステムの実現に向けては，

・頻繁な機種切替えのニーズや多様な部品供給形体にフレキシブルに対応できること
・セットアップ時のロボットへの作業教示に要する手間を極力抑え，迅速に立ち上げられること
・作業実行中のエラー生起に対して自律的に復帰できるようになるための習熟・学習機能を有すること

が求められる。人間・ロボット・作業の三項関係から自律型セル生産ロボットシステムの技術課題を図3-21のように整理する。

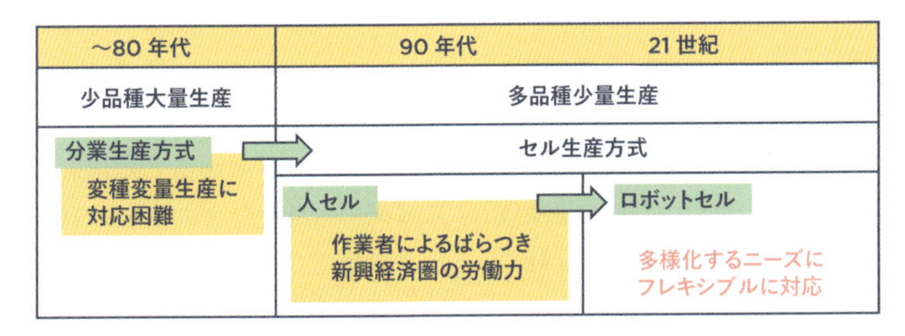

図3-19　生産システムの推移

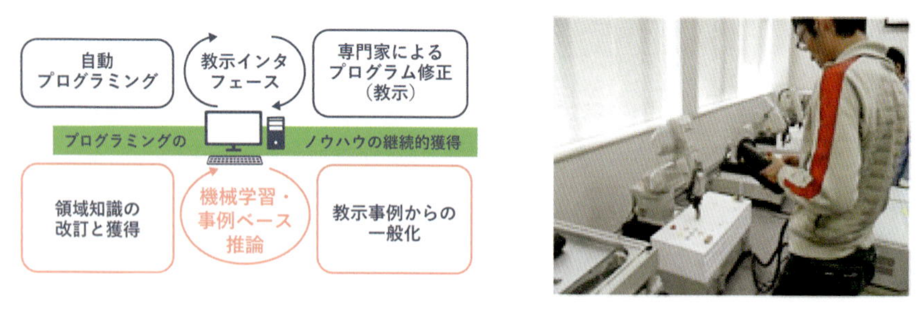

図 3-20　ロボット教示インタフェースと学習

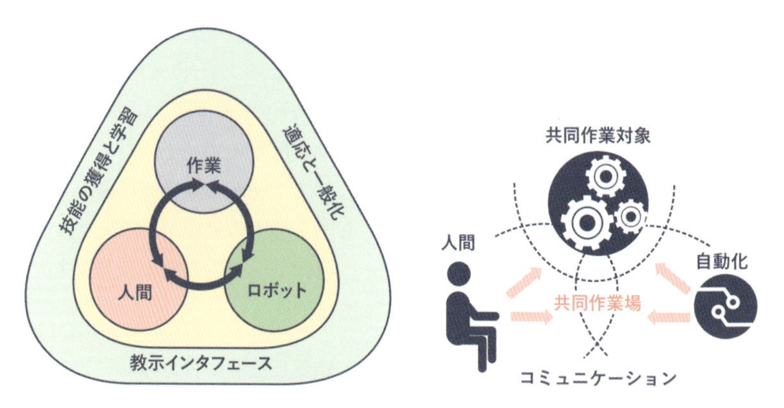

図 3-21　人間・ロボット（自動化）・作業が織りなす三項関係

欧米では屡々，技術主導で進められてきた自動化が，熟練技能の継承・発展を阻害し，現場技術のより一層の高度化を阻害しかねないということが指摘されてきた（H. Braverman による“Deskilling Hypothesis”：技能の低下仮説）。一方で，日本の工場における産業用ロボットに代表される自動化導入の経緯には，欧米と明確に異なる特質が見て取れる。「自動化の島」と呼ばれ，ロボットの稼働が限定的であるがゆえに，隣接する工程との連結が困難になりがちなところを，その工程間のインタフェース役を人間が巧みにこなし，賢くないロボットでも働ける作業環境の整備と従業員の配置転換が容易に進んだ。自動化の導入を経ても現場における人を介在した知識の蓄積プロセスが壊されることはなく，むしろ機械と人を取り込んだ共同体として適応できたことが，日本的生産技能の本質であったとも言える。

熟練技能者の再生産に向けていま求められているのは，作業環境改善・作業負荷軽減のみならず，現場主義の作業員の作業改善意欲を引き出し活用していけるような自動化戦略への転換であり，そのためにロボットのような自動化機器や IT システムのあり方がどうあるべきなのかについての検討である。すでにその動きは，過去の**ローコストオートメーション**（LCA：Low Cost Automation）の潮流として始まっている。これまでの大掛りな自動化設備の導入は，大量消費・大量生産の時代のニーズには則していたものの，設備投資を回収するための大量生産が作りすぎを生み，これに伴う中間在庫の増加が自らの首を絞めるという悪循環を生み出してきた。これに代わって今日では，現場での創意工夫が柔軟に活用できかつ低価格で，これまでの自動化機器と同等の機能を有するより簡易な自動化機器への転換を図る傾向にある。その原型はわが国の生産現場で考え出された「からくり」と呼ばれる装置に見いだすことができる。完全な自律機械を目指すものではなく，人間作業員が適宜介入して，機械とともに生産に携わる作業環境へのシフトである。現場作業員の創意が活かせて改善が効く柔軟性，人間の側の能動的な改善意欲に応えられるような再構成可能性（リコンフィギュラビリティ）を有した自動化と人間の協働による新たな生産方式が模索され始めている。

演習問題

（問 1） 人間と自動化の役割分担について，現在商用化されている自動運転技術を例に具体的な運転作業を列挙し，その役割分担について示せ。

（問 2） 以下の 3 社の自動車メーカの自動運転技術の紹介を見比べ，人間と自動化の役割分担に関するポリシーの違いについて考察せよ。

https://www.youtube.com/watch?v=zAeEnLr3WYk

https://www.youtube.com/watch?v=jYPULGbELF8

https://www.youtube.com/watch?v=MfOgwrhJG8A

（問 3） 本章で取り上げた MABA-MABA（Men Are Better At-Machines Are Better At）の概念に倣い，人間と AI（人工知能）の能力比較を行ってみよ。

（問 4） 主観的心理学のフロー理論では，人が作業に集中できるための要件として，

・自分の能力に対して適切な難易度のものに取り組んでいる
・対象への自己統制感がある
・直接的なフィードバックがある
・集中を妨げる外乱がシャットアウトされている

が挙げられている。この観点から，今後の自動化が人のパートナー（コラボレータ）として具備すべき要件について考えよ。

参考文献

[1] B. マズリッシュ（著），吉岡　洋（訳）：『第四の境界：人間－機械進化論』，ジャストシステム，1996.

[2] Taylor, F. V., Garvey, W. D.: The limitations of a 'Procrustean' approach to the optimization of man-machine systems. *Ergonomics*, 2, pp.187-194, 1959.

[3] Fitts, P. M.: Human engineering for an effective air navigation and traffic control system. *Ohio state University Foundation Report*, 1951.

[4] Sandom, C., Harvey, R. S.（eds）.: *Human Factors for Engineers*, The Institution of Engineering and Technology, 2009.

[5] Dekker, S. W. A., Woods, D. D.: MABA-MABA or Abracadabra? Progress on Human–Automation Co-ordination, *Cognition, Technology & Work*, 4（4）, pp.240-244, 2002.

[6] Sheridan, T. B.: *Telerobotics, Automation, and Human Supervisory Control*, MIT Press, 1992.

[7] Inagaki, T. et al.: Trust, self - confidence and authority in human - machine systems, *Proc. IFAC HMS*, 1998.

[8] Bainbridge, L.: Ironies of Automation, *Automatica*, 19（6）, pp.775-779, 1983.

[9] Sarter, N. B., Woods, D. D., Billings, C. E.: Automation Surprises, *Handbook of Human Factors & Ergonomics*, 2nd edition, G. Salvendy（Ed.）, Wiley, 1997.

[10] 遠藤　浩：『ハイテク機はなぜ落ちるか』，講談社，1998.

[11] National Transportation Safety Board: Descent Below Visual Glidepath and Impact with Seawall, NTSB/AAR-14/01 PB2014-105984, 2014.

[12] ドナルド・A・ノーマン（著），野島久雄（訳）：『誰のためのデザイン？―認知科学者のデザイン原論』，新曜社．1990.
（Norman, D.: *User Centered System Design: New Perspectives on Human-computer Interaction*, CRC, 1986.）

[13] Sheridan, T. B.: *Humans and Automation: System Design and Research Issues*, Wiley-Interscience, 2002.

[14] Billings, C. E.: *Aviation Automation: The Search for a Human Centered Approach*, Lawrence Erlbaum Ass., 1997.

[15] 金沢　創：『他者の心は存在するか―〈他者〉から〈私〉への進化論』，金子書房，1999.

[16] 稲垣俊之：『人と機械の共生のデザイン―「人間中心の自動化」を探る』，森北出版，2012.

[17] Inagaki, T., Sheridan, T. B.: Authority and Responsibility in Human-Machine Systems: Probability theoretic validation of machine-initiated trading of authority. *Cognition, Technology &Work*, 4, pp.29-37, 2012.

[18] 高度情報通信ネットワーク社会推進戦略本部：官民ITS 構想・ロードマップ，2016.

注

1　Flight Level（高度）35,000 フィートの略称。

2　衝突の危険が生じる可能性のある航空機の接近を検地し，操縦室内に知らせる装置。衝突防止警報装置。自機の周囲にいる航空機に質問電波を発射し，その応答電波により相手機の方位，距離，高度を表示するとともに，相手機との接近率を常時モニターし，接近率の度合いに応じて，TA（他機の接近を知らせる警報），RA（衝突の危険を知らせ，回避操作を指示する警報）の順に発動される。

3　この課題にはさまざまなバージョンが提案されており，デネットの提案，マキシ課題，サリーとアンの課題という名称でも知られている。

CHAPTER

4

人間機械系のデザイン方法論

人間機械系のデザインでは，対象システムの適正な作動を保証するのはソフトウェアやハードウェアのコンポーネント機器のみではなく，人間運転員の適切な介入を前提としなければならない。本章では，人間の犯す人的過誤（ヒューマンエラー）と人間信頼性評価の手法について，とくに状況認識の概念を導入し，さらに自動化機能が組み込まれた人工物システムの利用時にユーザの誤認識を生み出すメカニズムについて概説し，このような誤認識を回避するための人工物デザインの方法論について述べる。

（椹木 哲夫）

1

システムの信頼性への取り組み：人間信頼性解析

(1) モノの信頼性

システムの信頼性を解析し評価するためのシステム信頼性解析の研究は，古くは第2次世界大戦中に始まり，その後米国NASAでのアポロ計画で大きな発展をみた。大規模複雑化するシステムの脆弱な箇所の発見や，万が一故障やトラブルが発生しても，それがシステム全体の破綻に繋がらないようなロバスト（頑健）なシステム設計を行うための方法論として登場した。この時代の「システム」とは，設計されたモノを対象とするものであり，システムを構成する各種コンポーネントの動作・不作動・誤作動などの確率評価に基づいて，イベントツリー（Event Tree），フォールトツリー（Fault Tree）を作成し，起因事象を端緒とする一連の事象シーケンスの発生確率の算出から，システムが安全に作動するための基準検討や感度解析が主たる目的であった。

しかし当然のことながら，対象システムの適正な作動を保証するのはソフトウェアやハードウェアのコンポーネント機器のみではない。システムで異常が発生する際には，人間運転員の適切な介入を前提としているものが大部分であり，したがってシステムの信頼性評価には，機器が正常に動作する確率に加え，人間が行う異常時対応が適切に遂行される確率をも考慮に入れた解析が必要となる。

(2) ヒトの信頼性

そこで導入されたのが，**人間信頼性解析**（HRA：Human Reliability Analysis）の手法である。ある状況において人間がとるべき行動から逸脱する確率を評価し，その下で上述の手法に則った解析が行われる。人間なればこそ，異常が発生した緊急時に期待される対応における過誤率（エラー率）は，時間余裕の違いによって変動する。さらに通常時の操作であっても，操作ステップの組合せや順序によっても，個々の操作実行の過誤率は変わってくる。そこでこれらの従属的な影響評価を，個々の操作単位を独立に実施する際の過誤率（基本エラー確率）に対して，どのように補正を加えていくかが問題となる。人間信頼性評価の手法としては，THERP[1], SLIM-MAUD[2], CES[3], DYLAM[4]，などの第1世代HRA手法，そしてCREAM[5], ATHEANA[6], SAMANA[7]，などの第2世代HRA手法として各種の方法論が提案されている。

第1世代人間信頼性解析の方法論は，原子力発電所のPSA（確率的安全解析）への適用を目的として開発された手法である。作業を分析し，発生しうる人的過誤を同定し，人的過誤の発生確

ステップ	人間信頼性解析（THERP）の手順
1	必要な情報の収集（資料・観察・聞取り）
2	作業分析（要素的行為への分解）
3	作業イベントツリーの構築
4	エラーモードによる基本エラー率の割当て
5	行動形成因子（PSF）の評価
6	ステップ間の従属性の評価
7	作業失敗確率の計算
8	エラーに気づいて回復する効果の補正
9	感度解析と不確かさ評価

図 4-1　人間信頼性解析（THERP）の手順

率のモデル化および定量化を行うものである。たとえばTHERP手法においては，人間の行為の失敗確率を，対象となる行為をサブタスクに分解して分析し，余裕時間，熟練度，前の操作との依存関係，ストレスレベルなどを考慮して評価する。

THERP手法は，人間の行う作業をツリー図を用いて表現し，評価を行うものであり，成功，失敗により分岐が行われる（図4-1）。イベントツリーに従って，まず基本エラー確率が評価され，これに対して行動形成因子（PSF：Performance Shaping Factors）の影響を考慮して作業失敗確率を導出する。行動形成因子とは，標準的な作業条件からのずれによるエラー率の変化を補正するために考慮すべき状況因子で，状況特性，指示のあり方，作業と機器の特性などの外的なものと，個人の能力特性に関する内的なものとに分類されており，それぞれの因子の影響の下に基本エラー確率が補正される（図4-2）。そして，先行作業に成功して後続作業にも成功する場合と，先行作業に失敗して後続作業にも失敗する場合の従属性の影響評価を条件付確率で与えて評価し，タスク全体の失敗確率（HEP：Human Error Probability）が，各行為の失敗に至る発生確率から計算される。図4-3（a）はまず電源を接続し，その上でスイッチ1を入れるか，もしくは，スイッチ2を入れれば成功するという単純な作業を例に実施成功確率をTHERP手法により評価した例である。まずこの場合の基本エラー確率は，$F1+F2\times F3=0.05+0.1\times 0.2=0.07$となる。これに対して，この作業が高いストレス下で行われる場合には，図4-2に規定される高ストレス補正がかけられて，図4-3（b）に示すようにそれぞれの基本エラー確率が2倍に補正され，さらに前後の作業との従属性に関して同図に示す従属性補正がかけられて，それぞれの確率は，0.1，0.2，0.7に補正され，その結果，$HEP=0.1+0.2\times 0.7=0.24$となり，補正前の結果の0.07からより大きく見積もられることになる。

THERP手法に代表される第1世代人間信頼性解析は，タスク分析を中心とする人間行動の要素分解による評価が主体で，これらに対しては，多くの批判が与えられた。その主たる批判は，エラーの発生の本質が捉えきれておらず（特に動的な側面），実事象と想定シナリオの乖離が多く，解析者の主観が入りがちで異なる手法間で結果の一致がよくないという指摘である。また実施上の問題としては，基本エラー確率データベースが膨大になり，用意するのが難しい点がある。しかし何より大きな限界は以下の点に集約される。

1）人間の認知的内部機構・人間行動のモデル化が不十分。
2）創発的エラー（小さな事象の連鎖や同時タスクの遂行の困難さをもたらすような状況）が説明できない。
3）想定外のEOC（コミッションエラー）の発生を説明できない。
4）管理組織要因の影響が考慮されていない。

これらの批判からもわかるように，第1世代人間信頼性解析の方法論の限界は，要素還元論的に人間の介在する過誤を解析しようとするアプ

大分類	小分類	因子の例
外的行動形成因子	状況特性	構造上の特徴，環境特性，作業時間，…
	仕事・機器特性	知覚の必要性，運動の必要性，刺激 - 反応整合性，…
ストレッサー	心理的	突発性，持続性，作業スピード，…
	生理的	持続性，疲労，苦痛，…
内的行動形成因子		訓練・経験，実務能力・技能，性格・知性，意欲・態度，情緒，緊張，関連知識，…

行動形成因子：標準的な作業条件からのズレによるエラー率の変化を補正するために考慮すべき因子

従属性	条件付確率	
	先行作業に成功し後続作業にも成功	先行作業に失敗し後続作業にも失敗
ZD（Zero Dependence）	BHSP（事前成功確率）	BHFP（事前失敗確率）
LD（Low Dependence）	(1＋19BHSP)/20	(1＋19BHFP)/20
MD（Moderate Dependence）	(1＋6BHSP)/7	(1＋6BHFP)/7
HD（High Dependence）	(1＋BHSP)/2	(1＋BHFP)/2
CD（Complete Dependence）	1	1

図 4-2　行動形成因子による補正

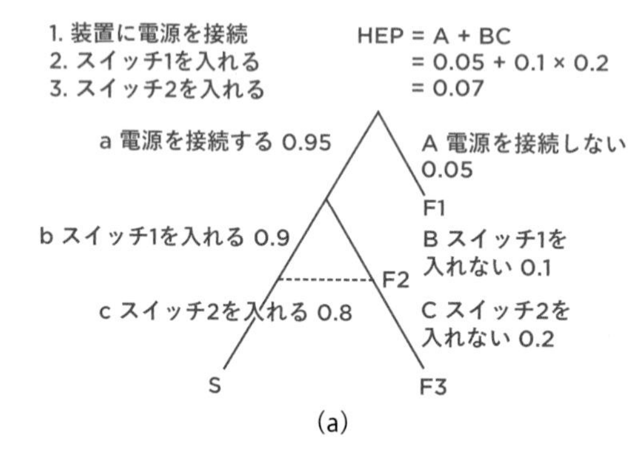

(a)

ステップ（失敗事象）	基本エラー確率	高ストレス補正（×2）	従属性補正	エラー率
1(A)	0.05	0.1	—	0.1
2(B)	0.1	0.2	ZD	0.2
3(C)	0.2	0.4	HD	0.7
作業全体の HEP＝A+BC				0.24

(b)

図 4-3

ローチの限界であると言える。人間を機械的システムコンポーネントと類似の要素として捉え，その総体としてのシステム全体の信頼性を評価するという手法では成り行かない。個々の要素の評価の線形和としてシステム総体の評価が定まるわけではなく，人間を系の内部に含む限り，能動性・積極性といった人間固有の側面が必ず発揮される。これが想定外の事象や事故を未然に防ぐような良い方向で作用する場合もあれば，逆に思いも寄らぬ悪い結果に導くこともある。

(3) コトの信頼性

そこで人間の内的メカニズムのモデル化を入れ，文脈性に依存したパフォーマンス形成因子の扱いを目指した第2世代人間信頼性解析が提案されている。これらでは状況との相互作用による動的側面・影響因子間の相互依存性・大局的影響という側面に焦点が当てられる。また単一の人間のみならず運転チームや管理組織因子まで拡張しようとしている点が特徴である（図4-4）。

これらの根本にある考え方は，人の犯す過誤を，人のみに帰属させるのではなく，むしろ人の置かれる「情況」[1]の側に帰属させ，それがどのように運転員側の危険行為となって現れるかを調べることを主な目的とする。人間はある特定の情況においては一意の行動をするはずであり，信頼性評価に影響するのは対応時のエラーの誤差幅ではなく，エラーに導く「情況」がどのように作られるかの要因が大きい。人間行動が情況に支配されるとするならば，分析対象は操作や事象ではなく，人にエラーを強要する情況こそを対象とすべきであり，エラー率は過誤強制情況（EFC）の発生確率として評価をしていかなければならないとする考え方である。過誤強制情況とは，人にエラーを犯すことを不可避とさせるような情況である。

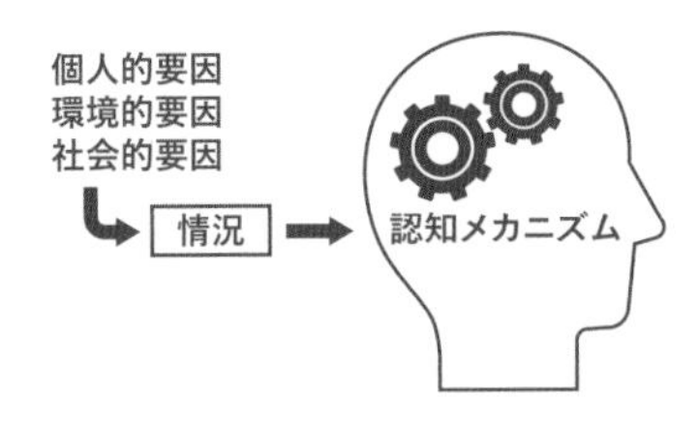

図4-4　第2世代HRA

この考え方の下では，エラー率HEP（Human Error Probability）は，

$$HEP = P（エラー \mid 情況）\cdot P（情況）$$

により算出される。右辺第1因子の条件付き確率は，ある特定の情況でエラーを起こす確率であり，人の認知特性で決まるが，EFCではこの確率が1に近いと考える。この場合，HEPは，ほとんどEFCの生起確率である第2因子に左右されることになる。そして，このような情況がどのように生み出されるかの観点から，信頼性を評価することになる。

CREAM（Cognitive Reliability & Error Analysis Method）の手法は，上述の創発的なリスクを評価するための方法論として，大局的影響因子とこれらの因子間での相互依存性を考慮し，その結果導かれる「制御モード」により，ヒト・モノ・コトを含むシステム全体の信頼性が定まるとする考え方である。すなわち，直面する情況に応じてヒトの認知情報処理制御モードを，

- 混乱状態（scrambled）：状況が未知で思考が麻痺するようなパニック状態
- 機会主義的・場当たり的（opportunistic）：部分的な状況理解の下で経験的または習慣的な判断が下される状態
- 戦術的（tactical）：既知の理解に基づく限定された領域で判断が下される状態
- 戦略的（strategic）：大局的な状況理解の下で保持する知見により高度な判断が下される状態

■リソース（物質と人員）の入手性
■訓練・経験の程度
■コミュニケーションの質
■ヒューマンインタフェースと運用支援
■手順や計画の有無
■作業場の物理的環境（温度，照度，騒音など）
■同時に追求すべき目標の数と目標競合の可能性
■利用可能時間
■グループ協調の質
■組織管理の質と組織的支援の有無

図 4-5　共通行動条件

の四つに分類し，その制御モード間で信頼性が異なると考えるものである。これらの認知情報処理制御モードを決める要因として共通行動条件（Common Performance Conditions）と呼ばれる 9 種類が提案されており，CPC 間に依存関係が定義されている。共通行動条件とは，人間行動の形成に共通的に影響を及ぼす因子で，これらのいくつかの組合せが不適切だと過誤強制状況が形成される（図 4-5）。CREAM の評価にはスクリーニング手法（basic method）と詳細手法（extended method）がある。スクリーニング手法は，CPC 評価結果のプラスの影響数とマイナスの影響数のマトリックスにより，該当する認知情報処理制御モードが決定され，その認知情報処理制御モード毎に過誤率が幅を持って定められている。また，詳細手法では，認知機能の過誤のタイプ（cognitive function/generic failure type）毎に基準過誤率と 5 %信頼度下限および 95 %信頼度上限過誤率が定められ，CPC 評価結果に基づき，認知機能別に重み係数で補正する方法が採用されている。

（4）人的過誤の分類

人的過誤，すなわちヒューマンエラーとは，「達成しようとした目標から意図せずに逸脱することとなった期待に反した人間行動」と定義される。また J. Reason は，エラーを「計画されて実行された一連の人間の精神的・身体的活動が，意図した結果に至らなかったもので，その失敗が他の偶発的事象の介在に原因するものでないすべての場合」と定義している[8]。

エラーのタイプは，認知科学の立場からの分類では，実行の失敗（スリップおよびラプス）と計画の失敗（ミステイク）として分類される。

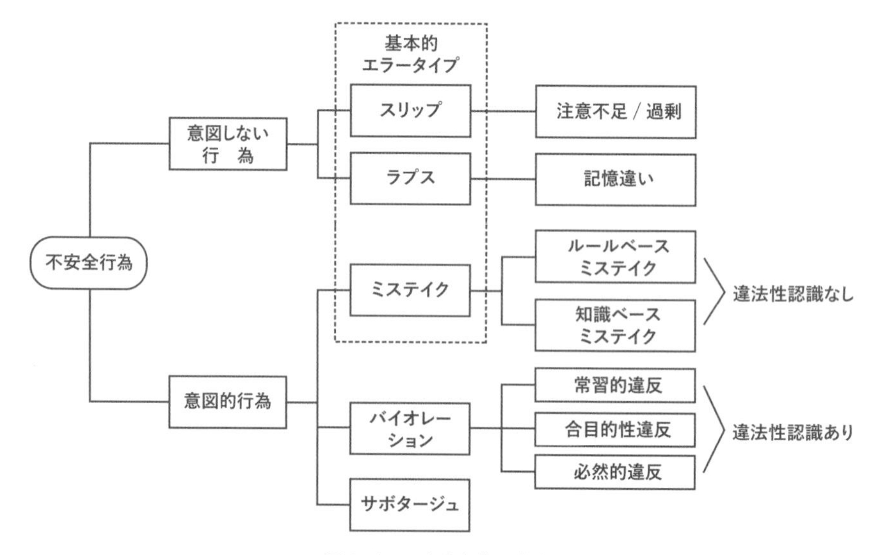

図 4-6　不安全行為の分類

(1) スリップ（slip）：計画（ルール）自体は正しかったが，実行の段階で失敗してしまったもの。実行しようとする判断は正しいが異なった行為の実行となってしまったもの。
(2) ラプス（lapse）：実行の途中で計画（ルール）自体を忘れてしまったもの。実行しようとする判断は正しいが行為が省略されてしまったもの。
(3) ミステイク（mistake）：正しく実行はできたが計画自体が間違っていたもの。実行しようとする判断が誤りであったもの。

以上のほか，やるべきことの省略（omission error）と，やるべき行為と違う行為の実行（commission error）といった行動主義による分類もある。

一方，不安全行為は，その行為が重大であるなしにかかわらず，安全にかかわる規則違反と知りながらルールを犯す行為である。ヒューマンエラーは，自ら取った行為が意図した結果に終わらなかったものであるのに対して，「意図」から始まるのが不安全行為であり，「意図」のあるなしの点において区別される。

以上の分類について，図 4-6 に示す。

ヒューマンエラーは，人間特性と環境の相互作用の結果である。エラーを理解するには，人間の特性と人間を取り巻く広義の環境に着目しなければならない。前掲の H.A. Simon の人工物の定義に関して言えば，人工物の内部と外部の間の不適合の結果であると言える。

2
状況認識のモデル

前節でも述べたように，人的過誤は，オペレータや作業員が自分が扱うシステムや自分を取り巻く環境をどのように認識して判断を下し，実行に移しているかのプロセスに深く関係する。

ヒューマンファクター研究の分野において，オペレータの意思決定がどのように形作られるかを記述した理論として，**状況認識**（situation awareness）の理論がある[9]。M.R. Endsley は状況認識を，「環境に存在する要素の時空間内における知覚とその意味理解，および近い将来におけるそれらの状態の予測」と定義しており，オペレータが環境から異常の兆候を検出することにより，何かが起こったことを知覚し（レベル 1：知覚），何が原因で起こったかを把握し（レベル 2：理解），この後どうなるかという将来予測を行う（レベル 3：予測），という 3 段階の過程が意思決定に先立って行われるとしている。 M.R. Endsley はこの SA を図 4-7 のようにモデル化している。

状況認識について，自動車の運転を例に説明する。運転は認知・判断・操作のサイクルで行われる。安全に走行するために，周辺に車や歩行者がいないか確認したり，前方に迫る信号がいつ頃変わりそうかに気を配ったり，他車両や歩行者の行動を予測しながら，当該状況に最も適した操作を判断して，実行する。このサイクルで最も基本となるのが最初の認知で，ここを適切に行えなければその後の判断や操作も不適なものとなってしまう。この認知の部分を司るのが状況認識である。たとえば，図 4-8 に示すように，見通しの悪い道路を運転中に，突然ボールが道路上に転がり出てきた状況を考える。運転者にとって，まず「道路にボールが転がり出てきた」という事実に気づくことが，状況認識のレベル 1 である。そしてなぜこのような事象が起こったかを想起すること，すなわち「遊んでいる子供がボールを取り損なって道路に転がり出た」ということを推論するのが状況認識のレベル 2 である。さらにこの推論に基づけば，「このあと取り損なった子供が，ボールを追って道路上に飛び出してくるかもしれない」と予測するのが状況認識のレベル 3 である。このような複雑な情報処理を運転者は瞬時にやってのける。そしてこの状況認識を経て，飛び出してきても止まれる速度まで徐行するという判断を下し，減速を実行する。

このような状況認識が適正に実行できるかどうかについては，さまざまな要因が作用する。まずは実行中の作業の目的意識である。上例の場合，安全運転を心がけるという意識がなければ一連の処理は起動されないであろう。また事象に気づくための知覚能力が備わっていなければならないの

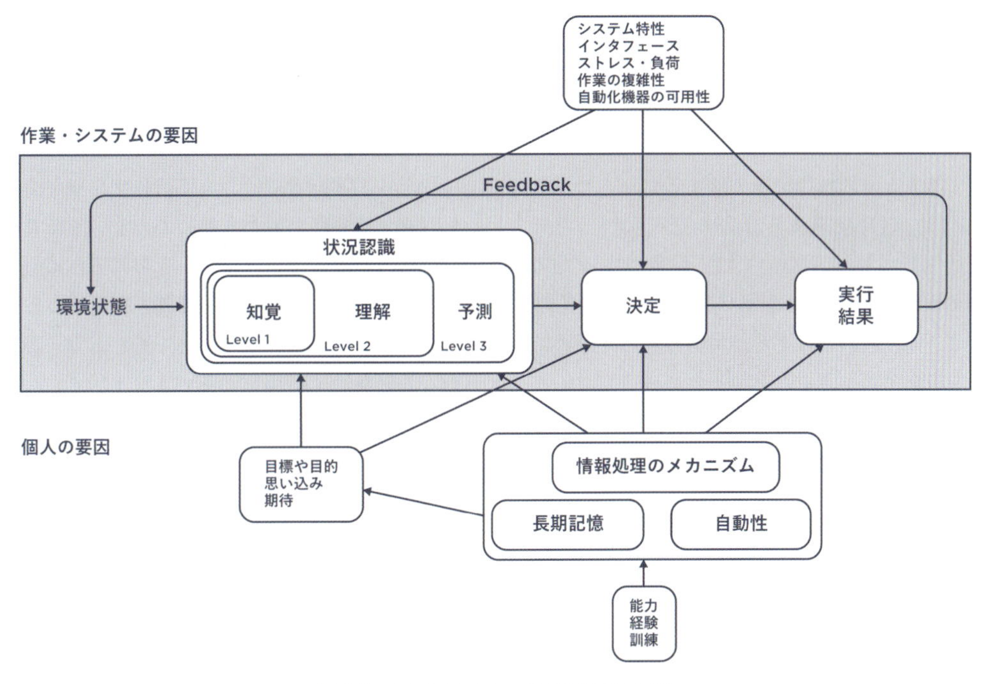

図 4-7　M. R. Endsley の状況認識モデル

図 4-8　運転中の状況認識の例

は言うまでもないし，転がり出たボールから子供の飛び出しを予測するためには，過去の経験からどのような事象展開が起こり得て，どのように対応しなくてはならないかのレパートリーを長期記憶に蓄えていなければならない。またいくら気づくための知覚能力を備えていたとしても，そのための注意力（注意資源）が適正に向けられなければならない。ほかのことに気を取られてボールに気づかないということは十分起こり得る。

このように状況認識の失敗は，それぞれのレベルで発生し得る。レベル1での失敗は，気づきの失敗である。このレベルで失敗すればその後の状況認識は起動されず，したがって判断も実行も伴わなくなる。レベル2での失敗は，遭遇した現象に対する原因の特定を失敗するケースで，その要因は，(1) 現象から原因の想起に誤った知識を適用してしまう場合，(2) 現象がまったく未知で原因の特定ができない場合，(3) 現象に対して一見合理的に見えるが本当は誤った原因による説明を作り上げることでそれに納得してしまう場合，に分類することができる。レベル3での失敗は，原因は特定できているもののその後の予測を誤る場合で，原因から派生する事象の想起ができない場合や，「いま対応しなくても大丈夫だろう」と派生事象の生起タイミングの見積もりを誤る場合も含まれる。また以上のほかにも，適正に状況認識のプロセスが起動されているにもかかわらず，その途上で他の新たな事象に遭遇することでそれに対する状況認識のプロセスが並行して起動され，注意力がそちらに注がれ，もとの状況認識プロセスが中断されたり，最後まで完了を見ないまま判断や実行にまで至れないということもある。このように，前節で述べた人的過誤のラプスやミステイクの発生を状況認識の観点から説明づけることができる。

現在，上例のような運転者の状況認識の失敗を回避させるべく，自家用車に搭載されたセンサによってボールを検知し，警報によって運転者に知らせたり，運転者に代わって自動ブレーキで衝突を回避する機能が備わり始めている。運転者の状況認識の一部あるいは全体，さらにそれに引き続く判断や実行までをも機械で置き換えることに相当する。しかし留意すべきは，例え衝突回避システムで結果的に衝突を回避できたとしても，それは人間のような状況認識のプロセスを経て実行されているものではない。さらに，「警報が知らせてくれるはずだ」という過信，すなわち「システムへの過度の信頼がもたらす警戒心の欠如」も運転者の気づきの失敗を誘発しかねない。

なお状況認識の測定法としては，SAGAT（Situation Awareness Global Assessment Technique）と呼ばれる方法が提案されている[10,11]。これは，元来，戦闘機のコックピットにおけるパイロットの状況認識を調べるために開発された方法で，状況認識の測定対象となるオペレータ（パイロット）はシミュレータを用いた作業を遂行する．そして実験者によりこのシミュレータが突然中断され，それまでシミュレータに提示されていたすべ

SAGAT の質問項目

項目	内容
信号機	前方に信号機があったか。
道路標識	道路標識はあったか。それは何か。
Goal 方向	今の車の向きに対してゴールはどちらか。
今の向き	出発時に対して今の車の向きはどちらか。
道程何%	ここまでの道のりはゴールまで何%か。
道の傾斜	この道の傾斜は上りか，平らか，下りか。
道の前方	前方は遠くまで見えていたか。
目立つ物	ランドマークとなるものはあったか。
歩道	ガードレールで区別された歩道はあったか。
街路樹	街路樹や植木はあったか。
沿線	沿線は商店，農地，住宅，官公庁，工場か。
道の広さ	次の道の今の道に対する幅はどうか。
右左折	この先は右折，左折，直進か。
安全運転	安全運転上注意対象はあったか。それは何か。

図 4-9　状況認識の測定実験の例

ての情報も隠蔽される．そして被験者は状況認識に関する一連の質問に回答する。突然の中断なので，被験者はその瞬間に認識していた状況を，事後修正することなく外在化することが求められる。この質問の回答を統計処理することにより，状況認識の正確さや気づきの範囲について調べ，状況認識に関する定量的な知見が得られる。図4-9に，自動車運転時の運転者の状況認識を測定するために用いる質問の一例を示す[12]。また状況認識と作業時の心的負荷（メンタルワークロード）との関係についても研究が展開されている。後者については，NASA-TLX[13]などの手法があり，実験時に状況認識の測定時に提示されるものとは異なる質問シートに被験者に回答させることで心的負荷量を測定し，状況認識との相関について知見が得られている。

3
チーム状況認識

前節で述べたように，元来状況認識は，個人のオペレータや運転者の決定行動に対して定義されるものであったが，チームやクルーとして複数オペレータが，ある共通の目標に向けて協調的に作業遂行する際の状況認識に関する議論が，チームによる状況認識や状況認識の共有の問題として研究されている[14]。チームを構成する各成員はその役割分担に応じてチーム全体の目標達成に繋がるような副目標の達成を担い，各々の副目標に関連した状況認識の構成要素に注意を向け，それらの組合せがチームによる状況認識を形作る。当然，個々の成員の状況認識には重複する部分が必要になり，その情報をめぐってチーム成員間での協調行動が必要となる。そこには自分のタスク状態における状況認識のみならず，他のチーム成員のタスク状態に対する状況認識，すなわち仲間がどう行動するか，どこで行うか，どんな困難に遭遇するかなど，他者の協調行動に対する認識をも含むことが重要となる。

状況認識は，オペレータの環境に関する現在状態の内部的メンタルモデルに支配されると考えることができる。D.A. Norman によると，**メンタルモデル**とは「自分自身や他者や環境，そしてその人がかかわりを持つものなどに対して人が持つモデル」とされる[15]。メンタルモデルは，状況の重要な側面にオペレータの注意を誘導し，情報統合を行って状況の意味を抽出し，システムの現在状態と動特性に関する理解から将来の状態を予測するためのメカニズムを提供する機能モデルである。

チーム成員間で状況認識を共有していくためには，個々の成員間でのメンタルモデルの共有が必要とされる。チーム成員同士が互いに整合するメンタルモデルを有していないままでは，同じデータに対する解釈や予測の評価について相違が生じる。その結果，相違の解消に向けて交わされるコミュニケーションの量も大きくなり，さらに協調の過程で発生する情報欠落や誤りに対してもより脆弱なチームとなってしまうことが実験でも認められている。

チーム状況認識を確立するためには，全成員が同一のメンタルモデルを共有することが理想的であることは間違いない。しかし現実には，メンタルモデルというものは，所詮は明示的には同定しきれないものであり，それが複数の成員間でどこまで共有されているかを実証することは容易なことではない。そもそもチーム成員のすべてが同じメンタルモデルを共有するのでは複数の人間が共同で作業に当たる意味はなくなり，成員それぞれが異なる役割を担っているからこそ，全員のメンタルモデルが完全に一致する必要はないし，一致するはずもない。このことを図 4-10（a）に示す。ここで（a）は，共有されているデータから 2 人のオペレータがそれぞれにメンタルモデルを構成するものの，そのモデルは必ずしも一致ないケースを表す。（b）は両者の間で共通のメンタルモデルが構成され，その結果両者の状況認識も一致することを表す。（c）は共有されているデータと相互にインタラクションを持つことでそれぞれのメンタルモデルの構成を進め，結果的に整合する状況認識が達せられる場合を表している。（d）はそもそも 2 人のオペレータに利用可能なデータは異なるものの，それに基づきつつも相互にインタラクションを許容することで，整合する状況認識がもたらされる場合を表す。

それでは状況認識の共有のためには何が共有されなければならないのか。当初から複数のオペレータのメンタルモデルの一致や共有を見ることは困難である。状況認識の共有を，統制された共有情報や同一メンタルモデルの共有に帰するのではなく，認識主体相互の間のインタラクションにその手掛かりを求めながら，基本的には個々の認識主体内部で他者と適合するメンタルモデルに構成していくことで，結果的に状況認識の共有が達成されるとみなすべきであろう（図 4-10（d））。

一例として，製造業のサプライチェーンの生産計画を体験できるシリアスゲームを用い，人間プレイヤによるチーム協調作業についてチーム状況認識の観点から明らかにすることができる[16]。チームの状況認識のあり方とチームパフォーマンスとの関係を明らかにすべく，現実の製造業のサプライチェーンの生産計画策定作業を体験できるシリアスゲーム（Collaborative Production Management, ColPMAN）[17]を用い，人間プレイヤーによるチーム協調作業を実践することができる。受注型製造業のサプライチェーンは，顧客からの受注をもとに大まかな生産計画を立案する「本社」，材料を製品へと加工する「製品生産工場」，製品加工に必要な材料を製造する「材料製造工場」の 3 つの職種で構成される。これらの職種間には，大まかな生産計画を立案する本社と製品生産工場間における「階層的な機能分担」関係，材料製造工場と材料から製品に加工する製品生産工場間の「直列的な機能分担」関係，そして製品の生産を担う互いに代替可能な複数工場間における「並列的な機能分担」関係の機能分担構造が見られる。これらの機能分担構造を有したサプライチェーンにおいて効率的な生産計画作業を行うにはチームとして連携した協調作業が求められる。ある個人の意思決定の結果が他のメンバーの意思決定に影響を与えるような作業であるため，チームのパフォーマンスの向上には，担当すべき作業に関する問題や，現在何をすべきなのかということに対するチームの状況認識が必要となる。ColPMAN では，顧客からの注文をもとに大まかな生産計画を立案する「本社」，製品加工に必要な材料を製造する「上工程工場」，そして材料を製品へと加工する 3 つの「下工程工場」の 5 つの職種から構成され，それぞれの職種に対応する 5 名のプレイヤーによるゲームが行われる。本社プレイヤーは，顧客からの注文を受け，注文情報に対して約束納期を設定し 3 つの下工程工場に振り分ける。下工程工場プレイヤーは，本社プレイヤーから振り分けられた注文情報をもとに製品生産計画および材料発注計画を立案し，上工程工場に材料の発注を行う。上工程工場プレイヤーは，下工程工場からの材料要求どおりに材料を配送できるよう材料生産計画を立てる。それに従い，上工程工場から下工程工場に材料が配送され，下工程工場で製品を製造し，製品が顧客に配送される。製品配送コスト，材料配送コスト，製品在庫コスト，材料在庫コスト，段取り替えコスト，納期遅れペナルティの各種コストが設定されている中で，各職種を担当する 5 人のプレイヤーが互い

図 4-10　複数のオペレータの間で共有されるメンタルモデルと状況認識の関係

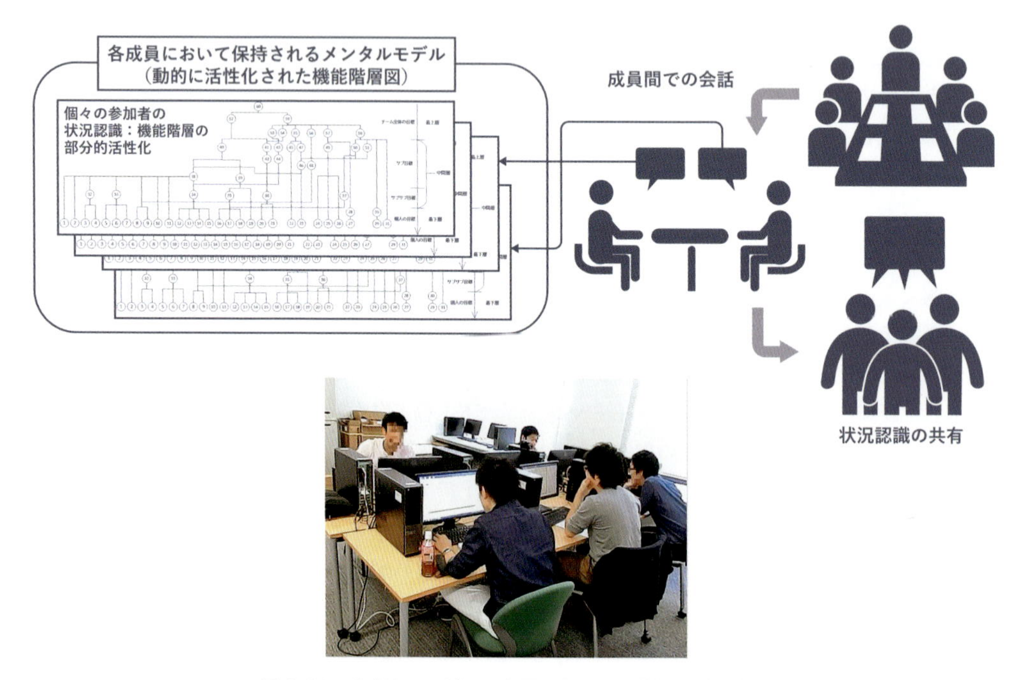

図 4-11　ColPMAN ゲームを用いたチーム状況認識の実験

に協力，調整を行いながらゲームの目的であるスコア（製品売上高）最大化を目指して生産計画を策定する。ゲーム中にはさまざまな変動が確率的に発生するが，その都度プレイヤー間で情報交換のためのインタラクションが発生し，チーム成員はそれぞれにチームとして好成績を上げることを目標としたメンタルモデルを構成する。ColP-MAN ゲームでは，問題解決を行うための目的手段関係を示した機能階層構造を作成し，この階層構造上の項目をチームのメンバーが認識すべき共通の規範となる認識目標とみなし，ゲーム中に交わされた発話をもとにチームのメンバーの認識がどのように変容していくかを追跡することができる。チームの問題解決過程がメンバー間で交わされる会話に反映されると捉え，会話の分析を行うことで両チームの問題解決過程におけるチーム内インタラクションおよび問題解決プロセスの特徴を明らかにすることができる。以上を図 4-11 に示す。

4

ユーザモデル

前節ではチーム状況認識と構成員間でのメンタルモデルの共有の関係について述べた。ところで，人工物のデザインに関して，メンタルモデルの共有は，ユーザとデザイナの間においても必須の要件となる。デザイナにより提供されたシステム（機械システムや情報システムを含む）とユーザとの間でのインタラクションを悪くしている根源は何か。それはユーザが当該システムの振舞いに関して不適切なメンタルモデルを持ってしまうこと，あるいはそもそもメンタルモデルの構築を難しくしてしまうことに起因する。ユーザは，システムがどのように機能するかについてのメンタルモデル（以降，これをユーザモデルと呼ぶ）を自身内部に構築しており，それを用いてシステムの状態について推論し，動作を予想し，反応挙動の理由を説明しようとする。他方，そのシステムの実現は，デザイナが頭に描いたメンタルモデル（以降，これをデザイナモデルと呼ぶ）に基づいている。ユーザがシステムを適切に理解し使用するためには，ユーザの持つモデルがデザイナモデルと整合している必要がある。しかし，ユーザとデザイナがそれぞれのメンタルモデルについて直接確認し合うような機会はなく，人工物として具現化（表象化）されたものがそれを媒介することになる。すなわち，ユーザはシステムとのインタラクションを通じてシステムについてのメンタルモデルを構築するが，そこではユーザが目にする人工物の外観や操作との応答の対応関係，説明類が手掛かりとして用いられる。図 4-12 はこれらの関係を図に表現したものである。手がかりの中でも，目に見える外観は対象の理解に大きく貢献するが，そこにシステムのすべてが露わになっているわけではない。そのため，ユーザは隠された特徴を引き出すべく積極的に対象に働きかけ，システムの認識にインタラクションを活用しようとする。

ユーザが対象システムの振舞いに関して不適切なメンタルモデルを持ってしまうことの原因は，

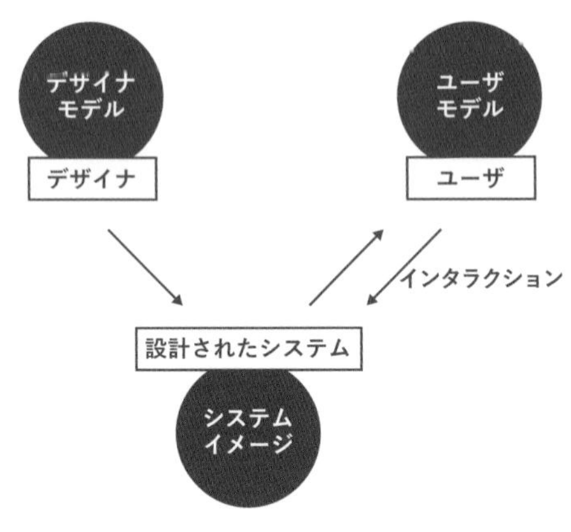

図 4-12　デザイナモデルとユーザモデル

人間とシステムの間に介在するインタフェースで提供される情報（＝近接項目変数：proximal variables）が，直接には観測できない対象システムの状態（遠隔項目変数：distal variables）を適確に示せていないことが原因で，対象となるシステムの呈する次の様態の予測が人間にとって困難な使用環境を作りだしている状況である。

誤ったユーザモデルを持つことは，対象システムの実際の状態とユーザが認識している状況との間に齟齬を生み出すことになる。ユーザが捉えている現在のシステム状態に対して，どのような操作を実行すればどのような状態にシステム状態が移行するかについてのユーザの予測内容を表すのがユーザモデルであるが，これが誤りであると，ユーザの意図したとおりの操作を実行しても，実際のシステムの挙動はその予測から外れた挙動をとることになり，ユーザは混乱状態に陥る（エラーステート）。また，たとえ正しいユーザモデルを持っていたとしても，現実のシステム状態を自らのユーザモデルの状態へと正しく対応づけられない場合には，現在どのような遷移事象が実行（利用）可能であるのかについての認識もできなくなり，適切な操作実行のタイミングを逸することに繋がる（ブロッキングステート）。このような遷移事象としては，ユーザの意図的な操作によるものばかりでなく，ある条件の成立下で自動的に状態を遷移させるような事象も含まれてくることから，ユーザにとっては，対象機器がなぜこのように振る舞うのかが理解できずに迷わされる状態が引き起こされることになる。すなわち，設計された機器の内部に自動化が埋め込まれる場合には，ユーザの意志とは無関係に機器の稼働状態が遷移してしまう場合があり，この仕組みを十分把握した正しいユーザモデルが構築できないと，ユーザの予測する機器の稼働状態と実際の稼働状態に食い違いが生じることになる。

たとえば，前章で挙げた中華航空機の名古屋空港での墜落事故の場合，パイロットは「ゴー・アラウンドのモードがエンゲージされた状態」の下で，「操縦桿を押し込む」という遷移事象を実行した場合に「ゴー・アラウンドのモードがディスエンゲージされた状態」に遷移するというユーザモデルを有していたことが推察されるが，実際には「ゴー・アラウンドのモードがディスエンゲージされた状態」に遷移するわけではなく「ゴー・アラウンドのモードがエンゲージされた状態」を維持するようにデザインされており，これにより生起した予測の食い違いが「自動化のもたらす驚愕」をもたらし，それによる混乱が墜落の直接原因の一つとして報告されている。

このことを，いま仮想的な車間距離制御機能付定速走行装置（ACC：Adaptive Cruise Control）使用時の簡単な例で考える。追従走行モードで運転中に，隣接車線より別の車両が現在追従している先行車両と自車両の間に割り込み（cut-in）をかけてきた状況を考えよう。ACC 設計者により組み込まれているロジックは，まず割り込み車両を側方車両検知用センサで検知し，割り込み完了後には，その車両を先行車両検知用の別のセンサが検知して，その速度・車間距離から安全な車間距離を維持するように自車両の加減速を調整し，最終的に安全な車間距離を維持して走行を続けるという状態に推移することになる。ここではセンサの誤検知に備えて，何重にも安全設計が組み込まれている。まず割り込み車両を側方車両検知用のセンサが検知し，万が一その検知に失敗したとしても，先行車両検知用の別のセンサがこれを検知し，さらに先行車両検知用センサが検知に失敗したとしても，さらに別の代替センサで先行車両との距離をモニターし，結果的に割り込み車に対して安全な車間距離を維持できることを保証するといったフェールセーフの機構である[2]。このロジックを状態遷移グラフで表現したものを図4-13（a）に示す。図中 α は他車両による割り込

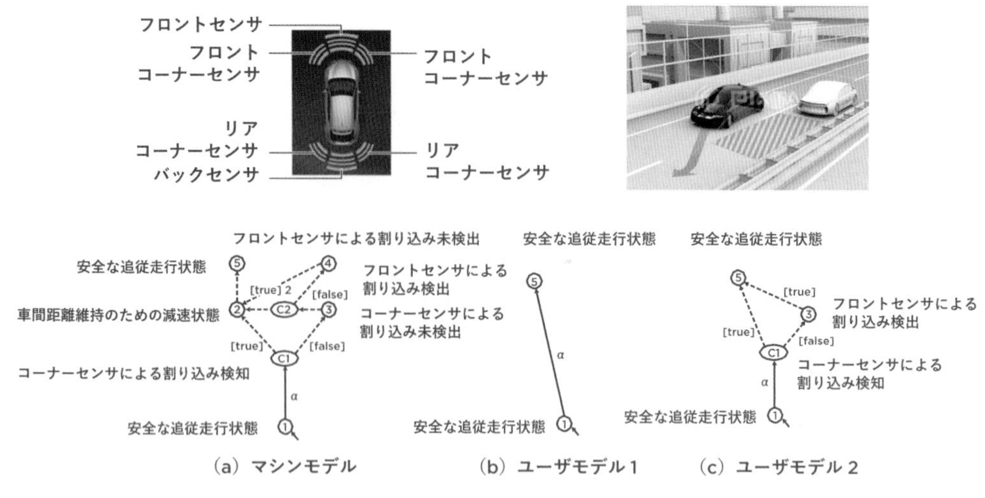

図 4-13　仮想的 ACC の状態遷移

みの発生を，そして C1 は側方車両検知用センサによる検知の成否，C2 は先行車両検知用センサによる検知の成否を表し，点線は条件成立の如何によって自動的に遷移を起こすことを表している。なお状態 1 は，割り込みが起こる前の安全な追従走行状態，状態 5 は割り込み後の安全な追従走行状態を表す。以上がデザイナにより，実際の装置に組み込まれた状態遷移であり，これをマシンモデルと呼ぶ。

一方，このような複雑なロジックを知らないユーザにとって，ACC 稼働中の追従走行で割り込み車がある場合に，自車両がどのように振る舞うことになるのかについてのユーザモデルは，きわめてシンプルなものになろう。すなわち，何も特段操作をせずとも，ACC が割り込み車に対して安全な運転状況を実現してくれるという認識である。この場合のユーザモデルは同図 (b) のようになり，割り込みの発生に対して何ら操作をしなくとも割り込み後の安全な追従走行状態（状態 5）に遷移するという挙動を予測するはずである。

いま仮に，センサ性能として割り込み車の検知精度が先行車両の検知精度に比べて有意に低い場合を考える。この場合，他車両の割り込み発生のタイミングに合わせて ACC による自車両の加減速調整が直ちに始まるわけではなく，先行車両検知用のセンサが割り込み車を捕捉して加減速を開始するまでに若干の時間遅れが生じる。このような場合，最終的に安全な車間距離維持の状態（状態 5）は達成されるものの，ドライバが隣接車線からの割り込み車を目視で検知しているにもかかわらず，自車両 ACC による減速開始が遅れることから，ドライバのユーザモデルとは異なった振舞いを車両が呈することになり，ドライバの混乱状況（たとえば，思わず自らブレーキを踏んでしまうような状況）を生み出しかねない。さらにこのようなブレーキ操作には，通常「ACC を無効（ディスエンゲージ）にする」という別の「意味」が設計者により組み込まれていることから，そのことをドライバが失念しているならばその後の自車両の振舞いは，ドライバの予測から大きくはずれることになる。このような状況を避けるためには，割り込み車両を検知できているかどうかをドライバに知らせるインタフェースが必要で，これにより，自車両がその後どのように振る舞うかについての適正な挙動予測を可能にするユーザモデル（同図（c））が持てることになる。

上例が示すように，ユーザがデザイナにより提供された人工物を使用する際には，機能や生み出される経験や出来事についての因果関係に関する説明を主体的に作り上げるための概念モデルを自身の内部に形成する。ユーザが捉えている現在のシステム状態に対して，どのような操作を実行すればどのような状態に移行するかについてのユーザの予測内容を表すのがユーザモデルである。そもそも人工物は，デザイナによりある所望の機能を実現するための論理的なモデル（マシンモデル）に基づいてデザインされ，これを充足するように表現系が選択されユーザに提供される。しかし，本来システムがとり得る状態集合と，ユーザが認識できる状態集合とは完全な一致を見ないのが普通である。対象システムが多機能化・複雑化し，その一方で人間側はなるべく容易に使いたいという要求が高まる以上，このことは不可避であって，実際の機械の呈する状態をいかに集約・抽象化，もしくは選択的に提示するかが，インタフェース設計の鍵となる。

5

コンポジットモデル解析

ユーザのインタラクションを想定した状況において，前節で述べたようなエラーステート，ブロッキングステートを潜在的に含まないインタフェースになっているか否かの事前評価はユーザビリティ設計において不可欠である。M. Heymann and A. Degani は，有限状態遷移グラフとして表された対象機器の挙動を表すマシンモデル，ユーザが把握するところの対象機器に対するユーザモデル，さらに当該機器を用いて実施する作業のタスク仕様が与えられた下で，エラーステート，ブロッキングステートを含まない適正で簡略な（correct and succinct）インタフェースであるか否かの分析法として，**コンポジットモデル解析**（composite model analysis）の手法を提案している[18]。さらに同様の状態を含まないようなインタフェースの設計手法として，与えられたマシンモデルとタスク仕様から適正なユーザモデルへと縮約するための手順を示しており，この手順に従って導出されたユーザモデルに沿ったインタフェースは適正なものであることが保証される[19]。

ここでは所与のインタフェースの下で，対象システムに対するユーザの認識が齟齬を生み出さないか否かを事前に評価するため，以下の4つの要素を考える。

- 対象機器の挙動を表すマシンモデル
- タスク仕様
- ユーザが把握する対象機器の挙動を表すユーザモデル
- ユーザが対象機器の状態や応答についての情報を得るインタフェース

正確で信頼性のあるユーザと機器間のインタラクションを保証するためには，これら4つの要素が適切に組み合わされる必要がある。図4-14はこれらの要素間の相互関係を図示したものである。太線の1番大きな円は対象機器のすべての振舞い（マシンモデルが呈するすべての挙動）を表し，内部の三つの円はそれぞれの要素がマシンに対して適当なものになっている領域を表してい

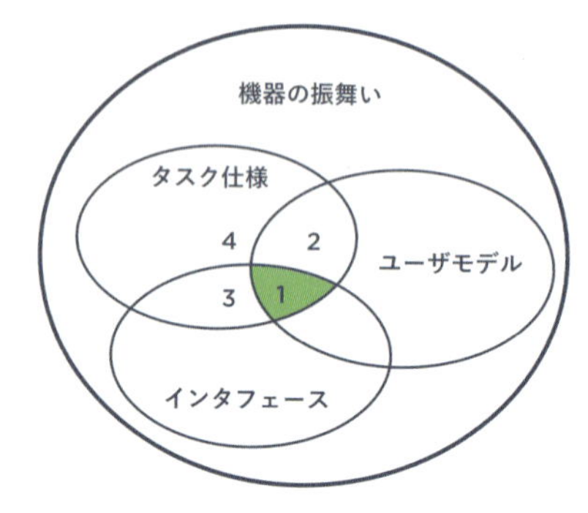

図 4-14　ユーザと機器間のインタラクション要素

る。領域1はユーザモデルとインタフェースがタスク仕様に正しく一致している状況，つまり正しいインタラクションが可能な状況を表す。領域2はユーザモデルがタスクの仕様に関して正しいものであるがインタフェースが正しくない状況を表している。領域3はインタフェースがタスクの仕様にとって正しいものであるがユーザモデルは正しくない状況を表している。最後に領域4はインタフェース，ユーザモデルともにタスクにとって正しくない状況を表している。

(1) マシンモデル

機器の挙動は有限の状態遷移系としてモデル化することができる。ここで「状態」とは機器のモードもしくは配置を表し，「遷移」はイベントに対する反応として生じる離散的な状態の変化を表す。遷移には，ユーザ自身が引き起こすものと，機器自体が内的な挙動もしくは外的環境の影響により自動で引き起こされるものがある。

図4-15（a）に典型的なマシンモデルの例として，車に用いられている3段変速のトランスミッションシステムを示す。ユーザ自身により引き起こされる状態遷移は実線，機器が自動で引き起こす状態遷移は破線で示され，状態遷移が起きる条件を示すシンボル（δ，β等）により遷移はラベル付けされている。このトランスミッションシステムには8つの状態が存在し，手動で切り替え可能なギアを表す三つの状態（Low, Medium, High）にグループ化されている。それぞれのギア状態の中に含まれる状態はトルクレベルのモードを表している。すなわちLowにおけるL1, L2, L3, MediumにおけるM1, M2, HighにおけるH1, H2, H3である。このトランスミッションシステムでは，エンジンの回転数，車の速度といった条件によりトルクモードが自動で遷移する。図4-15（a）では，より上位のトルクモードへの自動遷移がδ，下位のトルクモードへの自動遷移がγで表され，手動でのギア変更についても同様にβとρで表現されている。なお初期状態はL1であり，状態遷移系の外からの入る矢印で状態遷移の開始が示されている。

(2) タスク仕様

タスク仕様とはマシンの状態の集合を，ユーザが見極めなければならない（識別しなくてはならない）いくつかの重複しない少数クラスのクラスターに分類することである。ここで分類とは，ユーザがLow, Medium, Highのうち現在どの状

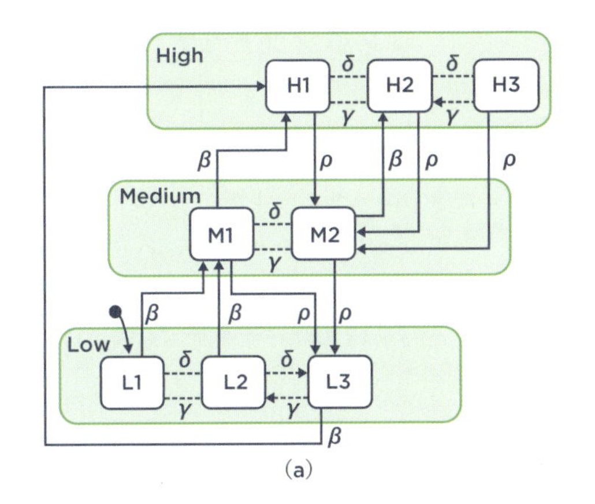

(a)

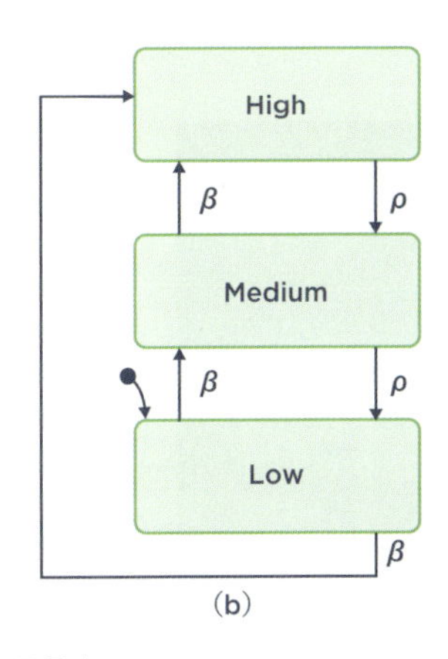

(b)

図4-15　車のトランスミッションシステム

態にあり次にどの状態に遷移するか知る必要がある分類である。ただし，必ずしもL1, L2, L3間のような自動で遷移する状態すべてをユーザが識別できている必要はない。

(3) インタフェース

実際のインタフェースは，ユーザが操作するコントロールユニットと，マシンがユーザに情報を提示するディスプレイから成り立っている。ここでは主にディスプレイとしてのインタフェースについて述べる。インタフェースはユーザに単純化されたマシン状態を提供する。つまり，インタフェースはすべてのマシン状態をユーザに提示しているわけではなく，マシンの実際の振舞いのうちの部分的な情報のみを提示している。この情報には，ユーザが引き起こすすべての事象とマシンが自動で引き起こす一部の事象が含まれている。マシンが自動で引き起こす事象が一部しか表示されないのは，マシンが自動で引き起こす事象のうちでまったく表示されない事象と，グループ化されて表示される事象があるためである。ここでグループ化とは，マシンが自動で引き起こす事象遷移が逐一表示されず，一つの事象にまとめて表示されることである。

例として図4-15のトランスミッションシステムの場合，図4-16のようなインタフェースが挙げられる。このインタフェースの場合は，リバース以外ではギア状態による三つのディスプレイモード（ドライブ，ロー，セカンド）が用意され，ユーザが引き起こす事象が観測可能になっている。ただし，マシンが自動で引き起こす事象については観測できず，トルクモードについての情報は完全に隠されている。

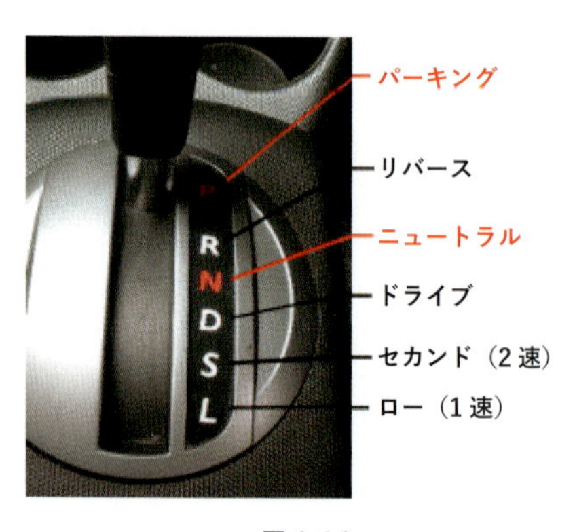

図4-16

(4) ユーザモデル

上で述べたように，インタフェースは，マシンが自動で引き起こす事象を部分的にあるいはすべてを隠してしか表示しない点でユーザに対し単純化されたマシン状態を表示していると言える。マシンの操作方法も同様に，ユーザマニュアル等を通じて実際のマシンの振舞いが抽象化されてユーザに与えられる。このようなユーザがマシンの操作法に関して持つイメージをユーザモデルと呼ぶ。図4-15（a）に対応するユーザモデルを同図（b）に示す。ユーザモデルはその性質上，ユーザが扱う機器のインタフェースに基づき，そこに表示されるモードや事象に関連して決まる。それゆえインタフェースのモードや事象は，それぞれがユーザに識別可能なアイテムとしてユーザモデルの構成要素に反映されると考えることができる[3]。

コンポジットモデル解析の事例

次にデザインされたインタフェースにより提供できるユーザモデルが，タスクにとって正しいものになっているかどうかについて，ある仮想的な機器でのタスクについて，図4-17のマシンモデルと図4-18のユーザモデルを例に考える。

(1) マシンモデル

図4-17に示すこのマシンモデルは5つの状態から成っている。仕様は状態1, 2, 3, 5が正常な

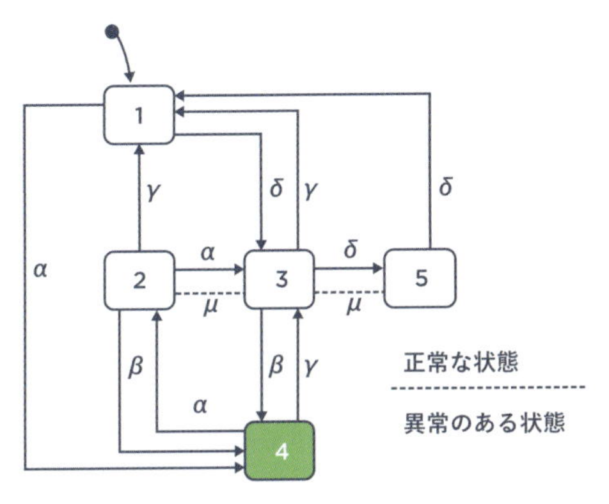

図 4-17　仮想システムのマシンモデル

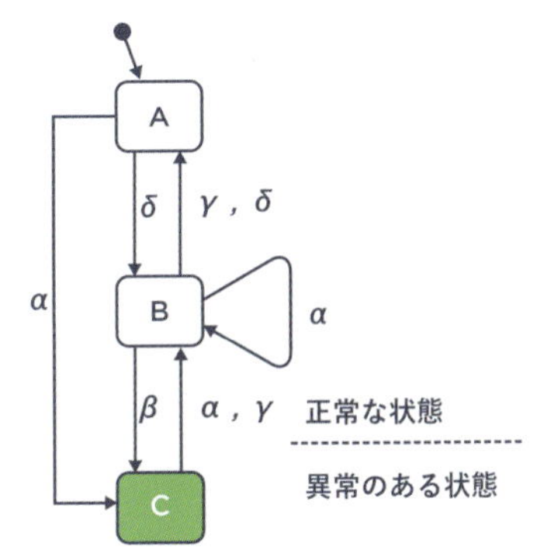

図 4-18　仮想システムのユーザモデル

状態，状態4が異常のある状態を表している。ユーザのタスクは異常のある状態4に陥らないように図示された状態間の遷移を適宜起こさせることによりシステムを制御することである。なお μ は機器の内部で自動的に引き起こされる事象である。

(2) ユーザモデル

図 4-18 に示すユーザモデルでは，状態 A, B が正常な状態，状態 C が異常のある状態を表し，機器の内部で引き起こされる事象 μ を除くすべての事象が現れている。ユーザはインタフェースを通じてマシンとインタラクションを行う。つまり，インタフェースやユーザモデルによりマシンの進行状態を観察することで，現在のマシンの状態が正常な状態か異常のある状態かを判断する。

(3) コンポジットモデル

図 4-17 と図 4-18 より，マシンモデルは状態 1 からスタートし，ユーザモデルでは状態 A からスタートする。マシンは最初，事象 α に反応して状態 4 へと遷移し，事象 δ に反応して状態 3 へと遷移する。このときの遷移をユーザはユーザモデルを通じて認識するため，事象 α に反応して状態 C，事象 δ に反応して状態 B に遷移したと認識している。このようにユーザがマシンとインタラクションすることでマシンモデル，ユーザモデル共に並行して状態を遷移させる。この同時進行は“コンポジットマシン”の操作として比喩的に捉えられ，マシンモデルとユーザモデルを組み合わせて状態遷移図に表したものがコンポジットモデル（composite model）である。この事例でのコンポジットモデルを図 4-19 に示す。このコンポジットモデルを用いたインタフェース評価法として，図 4-19 にも含まれるエラーステート，ブロッキングステートを解析する方法がある。

(4) エラーステート

コンポジットモデルの基本概念として状態遷移をマシンモデルとユーザモデルの同時進行で考えているため，正しいインタラクションの形態として，ユーザモデルで正常な状態（異常のある状態）のときはマシンモデルでも正常な状態（異常のある状態）になっていなければならない。

図 4-19 の例では，状態 1A（マシンモデルの状態が 1 でユーザモデルの状態が A）から始まり，事象 α に反応して状態 4C へと遷移する。このときマシンモデルでの遷移先の状態，ユーザモデルでの遷移先の状態共に異常のある状態になっているので，これは正しいインタラクションの形態に

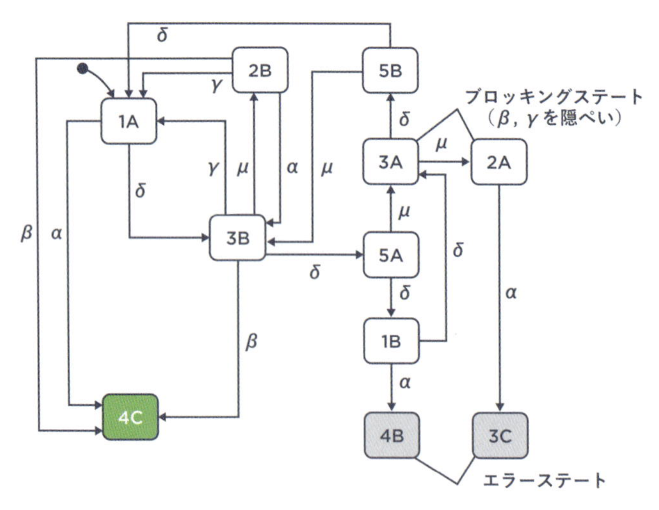

図 4-19　仮想システムのコンポジットモデル

なっている。しかしコンポジットモデルの中の状態 4B は，マシンモデルでは異常のある状態だが，ユーザモデルでは正常な状態にあり，ユーザの認識する状態と実際のマシン状態が食い違っていることを意味する。これをここではエラーステートと定義する。

この食い違いは，単に状態 B を異常のある状態に定義しなおすという修正では 1B, 2B といった新たなエラーステートを生んでしまうため解決されない。つまり，このユーザモデルではマシンとインタラクションをするのに不十分だと考えられる。

(5) ブロッキングステート

図 4-19 の状態 3A について考える。マシンモデルでの状態 3 は事象 β，δ，γ，μ に反応できる。これに対しユーザモデルの状態 A は事象 α，δ のみにできる状態としてしか認識されない。つまり，ユーザがこの状態の中で起こりうる，あるいはこの状態の中で実施可能な遷移事象である β や γ には気づくことができないことを意味し，ユーザモデルがマシンとの正常なインタラクションを妨げるとみなすことができる。この状態 3A のような状態をここではブロッキングステートと定義する。当然のことながら，ブロッキングステートが生じるようなユーザモデルは改善が必要である。

(6) ユーザモデルの修正

図 4-17 のマシンモデルに対するユーザモデルの代替案としては図 4-20 のようなユーザモデルが例として挙げられる。

この代替ユーザモデルの変更点は，事象 μ をインタフェースに表示するようにしたこと，事象 γ，δ を統合して新たに事象 θ として表現したこ

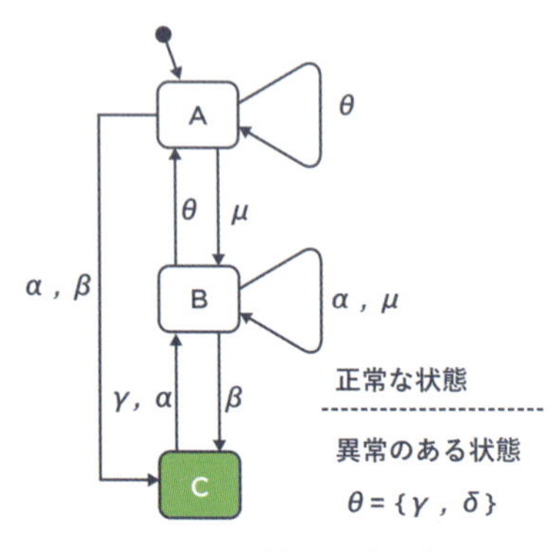

図 4-20　代替ユーザモデル

とである。この代替ユーザモデルでのコンポジットモデルは図 4-21 のようになり，エラーステート，ブロッキングステート共に含まれないことから，代替ユーザモデルがタスクにとってふさわしいものだと言える。

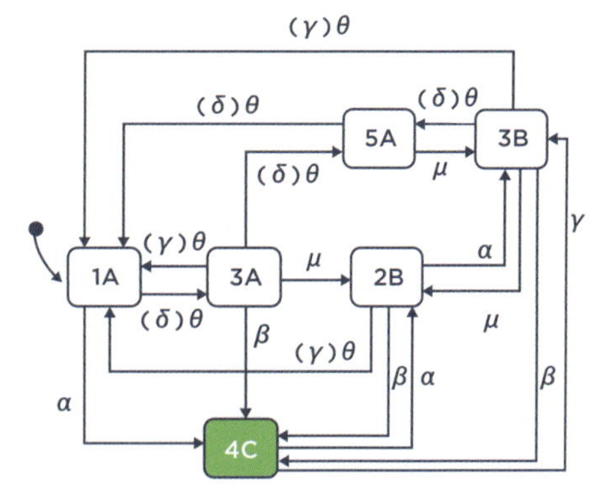

図 4-21　コンポジットモデル（代替ユーザモデルでの）

6 マシンモデルの縮約法

前節で述べたように，ある作業対象となるマシンに対して，ユーザがその稼働状態を適正に把握できるユーザモデルを構築できるようなインタフェースのデザインは不可欠である。そこで，マシンモデルが与えられた際に，エラーステート，ブロッキングステートを共に生み出さないようなユーザモデルを演繹的に導出することで，適正なインタフェースのデザインを行うための手法について述べる[19]。ここで理解しなければならないのは，エラーステートやブロッキングステートが発生しないユーザモデルは，与えられたタスク仕様の下で正しさと簡潔さが保証されるようにマシンモデルを限界まで縮約することにほかならない。このことを，本節ではマシンモデルの合理的な縮約と呼ぶ。

ここでは二つの定義を導入する。以下では，状態遷移図を構成するすべての状態は互いに重複しないいくつかの仕様クラスに分類されていることを仮定する。

定義：コンパチブル集合（compatible set）

ある状態遷移図Σにおける二つの状態p, qが，共通の遷移事象系列の生起により，それぞれp'，q'になったとする。このとき，以下の二つの条件を満たすならば，状態p, qは互いにコンパチブルな関係であるという。

- p, qはΣにおいて互いに同一の仕様クラスに属する。
- $s = [\sigma_1, \cdots, \sigma_n]$ の遷移事象の系列が存在し，この適用によって，p, qの状態から，それぞれがp', q'の状態に遷移し，かつこの遷移先の状態p', q'が同一の仕様クラスに属する。

定義：被覆（cover）

複数のコンパチブル集合からなるクラスCが存在し，Σのいずれの状態も，Cを構成する一つもしくは二つ以上のコンパチブル集合の要素であるとき，この集合クラスCをマシンモデル上での被覆と呼ぶ。

以上の定義に従えば，マシンモデルの縮約のための手順は，マシンモデルと与えられたタスク仕様に対してコンパチブル集合を抽出し，その上で被覆を決定することになる。

以下では，前々節の図4-15に示したマシンモデルについて，その縮約の手順について説明する。各状態はタスク仕様により，三つの仕様クラス，High, Medium, Lowにあらかじめ分類されている。

まず，マシンモデルから得られる異なるすべての状態対を表すセル表を図4-22のように作成する。すべての状態対について，同一の仕様クラスに属さないものにはFを埋めていく（コンパチブルでないという意味）。残ったセルについて，横軸，縦軸の各々の状態から共通の遷移事象が存在し，かつ遷移先が異なる場合，それぞれどの状態に遷移するかの状態対を共通の遷移事象をともに記入する。共通の遷移事象が存在しない場合と，共通の遷移事象が存在し遷移崎が同一の状態になる場合には空白にする。

図4-22で作成した状態対のうち，F以外のセルに埋められている遷移先の状態対について，現時点でのセル表を参照し，それがすでにFで埋められている場合には，このセルもやはりFに書き換える（図4-23）。たとえば，Cell（L3, L1）のセルには，遷移事象βにより，L3, L1の両事象が（M1, H1）に遷移することが記載（セル中の，（M1, H1）βの記載）される。この遷移先の二つの事象が同一クラスに含まれるか否かは，同じ図のCell（M1, H1）のセルを参照すればよい。Cell（M1, H1）のセルにはすでにFが埋められていることから，Cell（L3, L1）のセルはFに書き換える。記入されている状態対から共通の遷移事象で遷移先が異なる場合，その遷移先の状態対によってセルを置き換える。たとえば，Cell（L2, L1）のセルには（L2, L3）δが埋められているが，同じ図のCell（L2, L3）のセルには，（L1, L2）γ，（M1, H1）βの状態対が記載されているので，Cell（L2, L1）のセルをこの状態対で書き換える（図4-23左図）。

以上の手順を繰り返し，セルが変わらなくなれば，そこでのF以外のセルをすべてTで埋める（コンパチブルな状態対という意味）。ここで得られるセル表は図4-24のようになり，コンパチブルな状態対は（M1, M2），（H1, H2），（H1, H3），（H2, H3）となる。これはマシンモデルに対するインタフェースを設計する際に，コンパチブルな状態対を組み合わせることができることを意味する（たとえば，ユーザはタスクを実行する上でM1とM2を識別する必要はない）。また，コンパチブルな状態対として状態L1, L2, L3は現れないので，L1, L2, L3はリダクションを行うことができない。結局，このマシンモデルに対する最大コンパチブル集合群は集合［L1］，［L2］，［L3］，［M1, M2］，［H1, H2, H3］であり，この最

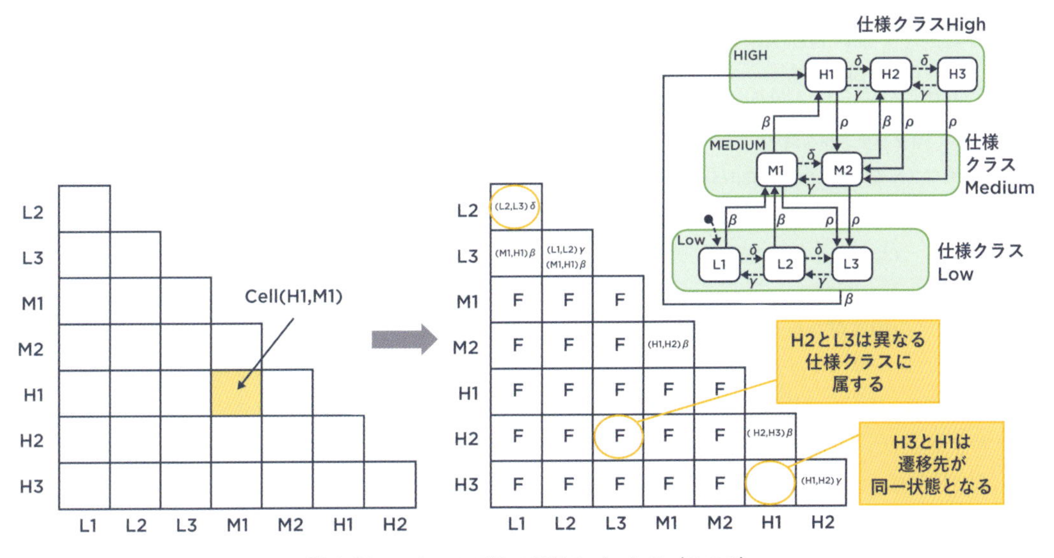

図4-22　マシンモデルの縮約のプロセス（その1）

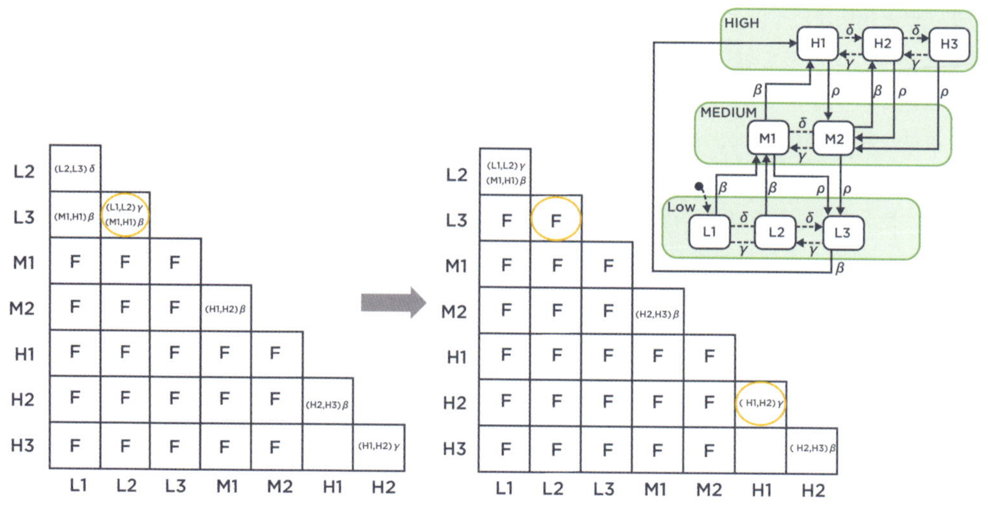

図 4-23　マシンモデル縮約のプロセス（その 2）

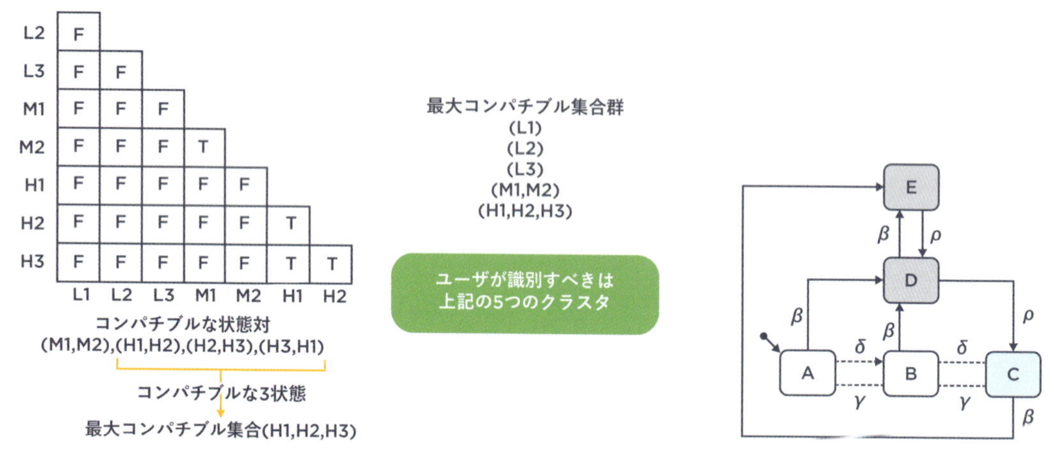

図 4-24　最大コンパチブル集合の導出

図 4-25　縮約されたマシンモデル

大コンパチブル集合群が最小被覆を形成することになるので，ユーザモデルは導出した最大コンパチブル集合群に基づいて構築される。5 つからなる最大コンパチブル集合のそれぞれを，［L1］→ A,［L2］→ B,［L3］→ C,［M1, M2］→ D,［H1, H2, H3］→ E，の状態で置き換え，A, B, C, D, E の状態間での遷移モデルに縮約して表現したものを図 4-25 に示す。

実際に以上の手順により導出されたユーザモデルに対して，前述のコンポジットモデル解析を実施すれば，エラーステート・ブロッキングステートのいずれも含まない正しく簡潔なモデルになっていることが確認できる。なお，「正しく簡潔な (correct and succinct)」ユーザモデルを導出する

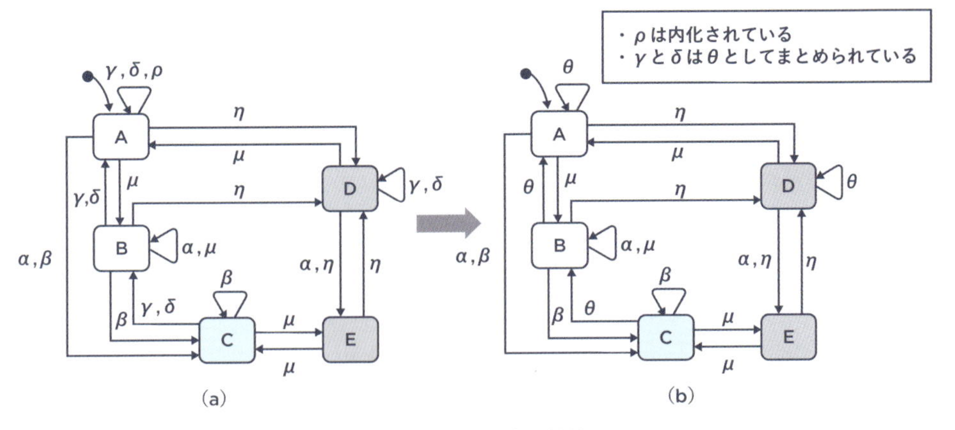

図 4-26　遷移事象の縮約

ことは，与えられたタスク仕様に対してマシンモデルを限界まで縮約することであるので，更なる縮約を考える。

図 4-26（a）のような状態リダクションモデルを得た後に，さらに状態遷移事象のリダクションを行う。リダクションの対象となるのは二つのタイプの遷移事象で，一つはセルフループにしか現れない遷移事象で，もう一つは同じ組合せで現れる遷移事象である。前者は，図では遷移事象 ρ がこれにあたり，内化（interalize）されユーザモデルへの明示は不要とみなす。後者は，図では遷移事象 γ と δ は常にセットで現れており，このような遷移事象の組はグループ化することができ，図では遷移事象 θ として一つの事象にまとめられる。この状態遷移事象抽象化を経て，マシンモデルから正しく簡潔なユーザモデルが導出される（図 4-26（b））。

モデル縮約の実施例

以上で述べたモデル縮約法を，ACC（Adaptive Cruise Control）システムに対して例証する。

ACC システムのマシンモデルの状態遷移図を図 4-27 に示す。このマシンモデルは 12 の状態と 18 の状態遷移事象を有する複雑なものである。しかし，ドライバがシステムを用いて運転を行うには，このすべての動作則を理解する必要はないため，ここでの仕様クラスを色分けした 6 つのクラスとし，前述の縮約アルゴリズムを適用する。

ACC システムのマシンモデルの縮約の最初の手順として，マシンモデルにおける異なるすべての状態対からなるセル表を用いて，コンパチブル集合を導出する。図 4-28 に示すように，異なる仕様クラスに属する状態対のセルを F で埋め，残りのセルについては共通の遷移事象がありその遷移先が異なる場合にはその遷移先を記入し，共通の遷移事象がない場合にはセルを空白にする。

最終的には図 4-29 に示すように，セル表は F と T で埋められ，ACC システムマシンモデルの最大コンパチブル集合群が求まり，ユーザが識別すべきは 6 つのクラスであることがわかる。

これまでの手順により，ユーザにとっての適正な粒度での状態縮約が行われたので，次に状態縮約モデルでの事象について考える。そのために，ユーザモデルに組み入れられるクラスに属するすべての状態で生起する遷移事象とその遷移事象によって移るすべての遷移先を明らかにする。図4-30はその一覧である。

状態縮約モデルに遷移事象を記入したものが図4-31である。この状態遷移図にはセルフループにしか現れない遷移事象η，θ，ρ，π，κ，χ，δが存在するため，これらを内化（interalize）による事象の抽象化を行うことにより，ACCマシンモデルをできる限り縮約した正しく簡潔なユーザモデルが図4-31のように得られる。

事象の抽象化を行った結果，このようなACCシステムの正しく簡潔なユーザモデルが得られている。

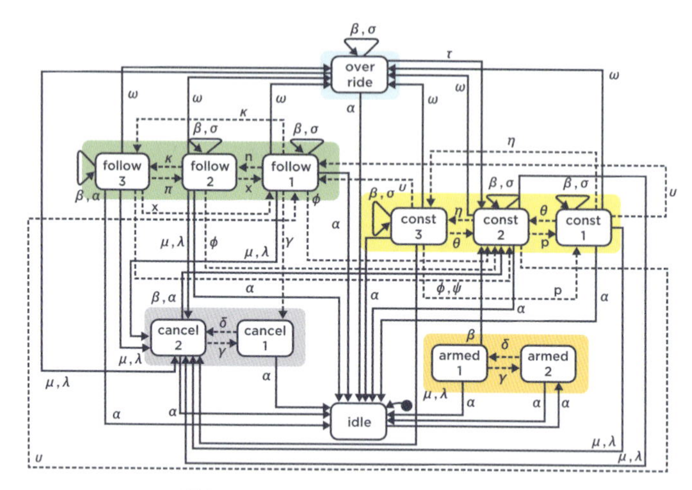

図4-27　ACCシステムのマシンモデル

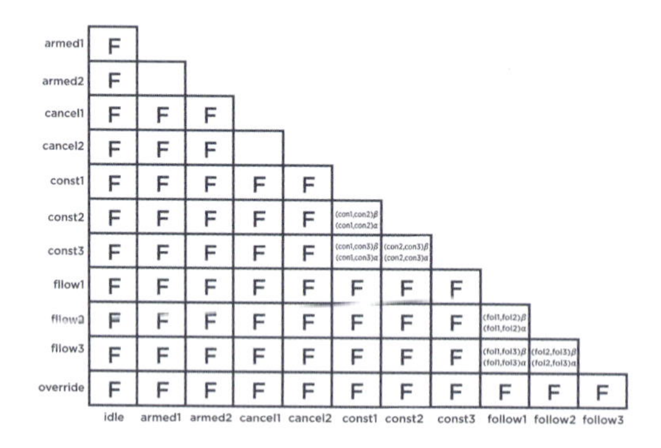

	idle	armed1	armed2	cancel1	cancel2	const1	const2	const3	follow1	follow2	follow3
armed1	F										
armed2	F										
cancel1	F	F	F								
cancel2	F	F	F								
const1	F	F	F	F	F						
const2	F	F	F	F	F	(con1,con2)β (con1,con2)α					
const3	F	F	F	F	F	(con1,con3)β (con1,con3)α	(con2,con3)β (con2,con3)α				
fllow1	F	F	F	F	F	F	F	F			
fllow2	F	F	F	F	F	F	F	F	(fol1,fol2)β (fol1,fol2)α		
fllow3	F	F	F	F	F	F	F	F	(fol1,fol3)β (fol1,fol3)α	(fol2,fol3)β (fol2,fol3)α	
override	F	F	F	F	F	F	F	F	F	F	F

図4-28　ACCシステムのマシンモデルの縮約のプロセス（その1）

	idle	armed1	armed2	cancel1	cancel2	const1	const2	const3	follow1	follow2	follow3
armed1	F										
armed2	F	T									
cancel1	F	F	F								
cancel2	F	F	F	T							
const1	F	F	F	F	F						
const2	F	F	F	F	F	T					
const3	F	F	F	F	F	T	T				
fllow1	F	F	F	F	F	F	F	F			
fllow2	F	F	F	F	F	F	F	F	T		
fllow3	F	F	F	F	F	F	F	F	T	T	
override	F	F	F	F	F	F	F	F	F	F	F

最大コンパチブル集合群
(idle)
(armed1,armed2)
(cancel1,cancel2)
(override)
(const1,const2,const3)
(follow1,follow2,follow3)

ユーザが識別すべきは
6 つのクラス

図 4-29　ACC システムのマシンモデルの縮約のプロセス（その 2）

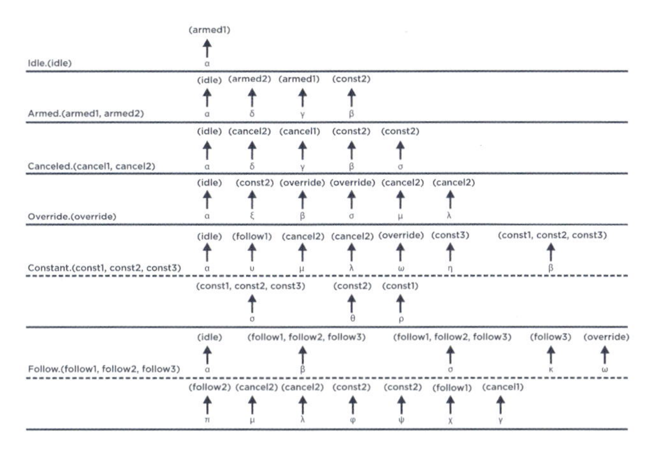

図 4-30　ACC システムの遷移事象

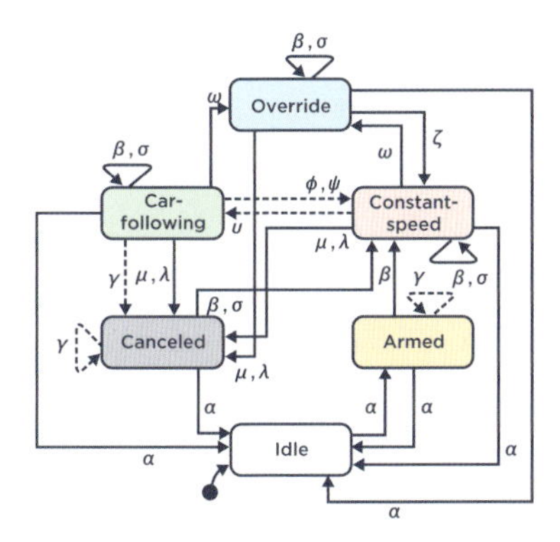

図 4-31　ACC システムのマシンモデルから縮約されたユーザモデル

演習問題

（問 1）本章で述べたTHERPの手順に従って，以下を実行せよ。

携帯電話を使って，電話番号を暗記していない友人に電話をかける作業を考える。携帯電話を取り出したところから通話を終えるまでに必要な操作系列を列挙し，イベントツリーを作成せよ。また操作系列を構成する操作の各々に作業の失敗確率を想定し，一連の作業をドライバが自身の車の運転中に行う場合と，駐車中に同様の作業を行う場合とを比較せよ。また上記の通話作業の一部が，音声入力による電話番号呼び出し機能により置き換えられた場合の上記のイベントツリーを作成せよ。

（問 2）状況認識（situation awareness）は，本来人間作業者が意思決定を行う前の段階で実施すべき認知情報処理のプロセスで，異常の知覚，状況の理解，予測の3段階から構成される。この状況認識のプロセスを人間と自動化の協働で実施することを考える。このとき人間と自動化のそれぞれが担う役割について述べ，協働する上で予想される問題点を挙げよ。

（問 3）津波発生時の避難行動支援システムを考える。避難行動を決定する前段階の避難者の状況認識のプロセスを具体的に示し，異常の知覚，状況の理解，予測の各段階を支援するための方策について考えよ。

（問 4）米の炊飯を例に，まず水に浸した生米を火にかけ，火加減調整を行いながら美味しく炊き上げるまでの原理をマシンモデルとして状態遷移グラフで表現せよ。次に，飯盒（はんごう）を使って炊飯する場合を考える。このとき調理者にとっては，飯盒の中の米の炊飯状態を視覚的に確認することはできず，音や吹きこぼれの状態観察に基づいて火加減を調整したり，飯盒に重りを載せて圧力調整を行ったりして炊飯のプロセスにかかわらなければならない。このときの調理者にとってのユーザモデルを状態遷移グラフで表現せよ。以上をもとにコンポジットモデル解析を実行し，飯盒を使って炊飯する場合のインタフェースの不備について解析せよ。

参考文献

[1] Swain, A. D., Guttmann, H. E.: *Handbook of Human Reliability Analysis with Emphasis on Nuclear Power Plant Applications*, Sandia National Laboratories, 1983.

[2] U.S. Nuclear Regulatory Commission: An Approach to Assessing Human Error Probabilities Using Structured Expert Judgment, Prepared by D.E. Embrey, P. Humphreys, E.A. Rosa, B. Kirwan, and K. Rea, Brookhaven National Laboratory, 1984.

[3] Woods, D.D. and Roth, E.M.: Modeling Human Intention Formation for Human Reliability Assessment, *Reliability Engineering and System Safety*, 22, pp.169-200, 1988.

[4] Smidts, C.: Probabilistic Dynamics: A Numerical Comparison between a Continuous Event Tree and a Dylam Type Event Tree, *Reliab. Eng.Syst. Safety*, 44, pp.189-207, 1994.

[5] Hollnagel, E.: *Cognitive Reliability and Error Analysis Method*, Elsevier, 1998.

[6] Technical Basis and Implementation Guidelines for a Technique for Human Event Analysis (ATHEANA), 1998.

[7] Pyy, P.: Human Reliability in Severe Accident Management. *PSA'99 Conference*, pp.957-963, 1999.

[8] Reason, J.: *Human Error*, Cambridge University Press, 1990.(林　喜男(監訳):『ヒューマンエラー－認知科学的アプローチ－』, 海文堂出版, 1994.)

[9] Endsley, M.R.: Toward a Theory of Situation Awareness in Dynamic Systems, *Human Factors*, 37(1), pp.32-64, 1995.

[10] Endsley, M. R.: Situation awareness global assessment technique (SAGAT), *NAECON*, vol.3, pp.789-795, 1988.

[11] Endsley, M. R., Bolte, B., Jones, D. G.: *Designing for Situation Awareness, An Approach to User-Centered Design*, Taylor & Francis, 2003.

[12] 野本弘平, 若松 正晴, 岡田 詩門, 小坂田 政宏：運転者の状況認識と空間移動理解, 日本知能情報ファジィ学会ファジィシステムシンポジウム講演論文集 22(0), pp.227-227, 2006.

[13] Colligan, L., Potts, H.W., Finn, C.T.: "Cognitive workload changes for nurses transitioning from a legacy system with paper documentation to a commercial electronic health record", *International Journal of Medical Informatics*, 84(7), pp.469-476, 2015.

[14] McNeese, M., Salas, E., Endsley, M.R. (eds.): *New Trends in Cooperative Activities: Understanding System Dynamics in Complex Environments*, Human Factors and Ergonomics Society, 2001.

[15] ドナルド・A・ノーマン(著), 野島久雄(訳):『誰のためのデザイン？－認知科学者のデザイン原論』, 新曜社, 1990.
(Norman, D. A.: *User Centered System Design: New Perspectives on Human-computer Interaction*, CRC, 1986.)

[16] Tetsuo Sawaragi, Kohei Fujii, Yukio Horiguchi, Hiroaki Nakanishi: Analysis of Team Situation Awareness Using Serious Game and Constructive Model-Based Simulation, *IFAC Proceedings Volumes*, Vol.49, Issue 19, pp.537–542, 2016.

[17] Furukawa, T., Nonaka, T. and Mizuyama, H.: A Framework for Mathematical Analysis of Collaborative SCM in ColPMan Game, Advances in Production Management Systems: The Path to Intelligent, Collaborative and Sustainable Manufacturing Part II, Edited by Lödding, H., Riedel, R., Thoben, K.-D., von Cieminski, G. and Kiritsis, D., IFIP Advances in Information and Communication Technology, Vol.514, Springer, pp.311–319, 2017.

[18] Degani, A., Heymann, M.: Formal Verification of Human-Automation Interaction, *Human Factors*, 44 (1), pp. 28-43, 2002.

[19] Heymann, M., and Degani, A.: On the construction of human-automation interfaces by formal abstraction, In Koenig, S. and Holte, R. (eds.), *Abstraction, Reformulation and Approximation*, pp. 99-115, Springer-Verlag, 2002.

注

1 「状況」と「情況」とは以下のような使い分けが行われる。英語では前者が situation であるのに対して, 後者の字が充てられるのは context, すなわち文脈的な円体制の意味が強調され, 認識の対象として客体化できる「状況」とは区別して用いられる。

2 上記のロジックは説明のための仮想的な設定であり, 実際に自家用車に搭載されている ACC のロジックとは別である。

3 ここでは, インタフェース上に表示されるすべてのアイテムを実際にユーザが知覚できているか否かについては問わないものとする。

CHAPTER

5

人工物のデザイン原理

人工物システムでは，人工物自身の中身と組織である「内部」環境と，人工物がそのなかで機能する環境である「外部」環境，さらにそこに人がどのように人工物とかかわるかの「インタラクション」の三つの視点からデザインを考えなくてはならない。人工物がシステムとして想定通りに機能するために重要な要件は人との適合性であるが，人間はその認知的な能力の限界から，必ずしも目的に対して合理的に最適化できないという側面を有する。本章では，このような限定合理性を踏まえた人工物の内部環境のデザイン原理について講述するとともに，人工物と環境並びに人間との間で生み出されるインタラクションの諸相に着目し，人間が外界との連続的な相互のかかわりの中で見出している認知戦略について述べる。

（椹木 哲夫）

1

Simonの限定合理性

およそ選択の自由のあるところ，必ず意思決定問題が存在する。工学的なシステムの計画，設計，製作，および運用には，ことごとく意思決定の連鎖がある。意思決定のすべてを数理的にあるいは論理的に記述しようとしてもそれは不可能である。洞察や直観という側面も少なからず意思決定の活動を構成しているにもかかわらず，未だこれらを記述する術は見いだされてはいない。意思決定を数理的もしくは論理的にモデリングすることの意義は，(1) 再現性，(2) 合理性，(3) 決定の支援，(4) 人間行動の記述分析，の四つの目的が掲げられるが，それぞれの目的によって意思決定をどのように捉えるかも大きく変わってくる。

たとえば，これまで人間の「意思決定」の理論は「規範的意思決定論（normative decision theory)」と「記述的意思決定論（descriptive decision theory)」とに大別されてきた。簡単に言えば，前者が「どう決定すべきか」の理論，後者は「実際にどう決定しているか」の理論である。前者の代表的な意思決定論は多属性効用理論（Multi-Attributes Utility Theory）に代表されるような不確実性下で期待される経済的効用価値（あるいはコストなどの効用損失）の最大化（最小化）を規範に据えた意思決定論の定式化である。ベイズ意思決定論もこの規範的な意思決定の範疇に入る。一方，記述的意思決定論は，心理学の分野での研究の歴史が深く，むしろ規範的な意思決定を乱す要因がどのようなものであるのかという視点から，人間意思決定における「バイアス（偏向)」の分類パターンや，過去の記憶の構造化もしくはスキーマと呼ばれる既存の図式構造が意思決定を形作る仕組みなどについての議論が中心になされてきた。また，より心理面での葛藤が意思決定をどのように方向づけるかについての「不協和理論」なども社会的判断の理論として著名である。

「人間のあるがままの決定」とは，現状況の過去の経験に対する類似性に基づいた典型性判断，したがってどのように状況を認識分類するかに大きく依存する。一方で，能動的な人間固有の特徴として，断片の兆候からストーリー（物語）を構成し，これに沿った文脈からのバイアスを受けた決定を無意識に行っているという点が挙げられる。

このような従来の古典的な意思決定論が想定してきた「合理的な人間像」に対比されるところの，現実での意思決定のスタイルが記述的意思決定と呼ばれるものである。上述の例にも見られるように，主に認知心理学的な研究において，人がその限られた情報処理能力の中で，環境からやってくる情報の処理の負荷に耐えながら，いかに効率良く情報を処理し，判断しているかを明らかにしてきた研究分野がある。環境事象を単純化して判断しやすくするヒューリスティクスの使用や，定型的な状況の判断を助け，定型的な行動の順序を示唆するスクリプトの使用はその典型である。

H.A. Simon は従来の計算的合理性の限界を指摘し，**限定的合理性**の原理について以下のように述べている[1]。計算的合理性に裏付けられた合理的意思決定とは本来，

1）すべての戦略候補のリストアップ
2）すべての帰結の決定
3）すべての帰結の間での比較評価

を前提とする。しかし，ここでの「すべての」という条件が客観的合理性のモデルが現実の行動から遊離する根源にもなる。すなわち，

1）各選択肢から生じる帰結について完全な知識と予測が必要とされる。しかし，結果についての知識は現実では常に断片的である。
2）帰結は将来のものであるから評価するには臨場感を想像で補わなければならない。しかし，評価値は不完全にしか予測できない。
3）すべての選択肢を出すのは不可能である。

という現実的な制約が存在するためである。さらに譲って，意思決定者の手元に選択肢に関する十分な情報があると仮定してみよう。そうだとしても，決定者はそれを十分に利用せず，またそれに公平に接するのではないことは明らかである。H.A. Simon はこのような観点から人間は利用し得る限りの選択肢から最良のものを選びだすような最大化や最適化の原理によって意思決定するのではなく，情報処理能力の限界のために，ある一定のところで満足のいく，あるいは「まあまあ良い（good enough）」選択肢を探し求める「満足化の原理」によって意思決定することを指摘している。すなわち，計算的（客観的）合理性から主観的期待効用（各選択肢を決定した際に予想される結果の主観的確率と効用の積の総和）を最大化することを求めるのではなく，自らの処理能力の限界から処理への負荷を最小化しようとして，自分の得られる情報の範囲の中でのみ合理的で満足すべき選択肢を探すのだ，という主張である。

H.A. Simon の言う「満足化」とは「最適化」の希求水準を適当に下げるという消極的な意味ではなく，それは人間の最大限の「状況判断」，したがって上述のような資源の制約を陽に考慮下に入れたうえで「現在の状況下での最良の選択が何たるか」を第一義的に考えることであるとも解釈できる。たとえば，解自身の最適性はより高いものであっても，その導出に時間を要して実行の機会を失ってしまうような解はここでは最良とは見なされない。さらに知能の本質は，問題や探索空間を簡単に定義できない場合にも適切に行動できる点にある。問題空間の合理的探索は，空間そのものが生成されなければ不可能であり，その空間が当該意思決定問題に関連する本質の部分を漏れなく表現しきれているときにのみ有効である。したがって問題や探索空間そのものを設計するに要するコスト，換言すればどのような粒度（粗さ）で問題状況を捉えるかについても限定的合理性原理に基づく意思決定では重要な要素となる[2]。

H.A. Simon の上述の主張は，人間の情報処理能力の限界とそれへの対応のメカニズムを指摘したという点から見てきわめて重要な認知の「現実」の指摘であり，「合理的」人間像に大きく修正を迫るものであった。

2

意思決定の合理性

ところで規範的意思決定論と実際の意思決定が乖離する原因の本質はどこにあるのであろうか。それは「決定問題を設計する主体」と「決定選択を行う主体」の分離にある。規範的意思決定でカバーできるのは，決定問題が理想的に何者かによって与えられた下での後者の問題のみを扱うための理論で，両者は分離されてしまっていると言える。しかし現実には意思決定活動全般のライフサイクルは，まず問題をどのように認識して，その代替案を設計し，その各選択肢に対する熟慮を経て一つを選択し，その後選択の結果を評価する，という一連の活動からなる。ましてや人間の行う意思決定活動では，与えられる兆候に受け身で反応するだけではなく，積極的に自然の兆候を解釈し，付加的な情報を求め，ときにはそれを誤って判断し，何を信じるべきか，何かを行うべきかを迷う。あるいは誤った想定によって迷いもせずに，決定，行動へと至るのが常で，本来はこのすべての活動を同一の主体が最初から最後まで，許容時間の制約（すなわち許容時間内に行動を起こせない場合にもたらされるリスクの大きさ）や現時点で利用可能な情報の制約に合わせて遂行するべきものである。したがってその過程においては，代替案の探索に重きが置かれる場合も，その評価に重きが置かれる場合などさまざまではあるが，あくまで全体としての活動の最適化基準，すなわち「どれだけ速やかに問題状況を認識し，時機を逸することなく行動を起こせているか」のような基準の下で決定の善し悪しは判断される。そこでは必ずしも最終的に選択された選択肢そのものの善し悪し，すなわち意思決定から出力される「プロダクト」のみが評価対象になるのではなく，その「プロセス」こそ考慮されなければならない。

以上のような考察から真の意味での合理的な行動とは，

(1) 動的な環境の変化，変動の激しい実時間の意思決定文脈の下で，適切に，また適時に対処できること。状況のサイズアップ（ size up ），負荷の状況に見合う限られた数の診断や代替案の想起，さらには，有限資源（時間，メモリ，エネルギー）の有効活用のための能力を持つこと。
(2) 世界の性質のわずかな変化がシステムの全面的な崩壊を来たさない頑健（robust）な問題定義・状態空間構成が行えること。情報の選択やコード化に対する能力が情報の統合能力よりも勝ること。
(3) 環境を始めとする周囲状況への適応と偶然

の事情を適宜利用しながら，多目標の保持と，追及目標を変えられるという柔軟性を有すること。「結果の質」より「いかにして決められるか」のプロセスを重視すること。

(4) 生存における何らかの目的が究極の価値として存在し得ること。

の諸条件を満たすような行動決定の能力であると言える。

また決定の合理性に関する議論としては，I.J. Good による**タイプⅠの合理性**（Type I rationality）と**タイプⅡの合理性**（Type II rationality）の区別[3]，また同じく H.A. Simon の**手続き的合理性**（procedural rationality）と**本質的合理性**（substantive rationality）の区別[4]としても議論されている。H.L. Dreyfus and S.E. Dreyfus は**熟慮的合理性**という概念を提唱しており，計算的合理性が状況をバラバラに分解して文脈不要の要素を抽出し全体像を組み上げるのに対して，熟練者においては直観そのものを一まとまりとして解を即座に想起し，これに対して時間の余裕のあるかぎり検討し改善するような合理性基準が実在することを指摘している[5]。いずれも最適化モデルの設計者と最適化を行う主体が同一であるという前提に立つならば必然的な帰結といえる。このような概念を図 5-1 の宝探しゲームで例示する。ここではどこに埋まっているかわからない宝物を探す過程である。ある場所に目安をつけてその地点を掘り起こして埋まっている宝物を探すわけだが，片っ端からいろいろな場所を掘り起こすのは時間の無駄である。探している過程で，この先に埋まっていそうかどうか，どれほど掘り進まなければ辿り着けないかなどを考えながら掘り進み，これ以上掘ってもこの地点になさそうだということになれば，この地点は諦め他の地点に移って掘り始めるのが妥当な判断である。ここで掘り続けるという作業にも時間を要するし，作業を中断して掘り続けるか否かを考える（熟慮する）にも時間を要する。宝物は限られた制限時間内に探し当てないと手に入れられない。このような状況にあって，合理的な判断，合理的なアクションとはどうあるべきかについて考えるのが資源制約下での合理性である。

以上のような資源制約下推論をより具体的にモ

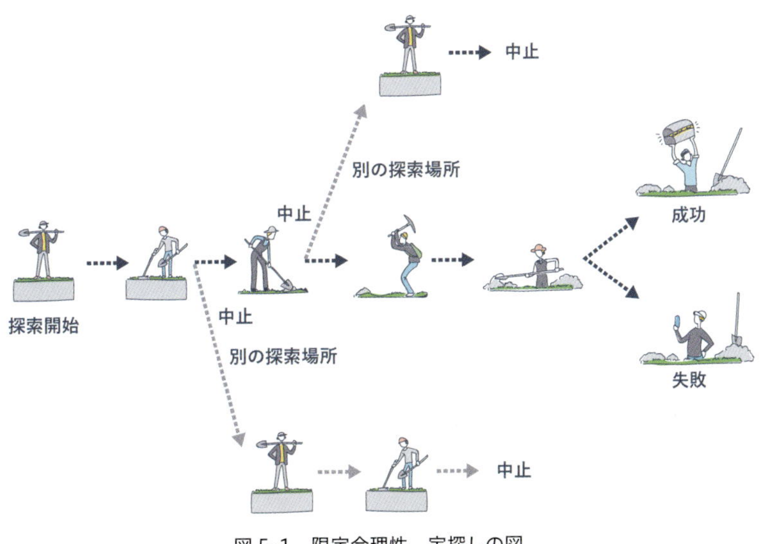

図 5-1　限定合理性　宝探しの図

デリングするものとして，人工知能分野，特に不確実性人工知能（Uncertainties in AI, UAI）のサブフィールドを中心に，厳密な定式化と応用研究の両面で進められている。UAIではベイジアン・ネットワーク（Bayesian Networks）を用いたモデリングが主流であるが，この手法は計算上のフィージビリティ，すなわちcomputational tractabilityの保証が鍵になり，行為実行の遅延というリスクを犯してでもさらなる計算処理を進めるか否かについての判断をも含めたモデリングが求められる。ほかにも，S. Russell and E.H. Wefaldは計算行為と基底レベル行為の効用を統合的に扱うために，効用を計算時間と切り離した基底レベル行為そのものの持つ効用と計算コストに分けた簡略化を行い，メタレベル決定の定式化を行っている[6]。O. Etzioniは従来の人工知能における目標の概念を用いたプランニングと意思決定論的期待効用との関連について，目標の最大化とその達成コストのトレードオフ，そしてこの行為自身についてのエージェントの熟考コストとの間でのトレードオフ構造に言及し，導出に手間のかかる高い効用を持つ代替案に代わり，迅速な近似解をより選好するような**欲張り合理性**（greedy rationality）の原則にたった定式化を行っている[7]。さらに上述のような制御アルゴリズムで用いられる諸量の評価における信頼性と状態概念の構成 / 再構成に関連して，資源制約を有するエージェントにとって状態概念の再構成によりもたらされる利益とそれに要するコストの間でのトレードオフ解析について触れている。

これらの知見は，資源制約を有するエージェントにとって計算や推論の継続やプランニングに関する熟考のプロセスのみならず，問題をどのように表現して構成するのかについてのコストをも考慮に入れたエージェントのモデリングについて言及するものであり，モデル設計とモデル実行の両者の統合的なモデリングの重要性を説くものである。

3
資源制約下でのエージェント設計

大規模に拡大を続けるネットワーク世界，さらには各種自動化システム／アプリケーションとの間に介在して，知的に振る舞うことのできる「エージェント」の概念が提唱されている。これはそれ自身意思を持ち調整・判断・学習機能を有する決定主体としての知的人工物で，ネットワーク上の共有データベースへのアクセス，他のエージェントの起動やメッセージ交換による部分的タスクの依頼など，動的に変化している組織を相手にしたタスクが含まれてくる。そこでは自らのタスクの進行を完全に自らのコントロール下におけないことから生じる不確実性の管理，そしていかにして妥当な時間内に適切な応答を出せるかといった限られた計算資源（リソース）管理の徹底が要求される。

「エージェント」を人工物システムとしてモデル化するに際して重要なのは，人工物自身の中身と組織である「内部」環境と，人工物がそのなかで機能する環境である「外部」環境，さらにそこでどのような挙動（タスク）を生み出すことを課せられたものであるかについての三者の接合点として「エージェント」を捉えるという認識が必要である。

一般にエージェントには診断・解釈・計画・監視など各種の問題解決処理が委ねられるが，特に計画に関する推論の形態は大きく分けて図 5-2 に示すように 2 種に分類できる。

(1) 熟考型推論：比較的時間に追われずに長期にわたる動作の系列の概略を設定

(2) 即応型推論：手順化されたプランを事前に蓄えておき実行中の状況に応じて適切なプランを選択・実行

元来人工知能研究では，熟考型推論が主流であったが，即応型推論をベースにしたリアクティブ・システム（reactive system）の構築が盛んに行われるようになった。とくに従来のロボティクスの分野での行動制御系設計は，環境同定，モデル構築，モデルに基づく計画生成，計画実行と水平的に機能分割されたモジュールを逐次的に実行

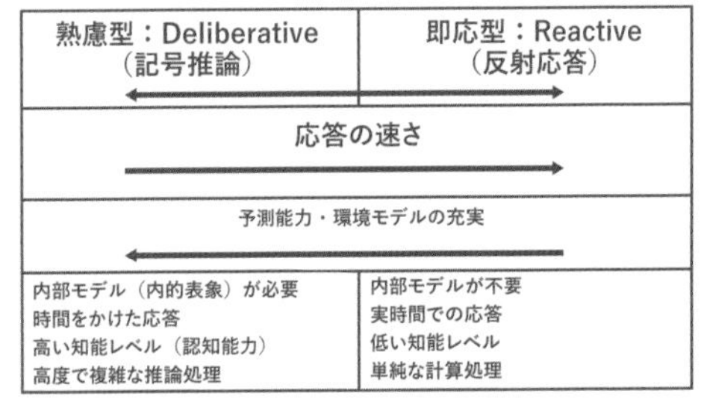

図 5-2　熟慮型推論と即応型推論

するのが基本スタイルであった。これに対し，さまざまな抽象度のレベルで知覚–行動をダイレクトに関係づけた垂直的な重層構造をもつ行動規則（behavior rules）の集合体によって制御する考え方が提起された。**サブサンプション・アーキテクチャ**（subsumption architecture）[8]と呼ばれる考え方で，さまざまな層での行動規則の同時活性に対して，包摂構造に基づく規則の選択的発火によって適宜行動が実行されるのが特徴である。このように，推論コストの低廉さと挙動の連続性を重視し，変動する不確定な外部環境にとりあえず身を投じさせともかくも時機を逸しない行為を適宜出力しながら振る舞わせるような行動ベース（behavior-based）ロボットの設計が注目を集め，従来の熟慮型のオフラインでの計画生成に対して実行の実時間性に重きをおく考え方である。

リアクティブシステムでは，あまり深読みしない決定をする代わりにそのレスポンス性を重要視する。しかしこれは必ずしも従来の熟考型の推論を全面的に棄却することを意味するものではなく，推論のストラテジー選択を柔軟に制御することで，資源の制約を有しながらもその範囲内で合理的な推論の進め方を見いだしていくことが求められる。これはまさにすでに述べたメタレベル決定の問題であり，エージェントは自らの行う意思決定行為そのものについて考えることができなければならない。

ここでエージェントに求められるメタ認知について考察する。エージェントは自身が行うタスク実行をメタレベルで自己の認知過程や資源（知識／モデル／利用可能な推論スキームなど）に関する制約を考慮した上で管理・制御する必要がある。すなわち，通常，プラン生成が要求される場は，時間的な資源が無尽蔵にある場合は希であって，普通はある決められた時間内に行為の発動を達成できなければならない場合がほとんどである。そこではいくら時間を費やして最適なプランが生成できたとしても，時機を逸した行動になれば何の価値もなくなる。したがってどこまでプランを詳細化したうえで実行すべきか，また遭遇する環境の不確実性，特に今後の外乱的事象の生起によりそのプランが有効性を失うことまでを考慮したうえでプラン生成を検討しておく必要がある。そして，そのためには生成されるプランそのものの持つ効用以外にも，このプランの導出にかかるコストを含めたモデル化でなければならない。

簡単な例題として，図5-3に示すように，自律エージェントとしての移動ロボットが現在の位置Pから目的地Dにできるだけ早く到達する問題を考える[9]。この両地点間には川が流れており，そこには2ヵ所で二つの橋として橋1と橋2がかかっているものとする。このうちの一つの橋を通って目的地に達するための戦略を考える。一方の橋は工事中で通行不能であることがわかっているが，どちらの橋が工事中であるかはわからないとする（環境の不確実性）。ロボットは，地点Pからは別の丘の上の地点Hへ登り，センサを使っていずれの橋が工事中であるかを観測することができるとする。ここで地点Hへ行くためには余分の移動時間を要し，またその地点から観測できたとしても確実にどちらの橋が工事中であるかを特定することはできないものとする（センサに内包される不確実性）。いずれの橋を渡るか，また

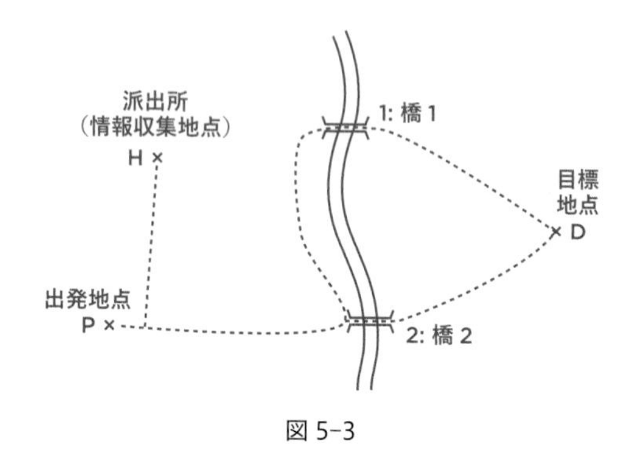

図 5–3

丘へ登って情報の収集を行うかの判断に加えて，ロボットはどのような方法でプランを生成しそれを評価するかについても決定しなければならない。たとえば，決定論的にプランを生成する（すべての可能性を試行していく）ことも可能であろうし，不確実下でのプラン生成を行うことも可能であろう。また，これに情報収集行動を加えたプランを生成することも可能である。ただしこれらのいずれのプランニング手法を採択するかは，各々のストラテジーの下での問題解決に要するコストにバラツキがあることから実時間制約の下では十分慎重な考慮が要求される。ここでのロボットの決定は，まずどのプランニング手法を適用するかについてのメタレベルでの選択決定であり，いま一つはこうして生成されたプランの中からいずれを選択して実行するか，すなわちロボットのとるべきルートとしていずれの橋をわたるかについての基底レベルでの選択決定の両者である。

ここでプランニング手法として以下の三つのオプションを考える。

(1) F：Feasible path planning：初期地点 P から目標地点 D への到達可能な経路を生成するプランニングアルゴリズムを起動し，片っ端から可能な経路を実行する。古典的な AI 計画問題や過去のルートとの照合により経路を見いだすことに相当する。
(2) B：Basic uncertainty model：不確実性下の意思決定問題としてルート選択を考える。ただし情報収集活動は考えない。これには到達可能なルートを代替案として生成しておく必要がある。
(3) I：Information gathering：情報収集ならびにそれに要するコストまで考慮した意思決定論的アプローチ。ルート選択の代替案に加え，情報収集行動を加えたプランを生成する。

これらの方法論のうちのいずれを採用するべきかについてのメタレベルでの制御決定問題の定式化を行わなければならない。

詳細は文献[9]に委ねるが，メタレベルでの制御決定問題に内包される採用すべきモデリング手法の間のトレードオフを解析するために，橋 1 と橋 2 の間の距離 $t(1, 2)$ 以外のすべてについて数値を割り当てた上で三つのモデリング手法の各々に対して，$t(1, 2)$ を変化させた場合に，それぞれのプランニング手法の採用により得られる期待価値 $E(V \mid m)$ の変化する様子をプロットしたものを図 5-4 に示す。最適なモデリング手法についての推奨案は，橋 1 と橋 2 の間の距離 $t(1, 2)$，すなわち判断を誤った場合にかかるコストの大きさによって変化する。

この結果は直感によく合致する。すなわち，判断を誤った場合にかかるコストが小さい限りにおいては，不確実性を考慮することなく場当たり的な行動選択をとるアプローチ（Feasible path planning）が優れているのに対して，負荷が大きくなるに従って，不確実性を考慮に入れたアプローチ（Basic uncertainty model）が，さらには情報収集活動を考慮に入れたアプローチ（Information gathering）が優位になることを示している。

次に以上までの議論の延長としてリアルタイム制御に関する考察を行う。プランニングに要する時間に制約（デッドライン）が与えられているタスクであるという状況を考え，プランニングがこの許容時間を越えてしまったならば重大なリスクを被るものとする。

このモデルを用いた解析結果としては，図 5-5 に示すように許容時間が短い場合には F のアプローチが選好され，許容時間が伸びるにしたがって B, I のアプローチが優位に転ずる。

図 5-6 は，以上までに解析した二つの結果を統合して表示したもので，縦軸に経路選択を誤った場合のコスト，横軸にタスクで許容される時間を

表す。これをエージェント，環境，タスク，の観点から眺めると三者間での依存関係が明らかになる。すなわち，環境の持つリスクが小さく，許容時間が短い緊急性の高いタスクの場合にはFの戦略が優位であるが，リスクが大きくなり，許容時間に余裕が増すに従って，決定分析にたったモデリング手法をとる戦略が優位に転ずることを表している。

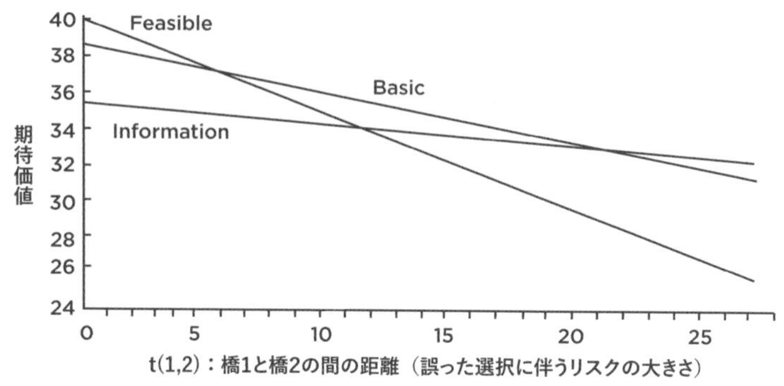

図 5-4　環境の内包する不確実性に対する各モデリング手法の優位性（[9] p.27）

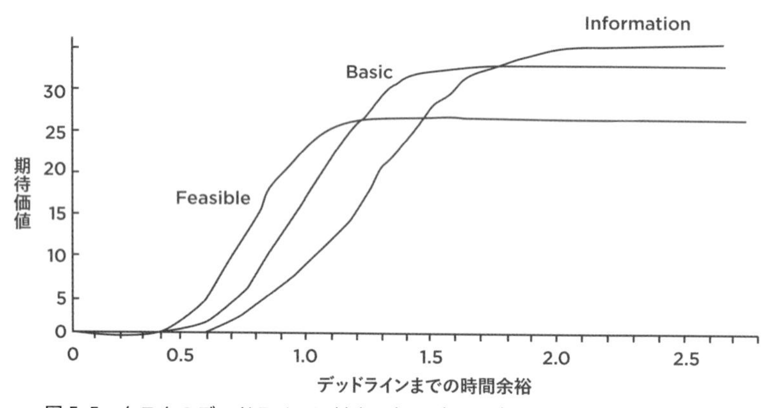

図 5-5　タスクのデッドラインに対する各モデリング手法の優位性（[9] p.29）

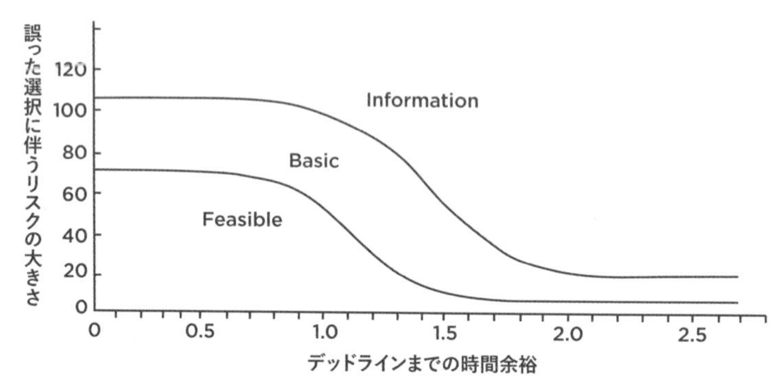

図 5-6　環境の内包する不確実性とタスクのデッドラインに対する各モデリング手法の優位性（[9] p.30）

4 生態学的アプローチ

前節では，エージェントの計算論的モデルとして**熟考型推論** vs. **即応型推論**の構図について述べ，エージェントの合理性は，資源制約下で環境とタスクとの関係で決定されることを例証した。同様の構図が，心理学の分野で，**認知的アプローチ** vs. **生態学的アプローチ**の対比的構図がある[10],[11]。認知的アプローチが，ともすれば環境から切り離された人間の頭の中の処理プロセスのみの解明とモデリングを指向してきたのに対して，生態学的アプローチは両者のインタラクションやその変容のプロセスにこそシステム性が見いだせるとする立場からのアプローチである。

従来の心理学研究が客観的で再現性の高い行動を研究対象として限定し，さらに学習が刺激と応答との連合の形成により成立するとした行動主義への反省から，認知的側面が重視され認知心理学の分野が脚光を浴びるに至った。そこでは「認知系による行動のコントロール」の構図，すなわち認知は行動を統制し，行動のプランを準備して，行動の開始と終了の時点を告げ，状況の変化に応じて行動を調整し，一方の行動系は運動の制御・行為実行を受け持つ，という構図が当然のものとして受け入れられてきた。

これに対して感覚を得るための，あるいは調整するための「運動」こそが1次的なものであり，感覚は2次的なものとして，行動とそれを支える身体の重要性を指摘する見方がある。「行為者-物理的環境」あるいは行為者の「知覚-行為」の各々の関係が，決して一方を他方から分離して捉えられるものではなく，双方が限定し合う表裏一体の関係にあることを強調するのが J.J. Gibson の生態学的知覚論に基礎を置く**生態心理学**（ecological psychology）の一連の動向である[12]。

J.J. Gibson の主張は「環境に適応するための動作の自律的組織化」と「知覚情報を介した環境との協応」の2点に集約される。前者は，運動の制御が，行為者の頭の中で事前に周到に準備されたプログラムによって一逐次制御指令が出されるというトップダウン的な流れとは異なり，制御の原因を運動システム自体の動力学的な振舞いに求めるものである。そこでの制御はシステムの動作が内包している創発性の結果であって，事前的ではなくむしろ事後的なものであるとする点が特異である。後者は身体各部における動力学的協応を，知覚される「環境」の情報との間に関係づけるもので，環境から得られる情報が運動の機能を制約しつつ運動自体は柔軟に組織化されて，これがさらに環境の知覚に影響を与えるという相互限定（reciprocity）の構造であることを主張する。そして環境の変化に対して一方的に従属する身体ではなく，環境とある一定の関係を保ち続けようとする自律的な身体の側面が強調される。

このような生態学的心理学からの派生として，人工物のデザイン原理として，**生態学的アプローチ**がある。図 5-7 に J. Flach による図を引用する[13]。

生態学的アプローチは，しばしば認知的アプローチとの対比として示される。図 5-8 に示すように，認知的アプローチの代表的な例としては，1970〜1980 年代に，応用人工知能としての「知識工学」の下に，さまざまな領域でエキスパートシステム（専門家システム）と称する知識ベース型問題解決器の開発が進められた。そこでの前提は，専門家の有する知識を切り出して知識ベースとして構築し，プロダクションシステムに代表される推論エンジンをもって問題解決を図るアプローチであった。しかし，まもなくエキスパートシステムはほとんどのシステムで開発が中断もしくは中止に追い込まれた。その最大の理由は，知識を抽出し，知識ベースとして隔離された段階で，それはもはや知識として機能しなくなってしまったこと，また常に知識は動的に更新され続けられなければならないが，いったん構築した知識ベースへの知識の追加や修正を，全体の整合性を保証しながら行うことの難しさがあった。これへの反省として，知識は抽出できるものではなく，もしろ，専門家が置かれる状況あるいは環境の中に埋め込まれているものであるという立場に立つのが生態学的アプローチである（図 5-8）。

「環境世界説」で知られる生物学者の J.J.B. von Uexküll は，その著書『生物から見た世界』の中で同様のことを指摘している[14]。その中での例示として，図 5-9 に示すように，

「ダニは木の上で待ち伏せ下を通る動物の匂いの気配を感じるやいなや木から落下して動物の体毛にすがりつき，その後は動物の体毛の中を体温を手がかりに這い進み，肌表面に達して血を吸う。」

のくだりがある。確かにダニのごとくの原始生物でも巧妙な獲物獲得のための戦略が働いているようにも捉えられる。しかし実際には，「匂い→落下」「体毛への接触→掴まり」「体温の感知→移動」「肌の知覚→吸血」という規則集合のエキスパートシステム的な適用がダニの中で試行されているわけではなく，ダニに選択されて知覚されている「現実」が，行動の各フェーズにおいて（したがってそのフェーズでのダニの内部状態に応じ

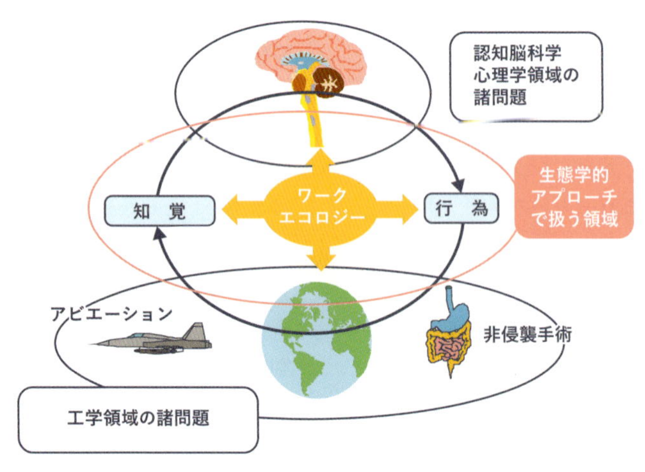

図 5-7　生態学的アプローチの概念（J. Flach 氏の同意を得て掲載）

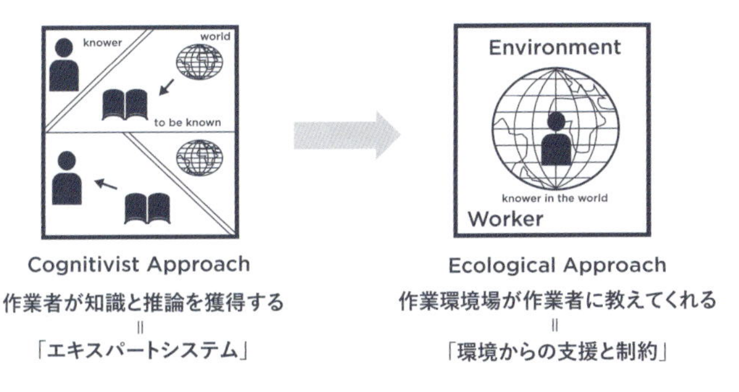

図 5-8　認知的アプローチ vs. 生態学的アプローチ

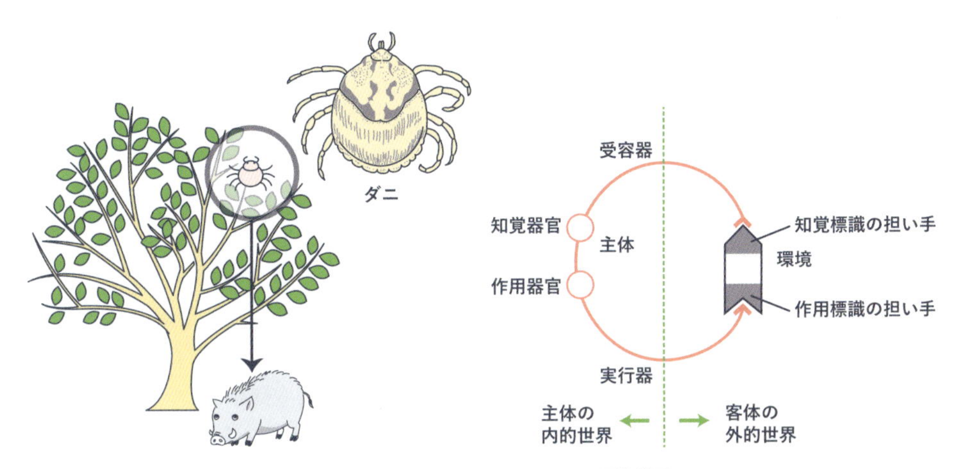

図 5-9　J.J.B. von Uexküll による環境世界

て）特定の匂い・接触・体温・肌…と変化しているのであって，その後はそれぞれの知覚標識に対応づけられた作用標識が実行されているだけであるとしている。

生物にとって外界とは，何らかの形で知覚し作用しかける対象としてのみ存在する，という事実であり，個々の生物に独立して存在しているところの客観的な環境世界と対比させて，このような知覚主体の内部状態に依存して決定される主観的な「見え」としての知覚世界を，J.J.B. von Uexküll は“Umwelt”（環境世界）という言葉で表現している。

5

確率的機能主義モデル

環境がどのように各種の認知活動に影響を与え，これを効率化しているのかについて，環境－行為者あるいは外部－内部を切り離すことなく両者を共通の記述形式でモデリングしようとするのが，E. Brunswik そしてその後の J.J. Gibson らの研究である。ここではその端緒となった E. Brunswik の**レンズモデル**[15]（図 5-10）について紹介する。このモデルの特徴は，手掛かり（cues）が，人間には直接知ることのできない環境内の基準を示唆している程度が，人間が同じ手掛かりから行う認知判断においてどれほど適正に反映されたものになっているかを推定するもので，前者を生態学的妥当性（ecological validity），後者は手掛かり利用（cue utilization）と呼ばれる（図内の重み係数 w_{en}, w_{sn}）。これらの重みの真の値を求めることはできないが，通常は観察から集められたデータ集合に対して，基準（criteria）ならびに判断（judgment）のそれぞれに対して共通の手掛かり集合がどの程度寄与しているかについてモデル化する（図内の重み係数 b_{ei}, b_{si}）。レンズモデル分析では，両関係を重回帰分析（multiple regression analysis）によって推定することで判断に係

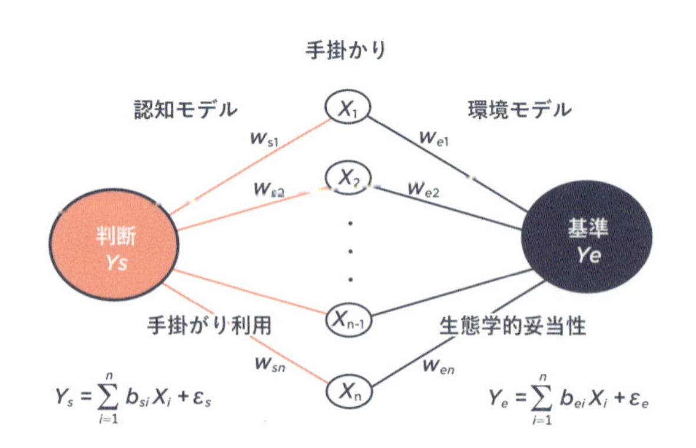

図 5-10　E. Brunswik のレンズモデル

わるさまざまな側面を定量化し，分析に利用する。その際の回帰する関数形に特に制限はないが，通常は線形モデルが用いられる。すなわち，基準 Y_e および判断 Y_s を手掛かり $X_1, ..., X_n$ の重み付け線形和による近似式 $\hat{Y}_e = b_{e1}X_1 + \cdots + b_{en}X_n$ や $\hat{Y}_s = b_{s1}X_1 + \cdots + b_{sn}X_n$ の形式でモデル化する。具体的には，観察から集められたデータ集合に対して，基準ならびに判断のそれぞれに対して共通の手掛かり集合がどの程度寄与しているかについて線形モデルでモデル化する。判断の側についてこのように構成された線形モデルは判断主体の政策（policy）と呼ばれる。レンズモデル分析の概要を図 5-11 に示す。レンズモデル分析で用いられる統計量として代表的なものを以下に列挙する。ただし，これらの統計量はすべて相関値（以下では，r で表記）であり［$-1, +1$］の値をとる。

- Cognitive control：$R_s = r_{Ys, \hat{Y}s}$　実際の判断と重回帰でモデル化された政策に基づく判断の間の相関値。判断の根拠が決まった手掛かり集合に基づいてなされる度合いが大きいほどこの値は 1.0 に近くなる。
- Environmental predictability：$R_e = r_{Y_e, \hat{Y}_e}$　実際の基準と重回帰でモデル化された基準の間の相関値。タスクに内包される規則性を表わし，手掛かり集合によって正しく基準が予測できる度合いが大きいほどこの値は 1.0 に近くなるが，手掛かり集合以外の要因で基準が決まる度合いが大きいと小さくなる。
- Achievement：$r_a = r_{Y_s, \hat{Y}_e}$：実際の判断と実際の基準の間の相関値。基準をどれだけ正確に判断できているかのパフォーマンスを表す。この値が 1.0 に近いほど判断と基準とが似通っていることを表わす。この r_a はその詳細が不明な生態学的妥当性や手掛かり利用の妥当性の関係に基づくものであり，いわば判断と基準の外見上の一致度である。
- Linear knowledge：$G = r_{Y_s, \hat{Y}_e}$：判断と基準のそれぞれで回帰されたモデルが出力する値の間の相関値。タスク特性と判断主体の認知能力との適合性を表す。もし判断も基準も線形モデルに

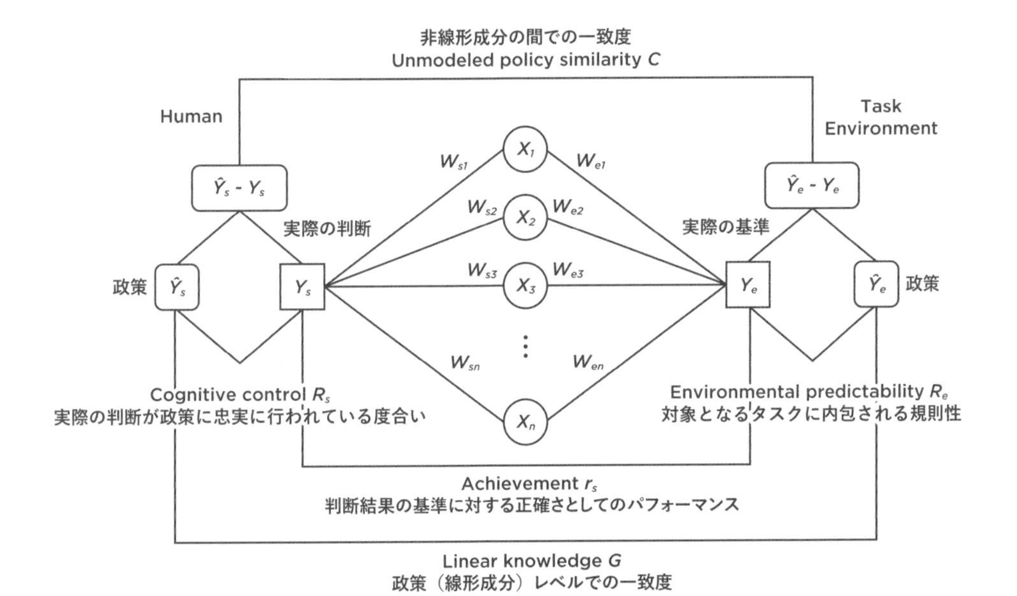

図 5-11　レンズモデル分析の概要

より十分に近似できるならば，$r_a = GR_S R_e$ の関係が成立する。すなわち実際の判断と実際の基準との間の相関値は，判断の線形モデルと基準の線形モデルの出力の間の相関値を R_s と R_e の値でディスカウントした値となる。

・Unmodeled knowledge：$C = r_{[err,s],[err,e]} = r_{[Y_s - \hat{Y}_s],[Y_e - \hat{Y}_e]}$：線形モデルでモデル化されなかった非線形成分は残差 $Y_e - \hat{Y}e$，$Y_s - \hat{Y}s$ と表されるが，これらの残差同士の相関 C は Unmodeled knowledge と呼ばれる。これによってモデル化できなかった側面についての基準と判断の間の一致度を定量化する。判断と基準のそれぞれの側で線形モデルとして表現しきれていない非線形成分，すなわち判断と基準のそれぞれの重回帰式で導出される値と実際の値の差分値を求め，その差分値の間の相関値。この値が 0 でない場合には，$r_a = GR_s R_e + C\sqrt{1 - R_s^2}\sqrt{1 - R_e^2}$ が成り立つ。すなわち実際の判断と実際の基準との間の相関値は，線形近似できる部分での一致度に非線形部分での一致度を加えたものになるが，後者はそれぞれの重回帰モデルの残余成分間の共分散となる。

このようなレンズモデルによる解析を通して，例えば異なる被験者の実行トレースから両モデルを策定し，その間での乖離の程度を確かめることで，環境の側に要因があるのか，それとも認知側に問題があるのかを明らかにし，それによって環境設計の変更か認識を矯正する訓練かのいずれの戦略のもとでの改善が見込めるかを判定する目的などに用いられている。

以下ではレンズモデル分析の適用例を，対人コミュニケーション認知の課題を用いて説明する。対人コミュニケーションとは，行為者と観察者の間で，身振りのようなコミュニケーション行動や発話内容を手掛かりとして交わされるとして，行為者本人の会話満足感や好意を託した手掛かりから，観察者が推測した行為者の満足感や好意を推定する。ここで基準は行為者の会話満足感や好意であり，判断は観察者が推測した行為者の満足感や好意に対応する。データとしては，行為者の側に実験的に会話を行ってもらい，会話の様子を動画で記録した上で，会話中のコミュニケーション行動および発話内容に関して，会話満足度や相手に対する好意について回答を求め，これにより生態学的妥当性を求める。一方，観察者側のデータとしては，撮影した各刺激（会話場面）を呈示後，観察者に話者の会話満足度および相手への好意を推測するよう求め，これにより手掛かり妥当性を求める。またこれらのデータをもとに，レンズモデルの諸指標を算出することで，どのようなコミュニケーションが満足感や好意をもたらすのか（行為者視点の分析），どのような手掛かりから満足感や好意を観察者が判断するか（観察者視点の分析），観察者による対人コミュニケーション認知の精度（両者の視点の統合），について明らかにすることができる。

「暗黙知」の命名で知られる M. Polanyi は，知識が暗黙的に獲得される重要なメカニズムを，潜在知覚過程と呼ばれている心理学実験から説明づけている[16]。この実験は，多数の無意味な文字のつづりを被験者に示し，そしてある特定のつづりを示した後では被験者に電気ショックを与えるというもので，ほどなくして被験者は，そのような特定の「ショックつづり」が示されるとショックを予想する反応を示すようになるという。しかしどのようなつづりのときにショックを予想するのかを被験者に尋ねても，被験者は明確に語ることができない。M. Polanyi はこれを「暗黙知」(tacit knowledge) によるものであるとした。彼はこの潜在知覚過程の実験における二つの項目のうち，ショックつづりを近接的項目，それに続いて現れる電気ショックを遠隔的項目とし，両項目を結びつける関係に着目した。そして近接的項目

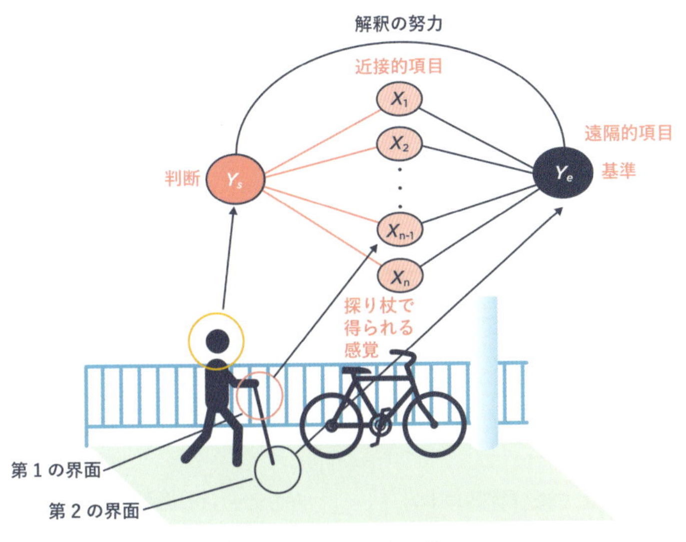

図 5-12　盲人の探り杖

つまりショックを生み出すつづりが意味を持ち始めるのは，遠隔的項目としての電気ショックという別のあるものに注目する段階で初めて知られるようになるとしている。

具体的に「盲人の探り杖」を例に述べる（図 5-12)。探り杖を用いるとき，だれでも始め杖から指や手のひらに衝撃を感じるが，われわれが探り杖を使うことになれてくるにつれて，杖が手に与える衝撃についてわれわれが持つ感知は，われわれが突ついている物体が杖と接する点についての感覚へと次第に変化していく。これは「意味を持たない感覚が解釈の努力によって意味のある感覚へと変化する過程」であり，また「その意味のある感覚がもとの感覚から離れたところに定位される過程」(手から杖の先への定位）でもある。

人間－道具－対象を繋ぐ２種類の界面ならびに盲人の探り杖の例との関係において，レンズモデル分析との関係をまとめておく。明らかなように，第二の界面や杖で突ついている物体が遠隔的項目（基準）であり，第一の界面や杖から受ける指や手のひらへの衝撃が近接的項目（手掛かり）に対応する。ユーザビリティの悪い製品の利用状況，あるいは探り杖の使い始めに体験する感覚というものは，自身の判断と手掛かりの間の手掛かり利用と現実の生態学的妥当性が未だ適合していない（レンズモデル分析での各種の一致度の指標が低く抑えられている）状況を表す。しかしながら遠隔的項目からの間欠的なフィードバックを得ることで，両者の乖離は徐々に埋められる。そしてこれらが真の一致を見るに至るまでの過程は，当初はそれ自身判断主体にとって意味を持たなかった近接的項目が，判断主体の解釈の努力によって意味のある感覚へと変化した過程であり，その意味のある感覚が元の感覚から離れたところに定位された過程として見ることができる。人間と作業対象の間に介在するインタフェースや道具の存在を意識することなく，むしろこれらが人間の身体の一部と化すことで身体境界を拡大し，遠隔の対象物の側に感覚が定位された状況である。逆にレンズモデル分析によって，人間の能動的な参加と身体的インタラクションを経て，当初の感覚の対象となっていた近接的諸細目の集合から遠隔的項目としての上位の意味が創発するプロセスの進行を定量的に追跡することが可能になる。

6
エコロジカル・エキスパート・モデル

生態心理学では，上述のような「実践における認知」の中に占める「行為」の位置づけに着目する。通常，認識は行為に先立つものと考えられがちではあるが，熟練者の振舞いにはその逆，すなわち認識を促すための行為が屡々認められる。“Epistemic Action”（探索的行為）と呼ばれるこの種の行為は，自らの認知負荷を軽減し周囲の世界を構造化するのに役立つもので，作業環境と動的に相互作用する際には無意識にとられているものの，これにより見えていない（隠されている）環境中の制約を顕在化させることができる[17]。たとえば，プレゼントとして箱が手渡されたときに，見た目の大きさや手にかかる重さなど受動的に取得可能な情報のみからではその中身が特定できないとき，その不確実性を補うためにとられる（箱を）「振ってみる」という能動的な働き掛けの行為がこれに相当する。実際，熟練技能の実践を観察してみると，人間と人工物環境との間で行われるインタラクションが可能にする熟練者固有の実践的な「認知」のスタイルがある。熟練者は自らが判断しなければならないすべての事項を頭の中に描き切っているわけではなく，ましてやすべてが頭の中の記憶を頼りにそれらが呼びだされ逐次実行されているようなスタイルでもない。むしろこれらの「熟慮」を要することがないように，自らにとっての外的作業環境に対して巧く認知を分散させることで判断や記憶の助けとしている。それには自ら行為を起こしその応答を見ることで，直接は観測できない隠された変数を間接的に揺り動かし，この変化と相関の高い観測できる変数を的確に発見できる巧みさを有している。

探索的行為はプラン遂行のための行為のように，状態を目標状態に近づける操作子（オペレータ）としての行為ではなく，行為者自らが作業対象に働き掛ける物理的かつ身体的な行為を指すのであるが，これは本来の目標遂行のための行為（pragmatic action）とは区別されるべき行為であって，自らがより速く，かつより信頼性高く計算できるようにメンタルな状態空間の構成を能動的に変更するためにとられている行為である。熟練者になるほど，このような行為を作業対象に向けて作用させることが顕著に観測される。心的計算に必要となる記憶や計算ステップの負荷を，行為者の頭の中から外部環境の側に分散させるとともに，隠ぺいされていて受動的には利用可能でない情報を，自らの主体的な物理的行為を通して顕在化するための行為である。

熟練した料理人は，注文を受けた各料理の段取りや調理の各工程における調理加減（焼き具合など）の見方など，調理中はこれらに対する「熟慮」を要することがないように，自らにとっての外的作業環境に対して巧く認知を分散させることで記憶の助けとしている。たとえば，注文が入ると同時に並べられた皿や調理道具の種類や順番は，その後の料理人の調理スケジュールを決めていくうえで重要な参照手掛かりとなる。A. Kirlikはこのことをステーキ焼き調理人を被験者として見立てた簡単なシミュレータを構成し，熟練レベルの異なる調理人の調理戦略の違いについて論じている[18]。ここでの調理人のタスクは，客の到来とともに非同期に次々に入ってくるステーキの注文に対して，その注文された焼き加減（レア，ミディアム，ウェルダン）のとおりにグリルの上でステーキを焼き上げるというものである。図5-13（a）に示すように，第一の戦略は，注文と同時にグリル上に生肉をランダムに置き，それぞれの肉の焼き加減をモニタリングしながら焼き上げるやり方である。調理人にとって，直接観察できる手掛かりは，肉の表側の色の変わり具合や焼ける音などで，これらを手掛かりとして，直接は観測できない肉全体の焼き上がり加減（鉄板に接している肉の裏側）を推測しなければならない。この戦略の下では，個々の肉の焼け具合を逐一チェックし，複数の注文に対するステーキの各々がいずれの焼き加減で仕上げなければならないかについても調理人の頭の中に記憶しておかなければならない。同図（b）に示す第二の戦略は，焼き加減の注文ごとにグリルを三つの領域に分けておき，各々決められた領域内で注文のステーキを焼き上げるものである。この戦略の下では，いずれの肉がどの焼き加減の注文であったかは，その置かれた場所を参照すれば明らかである。しかし，各領域内での焼き上がり加減のモニタリングには，注文に応じて焼き始めるタイミングが肉によって異なることから，依然多大な認知負荷を要する。これに対して同図（c）の第三の戦略は，グリル上で肉を焼き始めると同時に，ある一定速度で調理中の肉を平行移動させるという調理者の能動的な働きかけを伴う調理戦略である。生肉を置く初期位置は，焼き加減の注文ごとにグリル奥行方向（y 方向）に位置をずらせて決めておき，そのあとは，ある一定速度でグリルの水平方向（x 方向）に一定時間ごとに裏表をひっくり返しながら移動させて調理するもので，肉がグリルの端まで移動してきた時点で注文された焼き加減どおりのでき上がりとなり，かつグリルの奥行き方向の配置からいずれの焼き加減の注文であったかを参照できる。この場合，いずれの肉がどの焼き加減の注文であったか，ならびに各肉の焼き上がり具合，の両者ともグリル上の位置情報に分散記憶されており，調理人の頭の中に記憶しなければならない負荷は，前二者の戦略に比べて格段に低

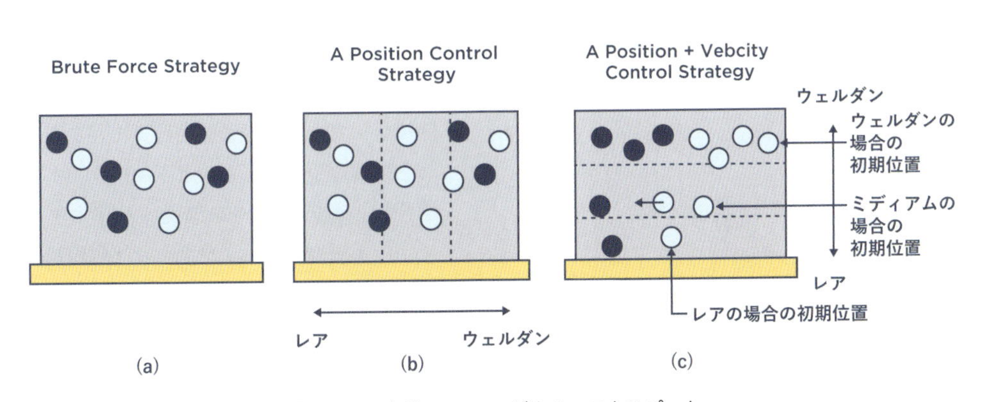

図 5-13　Kirlik のエコロジカル・エキスパート

減されたものとなる。A. Kirlik はこのことを相対エントロピーの概念を用いて数学的に定式化しており，対象に平行移動という働き掛けの作用を加えることで，一見調理の操作自身には複雑さが増加するものの，多様性を意図的に産み出すことで認知負荷の軽減に結びつくことを説明づけている。

人間と環境のインタラクション分析において，前掲のレンズモデル分析では事前に与えられた環境に対する主体の判断をモデリングしているにすぎず，新たな情報を得るための環境への積極的な関与を扱うことができない。A. Kirlik は，近接/遠隔の構造を行為に対しても適用することで従来のモデルを拡張し，環境変数を図 5-14 に示されるような四つの定性的に異なるタイプに分類する**一般化レンズモデル**を提案している。このモデルにおける環境変数の分類は次のように定義される。

- ［PP, PA］：状態を直接知覚も直接操作もできる．
  (i.e., proximal for perception and action)
- ［PP, DA］：状態を直接知覚できるが直接操作はできない．
  (i.e., proximal for perception but distal for action)
- ［DP, PA］：状態を直接操作できるが直接知覚できない．
  (i.e., proximal for action but distal for perception)
- ［DP, DA］：状態を直接知覚も直接操作もできない．
  (i.e., distal for perception and action)

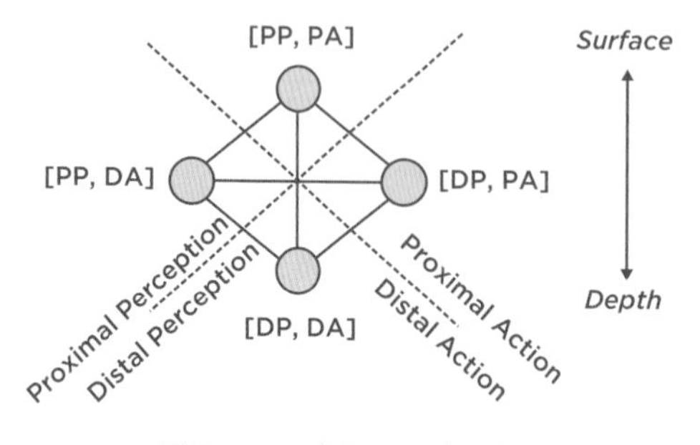

図 5-14　一般化レンズモデル

この分類を前掲のステーキ焼きの作業を例に考える。まず肉のグリル上での 2 次元での位置を表す変数 Meat(x, y) は，この位置を調理人が知覚できるし，その位置を移動させることもできることから［PP, PA］に該当する。次に，調理中の肉の表側の焼き加減状態を表す変数 Meat(D_{top}) は，調理人にとって知覚はできるが直接は焼き加減を変化させることはできないので［PP, DA］に該当する。また調理中の肉の裏側が注文された焼き加減に対してどこまで焼き上がっているかを表す変数 Meat(D_{bot}, D_{req}) は，直接知覚できずかつ直接操作することはできないことから［DP, DA］に該当する。［DP, PA］については前掲の設定では該当する変数はないが，たとえばグリルの火加減調節による肉の裏側の焼き加減 Heat (D_{bot}) という変数を想定すれば，直接は操作可能であるが知覚できない変数に該当することになる。

以上の分析から導出される知見としては，

・熟練シェフは作業環境中の表層変数（surface variables）に対して，あえて付加的なゆらぎを加えることで，対象の深層変数（deep variables）の顕在化の情報源として活用している。
・熟練シェフは，そのままでは見えざる内在化された調理過程（肉がどのように焼き上がるかの過程）の動的モデルを環境に外在化することで，作業場とのインタラクション戦略に転換することができる。

を挙げることができる。より一般的には，デザイナの与える作業場は未だ不完全な部分的なものであり，これを完成させるのは調理人であるが，このためにはデザイナにより提供される部分が調理人により再構成可能な余地を残した柔軟なものでなければならないことを示唆する。

一般に，熟達者はトップダウン的に先を見通してその見通しとの関係で行動していると考えられがちだが，熟達者のインタビューによれば，実際はボトムアップ的であり多分に即興的である。初心者（未熟練者）は，将来のあるべき姿を思い描きそれに対して今何をすべきかを考えるが，熟達者は，「いま」「ここ」にあるものを見て問題を解決している[19]。すなわち一番大きな違いは，熟練者は常に変化を捉えながら対応しており，それによって「環境からの支援と制約」をうまく活用している。制約とは，外的要因から与えられる支援が，ある一定の範囲のことだけを選択的にできやすくするという形で行為者の認知活動を支えるという性質である。初心者は世界が固定していて，常に最終的なゴールとの関係で作業を行うのに対し，熟達した人間は作業を進める各段階での完成があり，段階ごとに自身の能力を拡げていき，そのなかに次の段階を取り込んでいく。熟練者の技能とは，開かれた系の中でそのつど立ち現れる行為であり，それは自身以外の他者や利用可能な道具との相互交渉や分業の所産といった精緻な活動に支えられている。対象を意のままに操ることのできる「制御者」としての巧みさと言うよりは，むしろ，自身の置かれた作業環境との「対話」とも呼べる能力であり，環境内の制約を自らの判断の支援となるように転換できる能力が高技能者に固有な特徴である。以下は NHK の番組において紹介されたスーパー職人と称せられる技能者の口から出た表現である（図 5-15）。

(a)きさげ作業（へら絞り）

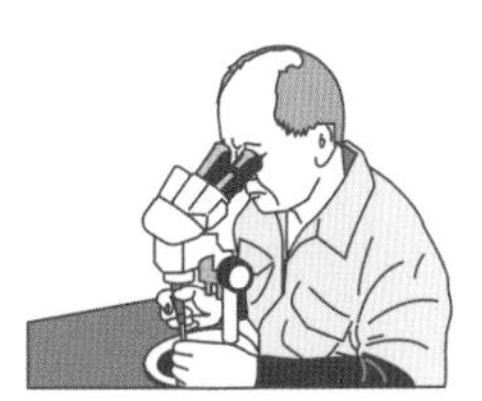

(b)金型の磨き作業

図 5-15　スーパー職人による熟練技能の例

旋盤加工

「どれくらいの力で押せというのは言葉では書けないです。実際にやってみて，これでいってみようか。これではいかんのか。そやったらここでもうちょっと押し込めや，てな感じですわ。つまり，からだで覚えなさい，やってみて覚えなさい，っていうことになるんですわ。」

金型磨き

「声は出さんけど，こういう仕事と私，会話しもってやってますねん。というのは，こういうとこやるのに何が必要か，そのための工具を選定せんといけません。そうすると，何でやろう，こうしてやろうか，ワシもそう思う，ちょっとやってみようか，やってみて，もしも工具の選定が間違っていれば，こっち（＝道具）がきっちり答出してくれるんです。これではちょっといかんで，他のやり方でやろかて，きっちりこっち（＝道具）が言うてくれるんです。それでやり方変えるんです。」

へら絞り

「へらを板に当てるときの音や反発力などわずかの違いを感じ取り，微妙に加減しながら絞りますね。金属の板によって伝わり方が微妙に変わってきますからね。絞っている感触でもって，へらが自分の方へとここがついてるよって教えてくれるんですよね。まあ，あえて表現するなら振動でしょうね。」

演習問題

（問 1） 自動運転技術の実装段階では，完全自動運転の前段階として，人間ドライバと自動運転技術が協調して運転することが求められる。このとき，自動化技術には，当該運転作業の実行のみならず，ドライバの状態や交通状況に合わせて，ドライバをサポートする際の自動化のレベルを判断できる能力が求められる。このための判断の「合理性」をどのようにデザインすべきかについて考えよ。

（問 2） 人が行う食品缶詰めの検品の手法の 1 つとして，打検検査がある。打検とは，缶・瓶詰の蓋または底を，打検棒といわれる先に小さな球がついた棒で叩き，打音と手に伝わる振動で，良品と不良品（膨張・モレ・濁音・過量・計量等）を判別する。この作業について，本章で述べたレンズモデルで解析する場合に，近接項目，遠隔項目，判断，基準のそれぞれがどのようなものに対応するかについて述べよ。また，レンズモデルを用いて打検検査における作業者の技能レベルの定量化を行うための手法について考えよ。

（問 3） 次のような遠隔操縦ロボットシステムを考える。ロボットは直進速度と回転速度を調整可能で，遠隔操作者は遠隔から，直進速度と回転速度の指示のほかに，ロボットに搭載されたカメラの水平方向，垂直方向，ズームイン / ズームアウトを指示できる。遠隔操作者はロボットから送られてくるカメラ映像を手元のディスプレイでモニタリングでき，また操作系としてジョイスティックが装備されていて，前後左右にジョイスティックを倒すことと左右にねじることで入力を与え，それぞれの入力量が変換されて，ロボットの直進速度と回転速度，さらにロボットに搭載されたカメラの水平方向，垂直方向，ズームの操作系に連動している。遠隔操作者はディスプレィのカメラ映像を見てロボットを操縦することが求められ，肉眼でロボットの作業環境並びにロボットの状態を見ることはできないとする。この作業について，本章で述べた一般化レンズモデルに基づいて，［PP, PA］，［PP, DA］，［DP, PA］，［DP, DA］の各変数がどのような物理量に対応するかを考えよ。

参考文献

[1] Simon, H. A.: A behavioral model of rational choice. *Quarterly Journal of Economics,* 69, pp.99-118, 1955.

[2] Breese, J. S., Fehling, M. R.: Control of problem-solving: Principles and architecture. In Shachter, R. D., Levitt, T., Kanal, L., and Lemmer. J. (eds.), *Uncertainty in Artificial Intelligence 4.* Elsevier, 1990.

[3] Good, I.J.: Twenty-seven principles of rationality. In Godambe, V.P. and Sprott, D.A. (eds.), *Foundations of Statistical Inference*, pp.108-141, 1971.

[4] Simon, H.: From substantive to procedural rationality, In Latsis (ed.), *Method and Appraisal in Economics*, pp.129-148, Cambridge University Press, 1976.

[5] Dreyfus, H. L., Dreyfus, S. E.: *Mind over Machine: the power of human intuition and expertise in the age of the computer*, Basil Blackwell, 1986.

[6] Russell, S. J., Wefald, E.: *Do the right things: Studies in Limited Rationality*, MIT Press, 1991.

[7] Etzioni, O.: Tractable Decision-Analytic Control, in Brachman, R.J. et al. (eds.), *Proc. of the First Int. Conf. on Principles of Knowledge Representation and Reasoning,* Morgan-Kaufmann, pp.114-125, 1989.

[8] Brooks, R. A.: Robust Layered Control System for a Mobile Robot, *IEEE Journal of Robotics and Automation*, 2 (1), pp.14-23, 1986.

[9] Fehling, M.R., Breese, J.S.: A Computational Model for Decision-Theoretic Control of Problem Solving under Uncertainty, *Rockwell Int. Sci. Ctr.*, TM-837-88-5, 1988.

[10] Flach, J. et al (eds.): *Global Perspectives on the Ecology of Human–Machine Systems*, L. Erlbaum Associates, Publishers, 1995.

[11] Hancock, P. et al. (eds.): *Local Applications of the Ecological Approach to Human–Machine Systems*, L. Erlbaum Associates, Publishers, 1995.

[12] Gibson, J.J.: The Ecological Approach to Visual Perception, Houghton Mifflin Comp., 1979.（古崎 敬（訳）：『生態学的視覚論』，サイエンス社，1986.）

[13] Flach, J.（私信）

[14] ユキュスキュル，クリサート（著），日高敏隆，野田保之（訳）：『生物から見た世界』，思索社，1973.

[15] Brunswik, E.: Representative Design and Probabilistic Theory in A Functional Psychology, *Psychological Review*, **62**(3), pp.193-217, 1955.

[16] M. ポラニー（著），佐藤敬三（訳）：『暗黙知の次元：言語から非言語へ』，紀伊国屋書店，1980.

[17] Kirsh, D.: The Intelligent Use of Space, *Artificial Intelligence*, **73**, pp.31-68, 1995.

[18] Kirlik, A.: The Ecological Expert: Acting to Create Information to Guide Action, *Proc. of Fourth Symposium on Human Interaction with Complex Systems*, IEEE Computer Society, 1998.

[19] 野村幸正（編著）：『行為の心理学：認識の理論―行為の理論』，関西大学出版，2002.

CHAPTER

6

インタフェースのデザイン論

ユーザと人工物をつなぐインタフェースに求められる機能は，目的を達成するために両者をうまく協働させる仕組みを提供することである。情報技術に基づくインタフェースシステムの導入目的は，提示情報に対する人間の翻訳作業を排除できる表示系を選択することであり，このためのインタフェースは，環境からの支援と制約を「見える化」することでユーザに自然で直感的なインタラクションを継続的に生み出させるものでなければならない。本章ではこのようなインタフェースのデザイン論としてエコロジカル・アプローチと分散認知の概念を紹介し，この概念に沿った表示系のデザイン手法について講述する。

（椹木 哲夫）

1

Rasmussenの情報処理モデル

J. Rasmussenは，プラントなど複雑大規模な対象に対するオペレータの情報処理モデルとして図6-1に示すようなスキル（skill）・ルール（rule）・知識（knowledge）からなるモデルを提案している[1]。スキルベースは，いわゆるサーボ機構的な連続的で定型化した知覚－動作のループであり，ルールベースはif-then形式のパターン照合により発火するアルゴリズムを基本とするループ，さらに知識ベースは計画・決定・目標の創出や状況の評価を含むループである。

さらに制御対象から得られる情報は，上記のいずれのレベルにおいて処理されるかによって，オペレータには各々，シグナル，サイン，シンボル，と知覚し分けられ，それぞれ異なる参照のされ方となる。

まず，スキルベースのレベルにおける知覚運動系は，環境の中で身体を操ったり，時間空間領域で外的対象を操作したりするといった身体的活動を同期させる多変量の連続制御システムとして働く。ここでの制御に用いられる感覚情報は時空間

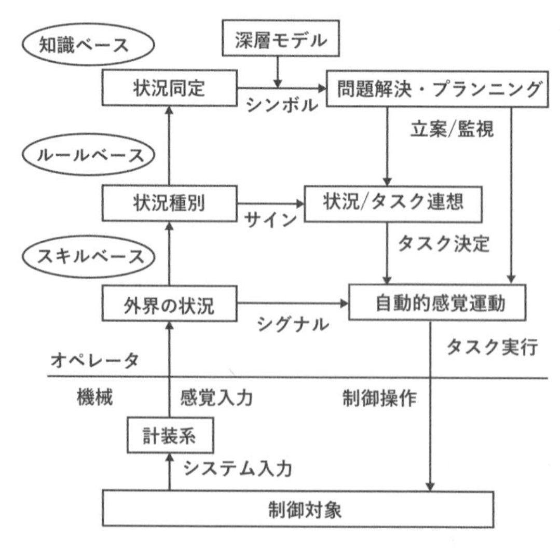

図6-1　J. RasmussenのSRKモデル

的シグナルとして知覚され，直接的な物理的時空間データとしてのみ意味を持つ。つぎに時空間的制御には直接的に関与はしないが，オペレータの行動ルーチンを活性化させる手掛かりあるいはサインとして働く情報がある。知覚情報があらかじめ決定されている動作や操作を活性化したり，修正したりする役割を果たす場合で，このとき情報はサインとなる。習慣や先行経験によって対応づけられた状況とか適切な行動を指すもので，概念そのものを指したり環境の機能的特性を表すものではない。熟達したサブルーチンの流れを制御するルールの選択や修正に対してのみ用いることができ，機能面の推論や新たなルールの生成，未知の障害に対する環境の反応の予測などには用いることができない。サインが環境の状態や環境への働きかけに対する外的な指示物を持つのに対して，シンボルは内的な概念的表象を意味する。サインは物理的世界の一部であり，シンボルは意味の認識世界の一部である。

情報がシグナル，サイン，あるいは，シンボルとして知覚されるかどうかは一般的に情報の提示形態には依存せず，むしろ情報が知覚される文脈，つまり知覚者の意図と期待に依存する。

図 6-2 に，スキル（skill）・ルール（rule）・知識（knowledge）の違いについて例示する。

以上のような，シグナル，サイン，シンボルの識別は，人間が抽出した情報の解釈についてのみならず，人間の行動に関しても同じ分類を当て嵌めることができる。人間と機械のかかわりにおいては，人間から機械への情報の伝達は一般的にシステムに対する作用という形態で行われる。このような作用としては，機械の状態の意図した変化に直接かかわるものであり（proximal action），物を動かしたり組み立てたりという場合がこれに当たる。別の場合には，運動そのものは単に間接的にかかわるだけで，意図した変化をもたらすためにシステムがその運動や適用された力を増幅する場合で（distal action），道具を用いる場合がこれに当たる。いずれの場合も人間が対象に対して行う作用は，時空間的な制御ループにおける連続的なシグナルとして働く。人間の身体はこのループの一部として統合されている。一方，手を使った行為や手の運動そのものが，環境における意図した変化を直接的に起こすのではなく，単なるサインとして働くということがある。このようなサインは，約束事や設計によって，環境においてあらかじめ決定されている因果の連鎖を触発する役割を担う。航空機の場合には，自動操縦装置のスイッチを入れる行為などがこれに該当する。さらに，シンボルとしての行為も考えられる。その行為や物理的事象そのものの意味が問われるのではなく，そのような行為を起こす背景の概念的なレベルでの行為意図の意味のレベルで言及される場合である。インタフェース技術の現状から人間と機械の関係を見る場合に，人間が対象に対して許容されている行為は，決定されている因果の連鎖を発火させるサインのレベルまでで，シンボリックなプロセスに参画するようなインタラクションが実現されているとは言い難い。メッセージの意

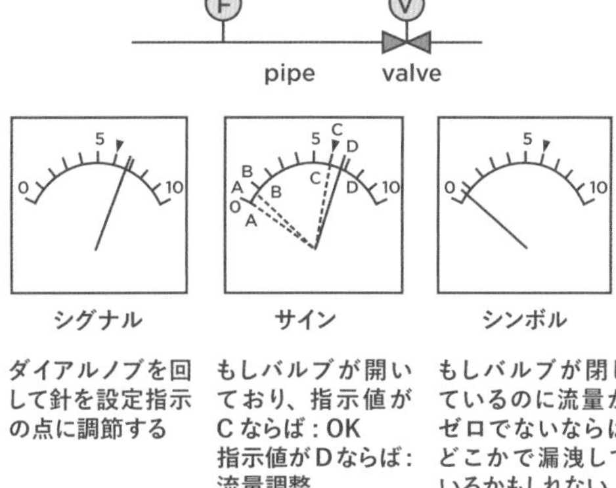

図 6-2　SRK モデルの説明

味を理解するシステム，つまりルールではなく概念的なモデルとゴールの制御下で動く知的なシステムだけが，入力行為をシンボルとして解釈し得る。

スキルベースで必要な運動が時空間的なシグナルの感知に基づいて制御される場合以外に，間接操作は，対象物の操作や変換のために機械的な道具が利用されるときに現出する。たとえば遠隔操作の場合には，作業現場と制御担当者の間を結ぶ情報伝達手段を導入する必要がある。この情報経路が，作業者（オペレータ）の感覚経路の延長（身体の拡張）として働く場合には，遠隔作業の現場におけるインタフェース部に注意と意図を集中させることができる。前節の図 5-12 で示した Polanyi の探り杖の例で，注意の向く対象が，杖を操る手元から環境と接する杖の先に定位することに相当する。しかし現実には，操作経路はアナログシグナルを伝達せずに，抽象的なコードに符号化され，人間が時空間的シグナルのループを維持するのは困難となる。この場合オペレータには，読み取ったものをシンボルに，意図を行動に翻訳するための負荷と，知識ベース領域内での機能面での推論を行う負荷を時分割で処理することを余儀なくされる。情報技術に基づくインタフェースシステムの導入に際しては，このような人間の翻訳作業を排除して，大容量の感覚運動を中心課題そのものに適用させられるように，符号系（あるいは広義の記号系）をデザインしなければならない。このことを図 6-3 で示す靴紐を遠隔操作で結ぶための仮想的なシステムを例に説明する。この図は，次節で述べる生態学的インタフェースの概念を提唱した K. J. Vicente がその論文の中で説明用に挿入した図である[18]。ここでは，オペレータがマニピュレータの遠隔操作によって自身が履いている靴の紐を結ぶ作業を想定したもので，オペレータにはマニピュレータの操作は図示されているようなインタフェース上のボタン操作で行われ，さらにどのように作業が進行しているかについても直接その様子を観察できるわけではなく，マニピュレータを通して計測される各種の物理変数の値がインタフェース上に配置された計装系で表示されるものとする。オペレータにとっては，自身で直接紐を操れる場合には何の問題も感じずに実行できる作業であるが，ここではオペレータと遠隔作業現場との間に情報経路やマニピュレータの操作系にも自動制御系が介在することになり，人間が通常の靴紐を結ぶ際に経験している時空間的シグナルのループを維持しながら作業することはきわめて困難となる。オペレータはインタフェース上に提示されるデータからマニピュレータによる紐結びの状態を推測しなければならず，一方，紐をどう操るべきかの操作意図が思い浮かんでも，それを実行に移すためにマニピュレータ操作コマンドに変換して指示を出さなければならない。本来の作業遂行時の注意を向けるべき対象はマニピュレータと靴紐のインタラクションの場であるはずが，オペレータの注意の大部分はインタフェース上の提示情報と操作入力に注力を余儀なくされることになる。

このことは少なくとも二つの条件の成立を要請する。一つはインタフェース上の情報提示が，制御すべき内部機能に直接関係したシンボルに基づいていなければならないこと，いま一つはシンボ

図 6-3　靴紐結びの遠隔操作システム（仮想例）
（[18] p.214 の図 2 より著者により改編）

ル的表象の時空間的構成を直接操作できるように
シンボルや構造を選ばなければならないこと，の
2点である。以下では，このような考え方に基づ
くインタフェースのデザイン論について述べる。

2
生態学的インタフェースデザイン

前掲の J. Flach は，航空機の着陸時のパイロットの操作を支援するためのインタフェースを例に，生態学的インタフェースの概念を説明している[2,19]。

図 6-4（a）に示すように，空港への着陸時に滑走路に向かってアプローチする際のパイロットの操縦タスクを考える。空港には，計器着陸装置（Instrument Landing System：ILS）が備わっており，着陸進入する航空機に対して，空港付近の地上施設から指向性誘導電波を発射し，視界が悪いときでも安全に滑走路上まで誘導する計器進入システムが導入されている。航空機に対し，その着陸降下直前または着陸降下中に，水平および垂直の誘導を与え，かつ，着陸基準点までの距離を示すことにより，着陸のための固定した進入の経路をパイロットに誘導するための無線航行方式である。パイロットは滑走路との左右のズレを示す「ローカライザー」，上下のズレを示す「グライドパス」，および滑走路との距離を示す「マーカービーコン」を常時参照しながら，提示されるコースと現在のフライト状態との差をなくすように，スロットル（車のアクセル機能に対応）や操縦桿，フラップ操作（車のブレーキ機能に対応）を適宜実施し，提示された正しい経路に沿っての進入が可能となる。気象条件によっては，風の外乱を受けコースから逸脱することが屡々起こるので，機体の飛行状態が誘導されているコースに対してどのような偏差があるかをモニタリングして，必要な操作を実施する必要がある。

このタスクを制御系のブロック線図で表現したものを，図 6-4（b）に示す。ここでパイロットの主たる役割は，目標値との偏差を的確に把握して，その偏差をなくすようにコントローラへの操作を実行することである。したがって，パイロットには，制御工学での比較器（コンパレータ）と制御器（コントローラ）を兼ねた機能を遂行することになるが，この際の表示系を生態学的インタフェースの概念に沿ってデザインしたものを図 6-4（c）～（e）に示す。

同図（c）の図中の「W」のシンボルは，操縦している自機の現在の姿勢を示しており，これが水平線を表すマーカに重なるように操縦できていれば，ILS の電波の道の上を飛んでいることになるが，ピッチ方向（機首の仰角）が上がりすぎていれば，「W」のシンボルは水平マーカの上方に表示され，逆に下がりすぎていれば下方に表示されることで，適正なピッチ角で飛行しているかどうかを認識できる。また機体のロール方向（機体の水平方向に対する左右への回転角）の姿勢については，水平マーカに対する「W」のシンボルの傾斜角から認識できる。さらに同図（d）に示すように「W」のシンボルから手前に「ハ」の字で広がる2本の線分がなす角度を，基準角度より閉じて表示することで，ILSの電波帯に乗らず上方にずれて飛行していることを表し，逆に，基準の角度より広げて表示することで，ILSの電波帯に乗らず下方にずれて飛行していることを表す。そして同図（e）に示すように電波帯との水平位置の関係として，電波帯よりも左方向にずれて飛行している場合には，「W」のシンボルが中央基準位置から左にずれた位置に表示され，逆に右方向にずれている場合には右にずれた位置に表示されることで，自機の水平方向についての認識が可能になる。速度については，上述の「ハ」の字で広がる2本の線分と交差する複数の線分が中央から手前に向けて流れるように表示されるが，その流れる速度が自機の現在の飛行速度に対応するように表示され，速度の加減速の操作のフィードバックを認識することができる。

以上のように，パイロットは，上述のようなシンボルの組合せで表示されるインタフェース上のシンボルをモニタリングすることで，自機の飛行状態と誘導されているコースとの偏差を的確に認識し，必要な修正操作を適宜実行することになる。また認識すべき遠隔変数が，簡易な幾何形状の組合せにより直感的に理解しやすい近接変数に

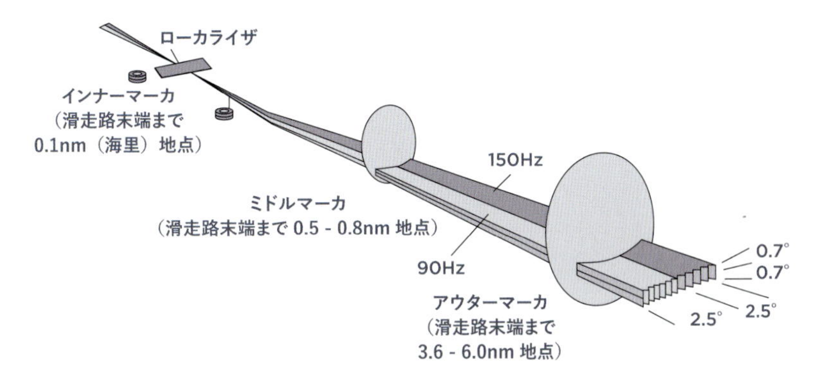

（a）　計器着陸装置（ILS）の設備

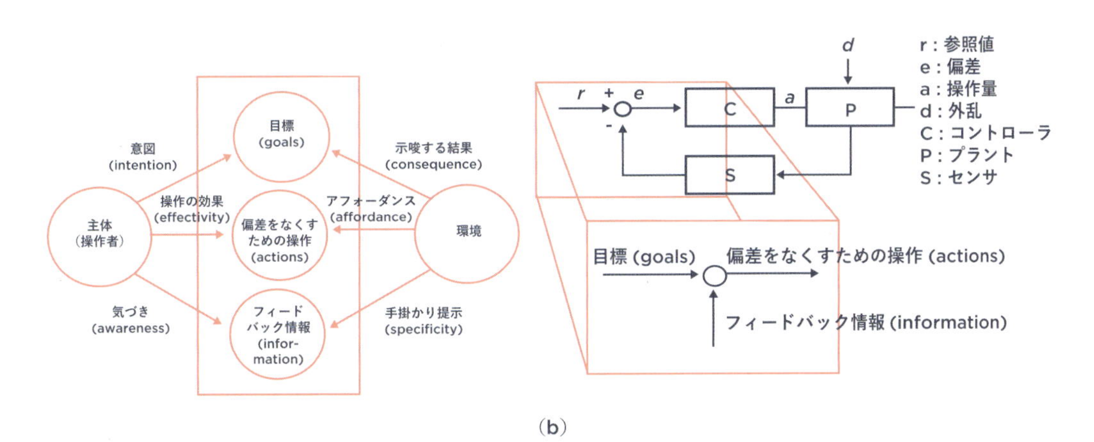

（b）

図 6-4　着陸時のパイロットの操縦タスク

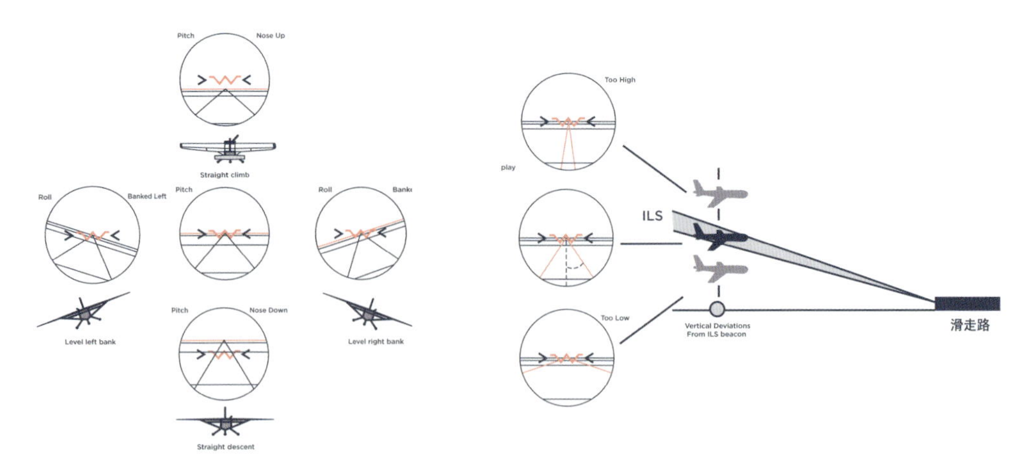

（c） 航空機の姿勢の表示

（d） ILS との相対的位置の表示（高度方向）

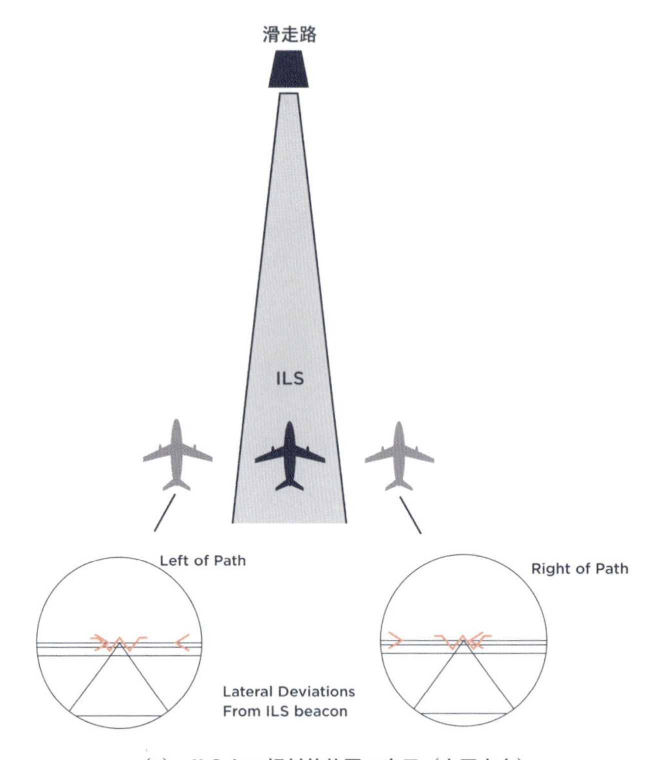

（e） ILS との相対的位置の表示（水平方向）

図 6-4

（f）Primary Flight Display への実用化（J. Flach 氏の許可を得て掲載）

図 6-4

変換されていることがわかる。実際にこのような表示系は，PFD（Primary Flight Display）に実用化がなされている（図 6-4（d））[19]。

生態学的インタフェースデザイン（Ecological Interface Design：EID）の概念はインタフェースをデザインする上での新しいアプローチであり，主に大規模複雑システムのインタフェース設計に焦点を当てたものである。生態学的なデザインにより，機械操作を行う際に作業環境における制約を，それを使う人々が知覚的に利用できるようなインタフェースを生み出すことを目的としている。インタフェース上に作業環境における依存関係を可視化することにより，ユーザは行った操作がどのように目的に向かって作用するのかを理解して，効果的な操作を行うことができる。このように使い方をいわば透明な状態とすることで，システム内部の関係のつながりがわかりやすく可視化され，ユーザはあたかも操作対象であるシステム自体を直接的に動かしているように感じることができる。これにより，非熟練者が熟練者と同等に高度な作業を行えることや，予想されていない出来事への対応力の向上が期待される。

K.J. Vicente and J. Rasmussen の提唱による生態学的インタフェースデザインでは，対象領域の物理プロセスにおけるプロセス変数間の依存関係と人間に対して表示されるオブジェクト部品間の幾何学的制約の間での**同型性**（isomorphic mapping）を活用することで，人間に対してデータフィールドからの能動的で選択的な関係生成を支援するための工夫が凝らされている[3]。制御対象における多自由度をそのまま操作インタフェースに伝達するのは得策ではなく，いかにして次元の漸次低減化を達成するかが鍵となる。対象世界での現象を支配している物理法則の理解や，それから制約を受けるところの安全境界の認識などに限定した情報のみを選別提示した操作環境のデザインが望まれる。

図 6-5 に生態学的インタフェースデザインのための手順を示す。まず対象に対する**作業領域分析**（Work Domain Analysis：WDA）を行う。そして作業領域分析を通して得られた知識に基づいて，必要となる情報変数や制限条件，制約関係，手段－目的関係などを抽出し，それらを視覚ディスプレイ上に呈示する。生態学的インタフェースのデザインビジョンは，「環境からの支援と制約」という表現に集約され，システムがその目的に対してどのように機能するか（あるいは，どのように機能すべきか）についての根拠となる制約の構造を可視化することで作業支援を目指すもので，以下のような手順になる。

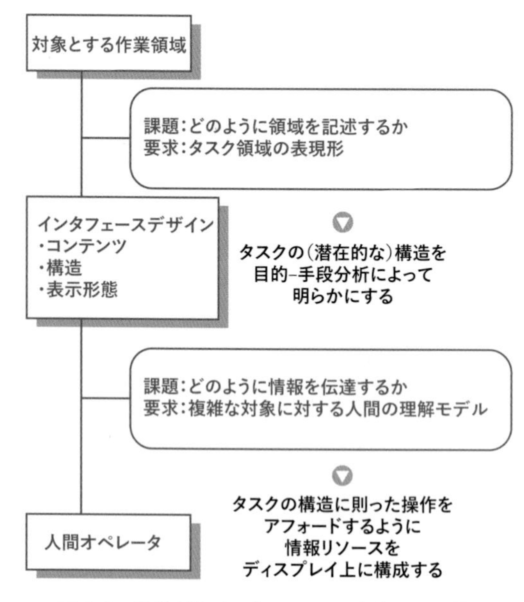

図 6-5　生態学的インタフェースデザインの手順

1. システムの機能構造を，抽象度の異なる目的－手段の階層関係と，局所的な機能がどのように組み合わされてより大局的な機能を実現しているかの部分－全体の階層関係の 2 軸で展開した Work Domain Model を導出し，その機能構造の中で潜在している制約（因果）関係を洗い出す。
2. 抽出された制約の構造をディスプレイ上の情報表現に対応づけ，これを制約構造と同型な幾何学的関係を満たすように配置する。
3. このように制約の構造を外在化することによって，直感的なインタラクションによってシステムをコントロールすることができる。

具体的手順の詳細については次章で説明するが，ここでは生態学的インタフェースの一例として，K.J. Vicente and J. Rasmussen による生態学的インタフェースの例を示す（図 6-6）。対象と

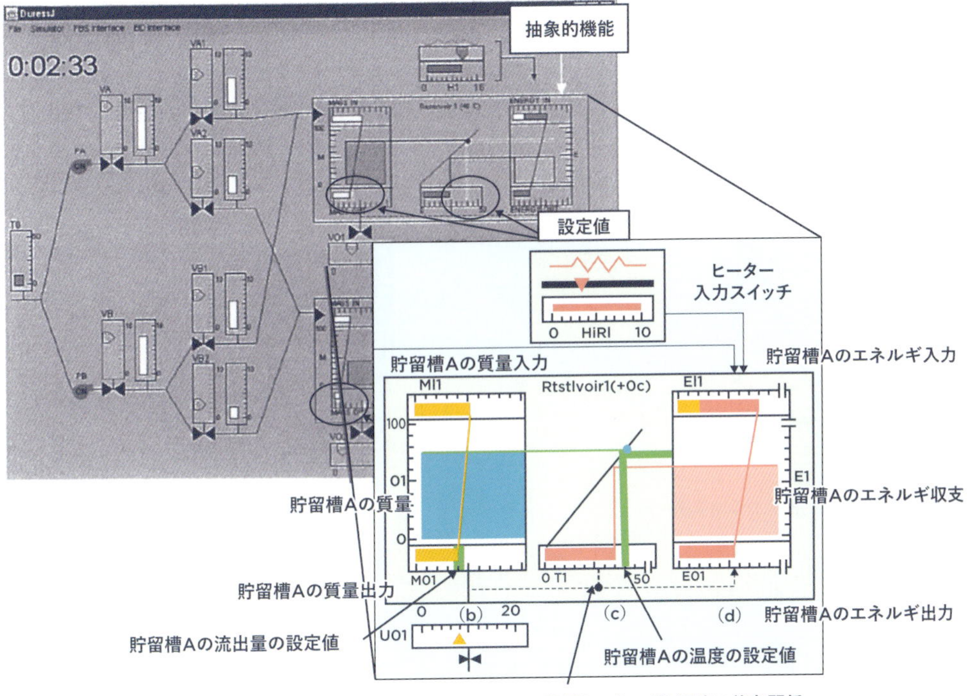

図 6-6　生態学的インタフェースの例

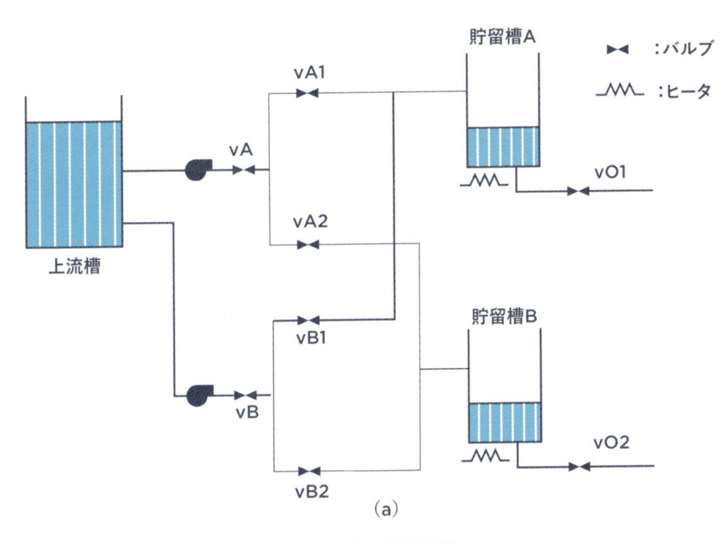

図 6-7　DURESS

質量バランスの表現（エネルギーバランスも同様）

1) 状態方程式

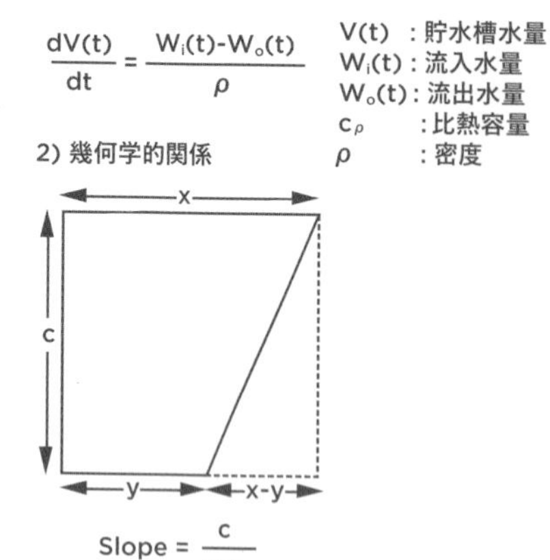

3) 物理量と幾何的関係の写像関係

$$\frac{dV(t)}{dt} = \frac{1}{slope}$$

$W_i(t) = x$

$W_o(t) = y$

$\rho = c$

現在の第 1 貯水槽への流入水量

MI1

この傾きが，現在の第 1 貯水槽の水量変化（質量バランス），を表す

現在の第 1 貯水槽の貯水量

100

V1

0

この矩形面積の変化で第 1 貯水槽の貯水量の増減を表す

MO1

現在の第 1 貯水槽からの流出量

要求される流出水量のレベル

(b)

図 6-7　DURESS

なるのは図 6-7（a）に示す DURESS（Dual Reservoir Simulation System）と呼ばれる仮想的温水供給システムで，上流タンクからの水流を高温と低温の 2 種類の貯留槽に分流させ，それぞれで高温と低温の設定温度にヒータで加熱して下流側に流し込むシステムである。ここでオペレータが操作するのは，2 種類の貯留槽での流入水量ならびに流出水量を出入口のバルブの開閉度により調節するとともに，両方の貯留槽の水温をヒータの調節により設定された水温に一定に維持することである。それぞれの貯留槽には水量計と水温計が設置されている。貯留槽の水量はそれぞれの出入口のバルブ操作で決まり，温度は貯留槽を流れる水量と貯留槽で供給されるヒータの熱量によって決まる。操作の目的は 2 種類の貯留槽の水量，水温，流出量を与えられた目標値の誤差の許容範囲内に一定時間保持することである。

このシステムの手段－目的次元に沿った機能的階層としては，まず機能的目的は二つの貯留槽から下流に流出する水量と水温を制御することであり，抽象的機能はそのための流入水量と流出水量の質量バランスと熱収支バランスを維持すること，さらに一般化機能としてはそれぞれの貯留槽での水流とヒータの間での熱交換の物理現象であり，物理的機能としては各部での水量や温度の変量の状態が，そして物理的形態としてはバルブ開閉やヒータ入力の装置が対応する。

生態学的インタフェースでは，直接知覚を可能にするように，制御対象で成り立つ制約をインタフェース上で提示される表象物の幾何学的特徴に変換する。たとえば，図 6-7（b）に示すように，貯留槽の質量バランスについては，台形状の幾何

熱収支の表現

1) 代数方程式

$$T_w(t) = \frac{E_{tot}(t)}{V(t)\rho C_p}$$

$V(t)$　：貯水槽水量
$T_w(t)$　：貯水槽温度
$E_{tot}(t)$：貯水槽の全エネルギー
c_p　　：比熱容量
ρ　　：密度

2) 幾何学的関係

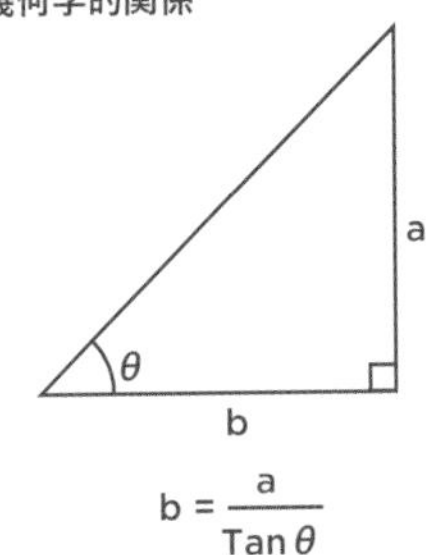

$$b = \frac{a}{\mathrm{Tan}\,\theta}$$

3) 物理量と幾何的関係の写像関係

$E_{tot}(t) = a$

$T_w(t) = b$

$V(t)\rho c_p = \mathrm{Tan}\,\theta$

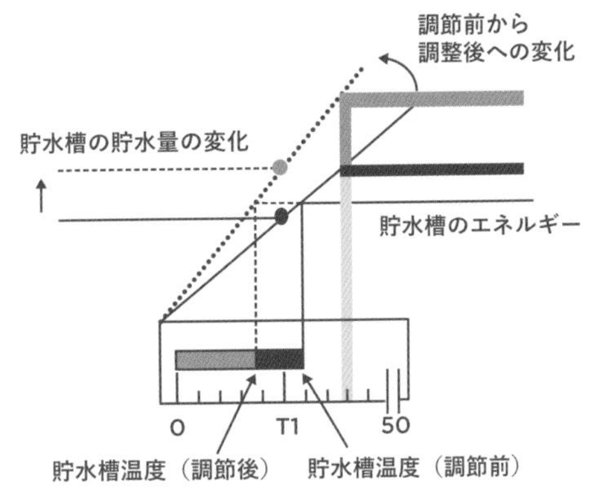

(c)

図 6-7　DURESS

学的特徴として，上辺に流入水量，底辺に流出水量を対応させることで，両端点を結ぶ線分の傾きが当該貯留槽の水量変化（質量バランス）を表し，この台形に重畳させた矩形面積（同図右図の網かけをした矩形）が貯留槽の水量を表すことになる。一方熱収支については，図 6-7（b）に示すように同様に流入熱量と流出熱量の差分として表し，槽内を流れる質量による熱交換とヒータの温度調節による投入熱量との間で保存則を満たすことから，温度と水量の関係は，図 6-7（c）に示す線分の傾きで表される。インタフェース上には，両貯水槽からの流出水量に対する目標値と，水温の目標値が表示され，これらの目標値に近づくようにオペレータはバルブの開閉度やヒータ入力を調整する。この例では，システムを制御監視する際に重要な変数となる深層変数を，幾何学形状の傾斜角度として「見える」化している点が特徴で，さらに他の変数群との間の依存関係をやはり幾何学的制約に写像して可視化することで，オペレータには個々の操作入力によって諸変量の状態変化にどのように連動するかの関係性を把握させることができる。

3
社会的分散認知

前節での生態学的インタフェースのデザインビジョンが，「環境からの支援と制約」という表現に集約されたように，人間の認知は頭の中にだけあるのではなく，環境に認知を分散させることで，環境からガイドされるコントロールの枠組みを作り上げている。頭の中にある知識の構成が，頭の外である社会的世界とどのようにかかわりあって相互の活動を限定しあっているのか，そしてさらに拡大するならば，複数の活動構造源が互いに相手の活動をどのように形づくっており，互いの関係の中でどのような適合が生み出されてそれぞれが効率化されているのか，などの問題を解明するべく進められているのが**分散認知**（distributed cognition）の研究である。ここでは認知がさまざまな人間，活動，場面，環境の多重のコンテクスト（文脈）下に埋め込まれ継ぎ目なく分散されており，社会的な世界も行為者により身体化されている点が強調される。

分散認知では，行為者と活動，そして活動の場面（状況）の相互関連が議論される。すなわち人の活動をドライブしているその場の活動構造源は，行為者の記憶の中にあるわけではなくその場面との関係から生み出される。J. Lave の挙げる例からこの関係を例証すると以下のようになる[4]。

スーパーでの食料品の買い物を考える（図6-8）。行為者は買い物客，場面はスーパーである。行為者は前もって自分が今日買おうと思っている物の「買い物リスト」を事前に（メモあるいは頭の中に）構造化された予期として持つ。一方，行為者にとっての外部環境としての「スーパー」は，秩序だって商品が配置されたいま一つのリスト（＝外部表象）として舞台を提供している。この場面から生み出される目に見える行動は，買い物客が売り場を通り抜ける道順である。J. Lave が唱えるのは，熟練した買い物客であれば，食料品の買い物とスーパーという場面とが織りなす弁証法的な関係（単に二者間に因果性が存在するのみならず，その構成要素が二つのものの相互の繋がりにおいてのみ生み出され，存在するようになったときに初めて成り立つ関係）の中で相互作用が繰り返し行われることで活動と場面との円滑な「適合」が生み出され，買い物活動が問題なく労せず展開されることを主張する。B. Conein and E. Jacopin は，J. Lave のモデルの「買い物リスト」「スーパー」に加え，「カート（買い物かご）の中の品物」をも併せた中での関係性を主張している[5]。この第三のリストは，自らによって進行中の過去の活動に対する内省を促すものとして位置づけられており，より大きな時間的文脈の中で上述のような関係生成が進行する点を強調

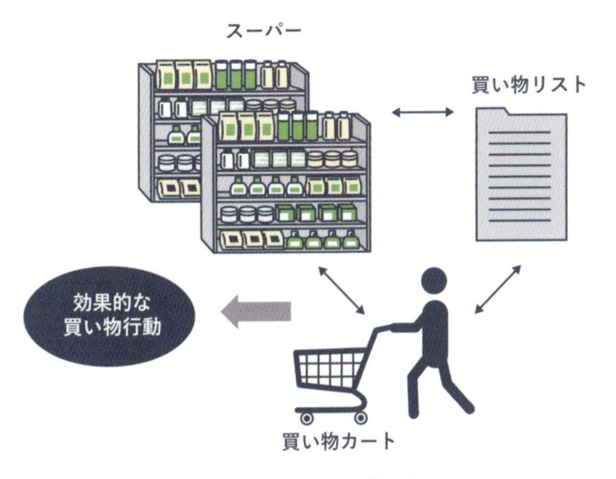

図 6-8　Lave の分散認知

している。

ここでの例題が興味深いのは，活動以前に存在している買い物リストとスーパー，そして活動を通して作り出されるカートの中の品物はすべて行為遂行者の買い物客にとっては，単なるシンボルあるいは手掛かり（cue）程度の，それ自身では意味を持たない人工的表象である。すなわち，このいずれもがそれ自体では行為者の行動を完全にコントロールする構造を持つわけではない。しかしこれらの間にいったん人間が介在すると，各々が相互に投影され合ってガイドし合うことで，その機能（すなわち効率的な買い物の道順をたどること）が「創発」する。この点はこれまでの人工知能研究でとられてきたアプローチと対比するとその特徴がより鮮明になる。プラン・スクリプトなど自然言語理解の分野で提唱されてきた枠組みは，行為者の行動をコントロールする処方箋的なものが行為に先立って存在しており，これが行動をコントロールしたり行動を理解するための前提とされてきた。これに対して実践での認知は，たとえ行為者がいつもの決まりきった仕事と名づけているようなものであっても，実は即興的な対応から成り立っており，多様性を作り出す機会に溢れたものであって，これらが偶発性を持って結びつき組織化されていく動的プロセスとして認知の仕組みを捉え直すものである。この点は前章末尾で述べたスーパー職人のインタビューの内容とも符合する。

J. Lave は以上のような複数の活動構造源が互いを形作る枠組みをさらに進めて，熟練者によって多面的に進行する複数の活動の間の関係性に拡張した議論を展開している。そして，一方の活動構造源がもう一方の活動の過程を形作ったり区切りを与えたりする点をフィールドスタディから確認している。ここで両者は互いの相手の在り方を形作るが，そこで及ぼしあう効果は決して対称的なものにはならず，また同じ活動であっても他のどのような活動と結びつくかによって違った成り立ちになり，違った適合の形態をとる点が報告されている。

J. Lave 以外にも，E. Hutchins は複数の人間による協調作業で複雑なテクノロジーの利用やそれへの依存が強い活動について，米海軍の軍艦における航行作業を対象に，人間活動の組織化におけるテクノロジーの占める役割を明らかにしている[6]。さらに L. Suchman は，航空会社の空港地上作業オペレーションを指揮するオペレーションルームでの協調作業を取り上げ，狭い空間の中で解決までの時間が重大な意味を持つような厳しい時間・空間の資源制約下において，状況依存的な活動がいかに成り立っているかについて検証している[7]。特に個人の注意を集中する先や，集中している先をいかに時々刻々とダイナミックに構成していけているのかについての役割分化と参加の構造について，また経験を積んだ同僚からの支援が新参者の熟練に果たす役割について明らかにしている。

4 社会性を重視したインタラクション設計

人間と自動化の協調というテーマは，これまで航空機や原子力発電プラントなど，ユーザが高度に訓練された特殊化された対象分野を中心に議論が進められてきた。しかしいまや自動化はさまざまな形でわれわれの日常生活の中にも入り込み始めてきており，急速に普及が進む自家用車の自動運転システムナビゲーションやパソコンでのオンラインヘルプ機能の諸形態，あるいは今後には仮想市場（バーチャルマート）においてエージェントが代行する電子商取引も人間 - 自動化が混在する典型例と言える。

このような一般人のユーザを相手にする場合のインタフェース設計については，インタフェース・エージェント（interface agent）と直接操作（direct manipulation）の両極にそのアプローチが分かれ，それぞれの長短について活発な論争が展開されてきた[8]。P. Maes らの提唱する前者の考え方は，ユーザの興味を知りユーザに代わって自律的に振る舞うことのできるエージェントを介してのインタフェース設計を論じる立場である[9]。ここでのエージェントは自動化ツールとしての役割とともに，ユーザとのインタラクションにおける社会性の実現も必須となる。これに対して B. Sheneiderman らが主張するのは，ユーザによる直接操作を可能にするような可視化技術や操作環境の設計に重きを置くもので，自動化による代行ではなくあくまでユーザを系に組み込んだままでの支援の在り方に固執するものである[10]。B. Sheneiderman は対話設計における 8 つの黄金律として，

- 一貫性を持たせる。
- 頻繁に使うユーザにはショートカットを用意する。
- 有益なフィードバックを提供する。
- 段階的な達成感を与える対話を実現する。
- エラーの処理を簡単にさせる。
- 逆操作を許す。
- 主体的な制御権を与える。
- 短期記憶領域の負担を少なくする。

を挙げている。ここでは人間の系への介在意識，すなわち自らが実行することの責任感や達成感をいかに維持するかを念頭に置いた設計によって，ユーザ能力の向上を支援することこそが重要であるとしている。

上述の論争の中庸をいく考え方として，エージェントによる自動化処理と直接操作を繋ぐ新たな**相互主導型インタラクション**（mixed-initiative interaction：MII）の概念が複数の研究者により提案されている。MII では，事前にエージェント

と人間の役割を固定せず，問題解決のための相互のインタラクションや交渉を通してその役割が適宜交替されるとする「対等なパートナーシップ」(equivalent partnership) の考え方を前提とする。現状での人間 - 機械協調系と称するものの多くは，人間によるコントロールに優位性を置いたり，あるいはシステムよるコントロールが設計者の手によって事前に埋め込まれていたりするものがほとんどであり，この点がMIIでは異なる。

MIIは人間同士の対話過程にその原型を見ることができ，インタラクションの開始時や話題転換時におけるターン・テイキング (turn-taking) の自律決定，対話文脈の理解，会話のグラウンディング (grounding in conversation)，の3要素が必須要件とされる。「会話のグラウンディング」とは，意図や行為の相互理解を可能にする信念の共有に基づいて会話そのものが自然に淀みなく継続されていく状態のことを言い，会話中の相手意図に関する不確実性や誤った理解の生起（あるいは予測）を契機として，その解消や修正のための行為を含め相互に有機的な結びつきを持って展開される共同作業性 (joint activity) の側面が特徴である[11]。図6-9にH. H. Clarkによる相互理解を可能にする会話のグラウンディングのモデルを示す[12]。

MIIにはいくつかのレベルが考えられる。第3章で述べたようにT. B. Sheridanは「自動化のレベル」として人間と自動化のかかわり方を分類しているが，両者のインタラクションを鳥瞰的に分類したものであることは拭えず，それに対してインタラクションの当事者の視点からの分類を与えているのが「MIIのレベル」と言える[13]。

1. Unsolicited reporting: エージェントは人間が主導権をとっている際には問題の発生を告げるのみ。
2. Subdialogue initiation: 不確実性を明らかにするために，エージェントの主導で人間との対話が始められ継続した後，明らかになった時点で人間に主導権を戻す。

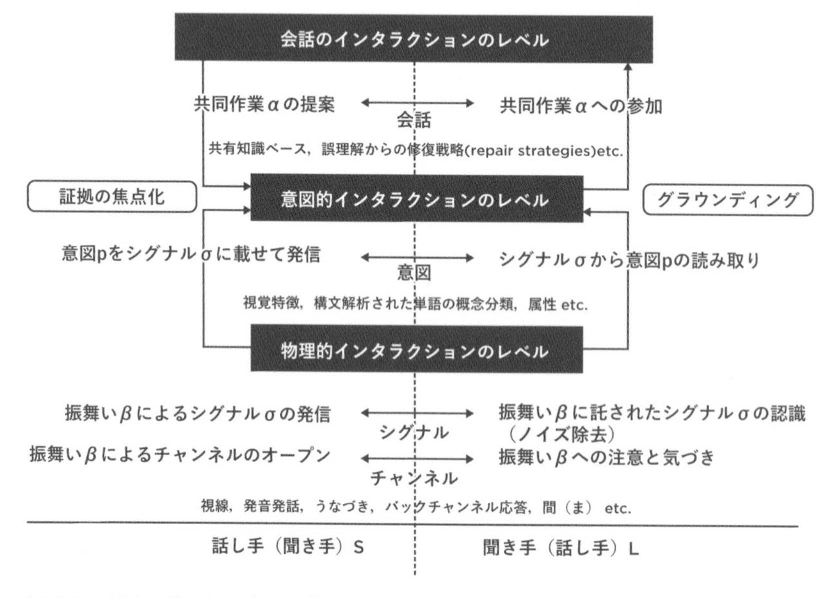

図6-9　会話のグラウンディングのための4レベルでの並列推論（[12]の内容より著者により改編）

3. Fixed subtask initiative: エージェントは事前に任されているタスクについては主導権をとり他者への指示や協力を仰ぎながら作業を進め，完結すれば再度主導権を人間に戻す。
4. Negotiated mixed initiative: いかなる責任や主導権の事前の割り当ては存在しない。エージェントは事態をモニターしながら自ら主導権をとるべきか否かの判断を，自身の能力・時間資源・他者との関係において決定する。

機械システムに信念の持ち方や多様で臨機応変な状況対応の能力を備えさせ，ユーザとなる人間との社会的なインタラクションを可能にするような人間機械系の設計論としては，shared autonomy（自律共有）の概念が提起されている[14]。人間と機械の役割分担を事前に固定せず，緊密なインタラクションの中から人間の主体性を引き出す点を特徴とするものであるが，常に固定的な刺激－応答系としては見なすことができない人間を内包した系の複雑性については，まだまだ解明されなければならない課題が多い。

一方，近年ペットロボットやヒューマノイド型ロボットの技術開発と相俟って，日常生活の場で人間と自然なインタラクションが要求されるソーシャルロボットやサービスロボットの研究が進められている。従来の人間とロボットの間でのインタラクション設計への試みは，主に両者が共有できる語彙（記号）を事前に定義しておき，その範囲内での指示や理解を目標とするものであった。そこでは人間からロボットに許される指示は形式的なコマンド指示の域を出るものではない。しかしコミュニケーションには，このような明示的なメッセージを「伝える」ことによるもの以外にも暗示的な身体的コミュニケーション，すなわち他者の振舞いの観察やその環境世界への影響を眺めることで間接的に「伝わる」コミュニケーションの形態がある。ここで両者の間に共有される「意味」は，決して事前に両者の了解事項として定義された内容のものではなく，個々の行動主体が自律的に自己の内部で生成するものである。

上述のような身体的コミュニケーションにおいては，受け手側の解釈の多義性ゆえに，その後のインタラクションの展開をより多様でドリフトするものに維持できる。人間がロボットの機械的振舞いをどのように解釈するかに依存して，また逆にロボットが人間の意図的振舞いをどのように解釈するかに依存して，その後のインタラクションが変容する。これがまさに社会的インタラクションを通じた文脈の共有による意味の伝授，いわば「グラウンドされたコミュニケーション」と呼ばれるものである。

従来のような人間の発する信号を指示コマンドとして読み取ってロボットが実行していくスタイルの自律共有は計算的コストがかかる。しかし上記のような社会的インタラクションを介した自律共有は，人間の能動的な意味づけへの参画という事象を巧みに利用することでコストをかけず，かつきわめて自然な協調の手段となりうる。しかもロボット単独あるいは人間単独では出てこないインタラクションのダイナミクスが創発する。

5

人間中心の情報の可視化：分散表現

Relational Information Displayの理論

Relational Information Display（以降，RIDと呼ぶ）の理論は，**分散表現**（distributed representation）の考え方に基づいて，タスク遂行において求められる情報の適した表示形式を特定するための分析の枠組を提供する。分散表現とは，認知主体が内部に記憶として保持する部分もあれば，ディスプレイ要素として知覚可能な形式で認知主体の外部に表現されている部分もあるという意味において，情報の表象が内外に分散していることを指す。そして，前者を内部表現（internal representation）と呼び，後者を外部表現（external representation）と呼ぶ。この観点から考えると，知覚者にとってより良い情報表現とは，内部表現という知覚者の内部リソースに頼らずに，求められる情報が過不足なく外部に表現されている，いわば「見ると正しくすべての情報が認識できる」状態である。RIDの理論ではこの考え方を，ディスプレイ表現とタスク構造の間の一つの写像原理（mapping principle）[1]として，表現分析の柱に据えている。

分散認知の観点に基づく表示系設計の考え方の要点は以下のとおりである。

1) 外部表現された次元と表現すべき次元の一致："Mapping Principle" for Relational Information Displays
   - 外部表現属性が表現すべき情報のそれより少ない場合には，認知主体内部でその欠落部分を補う必要がある。
   - 逆に，外部表現されている属性が表現すべき情報のそれより多い場合，認知主体は無関係な属性情報によって知覚誤謬を起こす危険がある。
   - 外部表現された次元と表現すべき次元の情報量が等しい（＝必要十分である）ことが望ましい。
2) 目的に適うリソースの配置：Relational Information Resources Model
   - システムの目的の理解
   - その目的に適う"インタラクション戦略"
   - その戦略に必要とされる"リソース"をどのようにして／どこに実装すべきかを決定

情報の「過不足のない外在化」のために考えて

おかなくてはならないのは，何を基準に情報の過不足を測るかである。このためにRIDの理論では，表現の次元（dimension）として尺度（scale）の理論を用いる。S.S. Stevensは測定[2]における尺度の分類として，名義（nominal scale），順序（ordinal scale），間隔（interval scale），比例（ratio scale）の尺度に分類し，この分類を公式特性（formal property）という観点から整理し直している[16]。公式特性とは，それぞれの尺度がどのような種別の情報を表現できるかを表すもので，この関係を表6-1に示す。まず等値性（カテゴリ）とは尺度で表現されたものが同じものであるか否かの同一性を区別できるという特性で，大小関係の特性はこの尺度で複数のものが表現された場合にその間の順序を区別できるが差や比には意味がないという特性である。さらに，大小関係に加えて間隔や差についての等値性が区別できる特性，そして比の等値性が区別できゼロに意味がある特性，の4種類の特性が定義できる。たとえば，表中の「電子ファイル」にかかわる尺度の例が示すように，いずれのアプリケーションソフトのファイルであるかを表すファイル形式の尺度は名義尺度でカテゴリの同一性を表現する。またファイルの重要性をアイコンの色の濃淡の違いでタグ付けするのは順序尺度であるが，同時に異なる濃淡が異なるファイルであることも表現しているので等値性（カテゴリ）の特性も継承する。そしてファイル作成時刻の尺度は，順序関係のみならずその差，すなわちどれだけの時間間隔が空いて作成されたものであるかを表現する間隔尺度であるが，同時に大小関係や等値性（カテゴリ）の特性も継承する。ファイルの容量を表す尺度は，容量についての比の等値性の特性を有する比例尺度でゼロ値（空ファイル）が意味をもつが，同時に上位の三つの特性も継承する。ここで外部表現された次元と表現すべき次元の一致，不一致の関係について考える。図6-10（a）に示すように，文字（形状の違い）でファイル容量のような比例尺度の特性を表現しようとすると，他のすべての特性を知覚者は内部の認知プロセスに頼って補う必要がある。逆に，同図（b）に示すように長さという比例の特性をもつ外部表現でファイル形式のような名義尺度の情報を表現する場合には，ファイル形式間に比例尺度の特性が存在するといった，本来の情報にはない意味を知覚者に読み取らせてしまう危険がある。そのため，同図（c）に示すように表現すべき次元が外部表現された次元と尺度成分として一致していることが，上述の写像原理を満足する情報表現であると言える。図6-11に，電子ファイルを例に種々の特性をどのように

表6-1　表現の次元

公式特性	尺度の分類			
	比例	間隔	順序	名義
等値性（カテゴリ）	yes	yes	yes	yes
大小関係	yes	yes	yes	no
間隔や差の等値性	yes	yes	no	no
比の等値性	yes	no	no	no
例	ファイル容量	ファイルの作成日時	ファイルの重要度	ファイルの形式

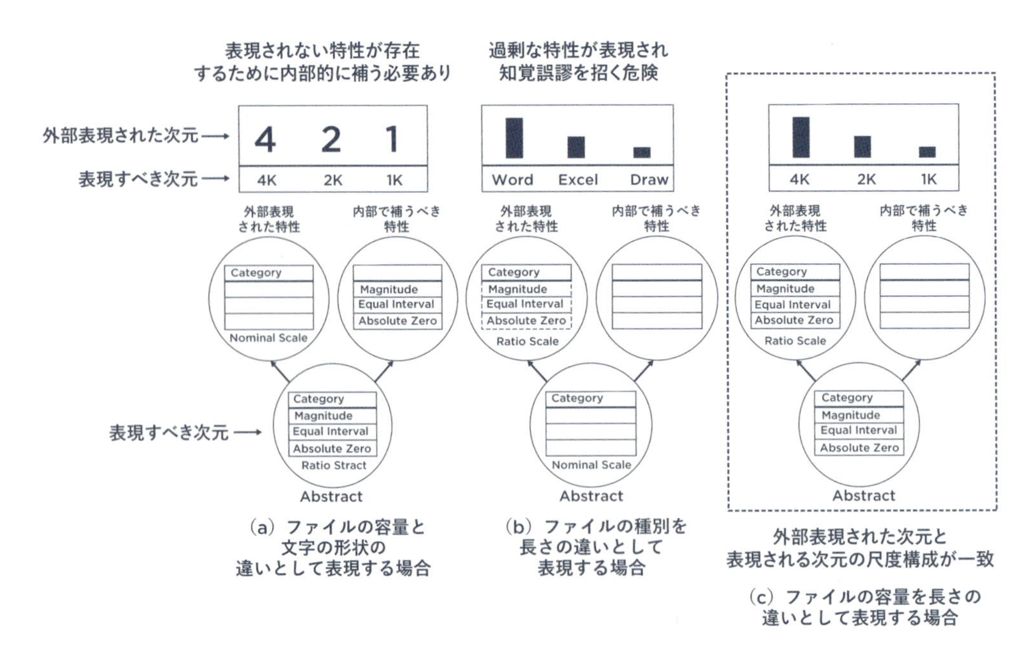

図 6-10　外部表現された次元と表現される次元の関係

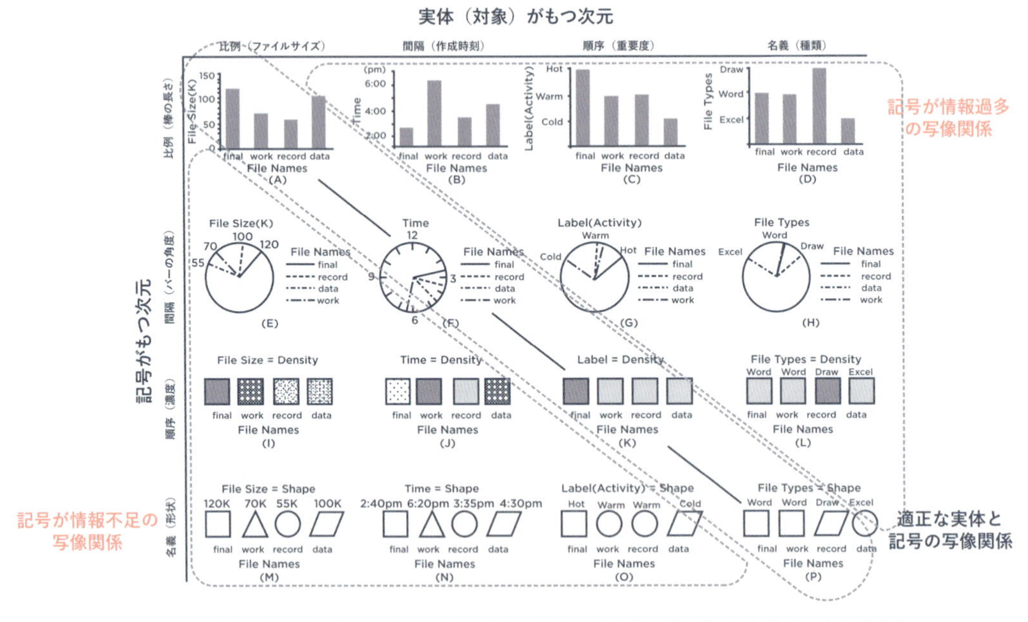

図 6-11　実体（対象）がもつ次元と記号がもつ次元の適合性（[15] より著者により改編）

表示すべきかについて，表現すべき次元（縦軸）と外部表現された次元（横軸）の間の一致・不一致について例示する[15]。ここで，対角要素に示された表示は，表現すべき次元と外部表現された次元が一致しており，これらの表示を知覚した者は，それが何を表現しているかについて過不足なく認識できる適正な表示である。一方，下三角部の表示群は，両者の次元が一致しておらず，外部表現された表示の次元が乏しく知覚者が多くを内部表現に変換して補わなければならない。逆に上三角部分の表示は，同様に次元の不一致を起こしており，外部表現された表示が知覚者に本来伝えるべき以上の情報を想起させてしまう表示になっており，知覚誤診を引き起こしかねない。このように表現すべき次元と外部表現された次元の一致は情報を正しく伝える上できわめて重要なデザイン要件となる。このことは次々章の記号過程で詳述する。

リソースモデル

リソースモデルは，分散認知（distributed cognition）の考え方を HCI（Human-Computer Interaction）設計に展開することを意図したインタラクション分析モデルである[17]。分散認知の研究の枠組では，作業に要する認知のための情報リソースは，認知主体内部だけでなく人工物を含む外部環境内に『分散している』ことを重視する。そして，知覚可能な外部表現（external representation）としてそのようなリソースが外在化されていることが，ユーザと人工物のインタラクションを円滑にすることを強調する。

ユーザと人工物のインタラクションは，ユーザが分散配置されている利用可能なリソースを組み合わせて次の判断につなげ，その判断がさらに次の判断のための新たなリソース配置を生み出す，という循環の構図を呈する（図 6-12）。リソースモデルでは，このインタラクションのサイクルをメタレベルで整理する分析の枠組として，**インタラクション戦略**（interaction strategy）という概念を導入している（表 6-2）。これは分析の対象となるタスク遂行を，どのような種類の情報を入力として，どのような制御行動を繰り返すことで達成されるものであるのかで分類する。そしてこの戦略を記述するための抽象的な情報のリソース

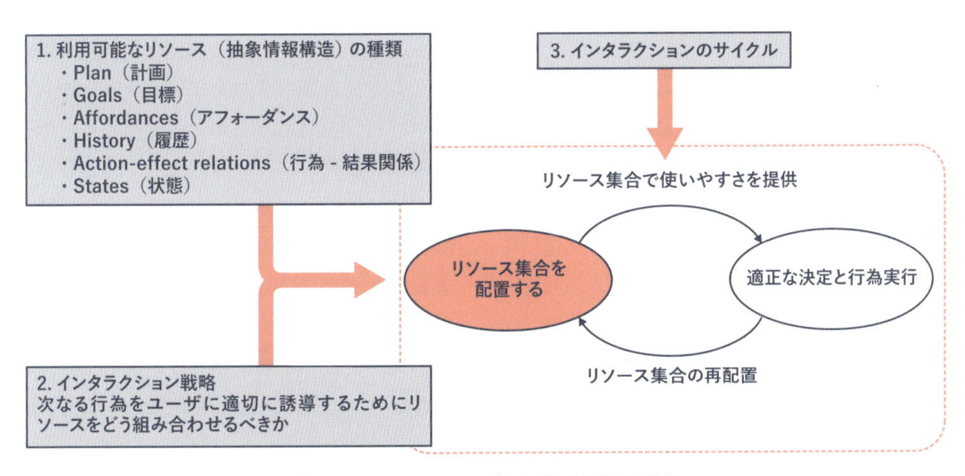

図 6-12　リソースモデルに基づく HCI 設計

表 6-2　インタラクション戦略

戦略	要求されるリソース
プラン追従戦略	プラン，履歴，状態
プラン生成戦略	ゴール，アフォーダンス，行動と効果，状態
目標照合戦略	ゴール，アフォーダンス，行動と効果
履歴に基づく選択戦略	ゴール，アフォーダンス，履歴

として，以下に列挙する**抽象情報構造**（abstract information structures）を用いる。

- プラン（plan）：行動の候補となる操作やイベント，状態の系列。
- ゴール（goal）：達成することを求められるシステムの状態。
- アフォーダンス（affordance）：システムがある状態にあるときに，ユーザがとることのできる次の行動のオプション集合。
- 履歴（history）：行動やイベント，状態の系列として表現されたインタラクションの履歴。
- 行為と効果の関係（action-effect relation）：行動あるいはイベントと状態の間の因果関係。
- 状態（state）：寄与もしくは行為の結果としてもたらされるシステムの現在の状態。

たとえば，事前に定められたプランを順次実行していくというプラン追従戦略に則るタスク遂行では，プランと履歴とその時々のシステムの状態についての情報を元にユーザは次の行動を決定していくことになる（図 6-13（a））。これに対して，同図（b）のプラン生成戦略では，目標・次の行動オプション・行動効果・現在の状態の各種リソースの下で新たにプランを生成することになり，同図（c）の目標照合戦略では，目標・次の行動オプション・行動効果のリソースが与えられた下で行動を決定していくことになる。以上のほかにも，履歴に基づく選択戦略，意味的照合戦略，目標指向探索戦略，探索的学習戦略などが挙げられる。当該作業の問題解決の局面に応じてとるべき戦略を策定し，その戦略の下での必要なリソースをユーザに提供できるインタフェースをデザインしなければならない。

例としてプラン追従戦略の場合の図 6-14 に示す三つのインタフェース表示を比較する。ここではある手順（プラン）に従って次にどういう行動を促すかの場合を想定している。図 6-14（a）の表示ではプランこそ外在化されているが，いまどこまでの作業を終え，現在どの段階にいるのかにおいては明示されておらず，ユーザは記憶しておかなくてはならない。また，図 6-14（b）の表示は，プランや作業履歴についての情報がまったくない状態で，次に実行すべき行為のみが外在化されているのみである。これらの不十分な情報表現の例に対して，図 6-14（c）の表示ではプラン追従戦略の実行に必要な 3 種類の情報リソースがすべて外在化されており，分散認知の観点からは，ユーザの内部リソースに頼らない適切なリソース配置が実現されていると言える。

以上のリソースモデルに基づいて，図 6-15 に示すような自家用車のナビゲーションシステムのドライバへの提示画面について考える。同図（a）の車載ナビゲーションの例は，あらかじめ設定された目的地に向けてナビがドライバーを誘導する際の代表的な表示画面で，ここでユーザがとるべき戦略はプラン追従戦略である。ここで現在の状態としては地図上での現在位置が表示されており，プランとしてはこの先どのような経由地を通過するルートであるかが経由点の系列（画面右側）と地図上でのルート（画面左側）として表示されている。また履歴については，わずかではあるが現地点までに地図上のどのルートを通ってきたか（画面左側）の表示が与えられており，プラン追従戦略としてのリソースが提供されている。一方，目的地への途上で，最寄りのレストランで食事をとりたいというニーズが発生した際には，とるべき戦略は目標指向探索戦略に切り替わり，この戦略の下では，レストランの探索という目標，これまでの走行履歴，候補となるレストランとそこへの経路選択のオプション（アフォーダンス）が示され，現在の地点（状態）とそこからどの経路選択を行えばどれくらいで到着できるか（行動効果），の各種のリソースが提示されなけれ

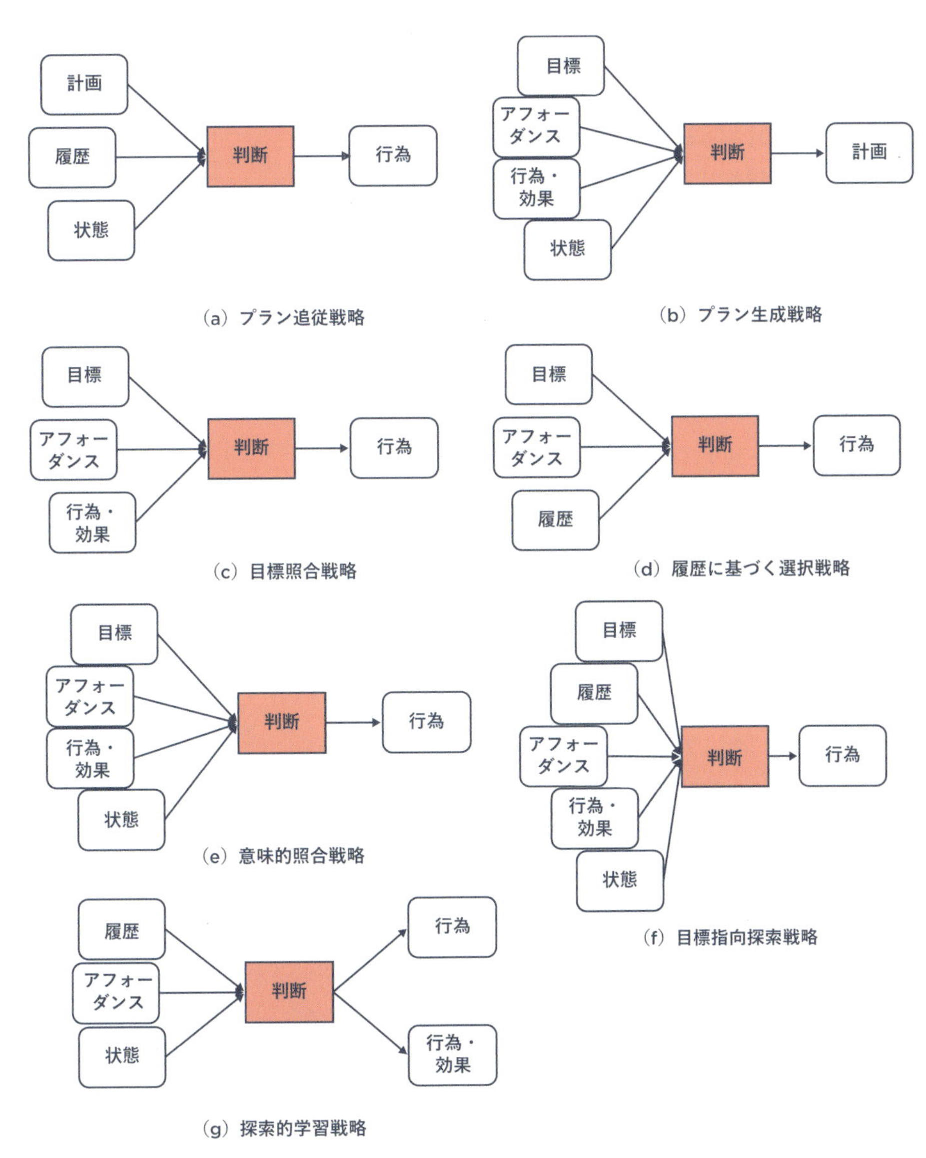

図 6-13　各戦略を構成するリソース

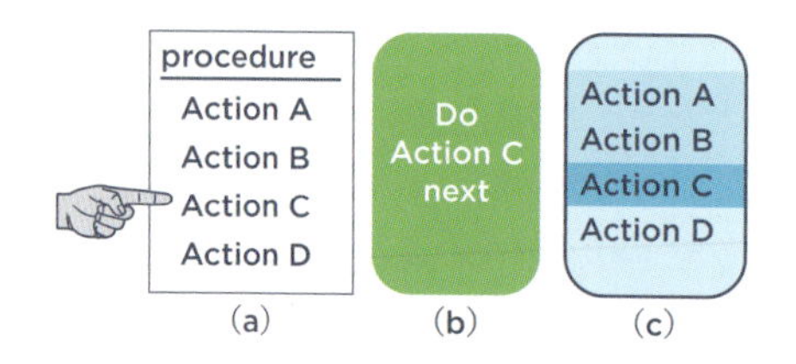

図 6-14　目標追従戦略に沿ったインタフェースの比較

ばならない。

同図（b）はDVDレコーダのような電子家電機器の使用時に提示されるメニューの例である。多機能化する電子家電機器では，ユーザの求める機能設定手順をガイドする必要があるが，メニューをどう辿れば求める機能設定画面に行き着けるのか，さらに提示される画面が自らの求める機能設定に合致しているか否か，そして求める機能設定を完了するまでに，どのような設定をどういう手順で設定すればよいかのプラン等についてのリソースが適宜表示されなければならない。同図の表示はこのような戦略に沿った情報提示としては未だ不十分ではあるが，本節で述べたリソースモデルの考え方が，このような複雑な操作をガイドするためのメニューデザインに際して有効な知見を与えることができる。

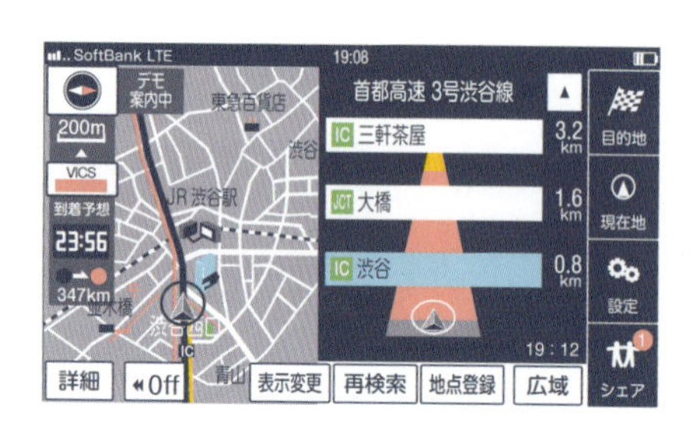

（a）自家用車のナビゲーションシステムのインタフェース画面

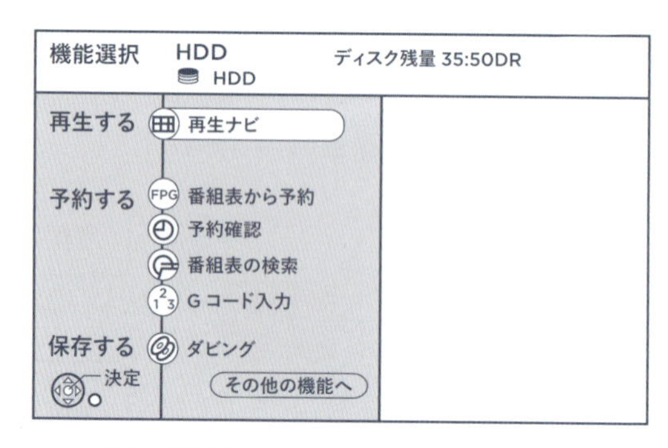

（b）DVD レコーダのインタフェース画面

図 6-15　ナビゲーションのためのインタフェース画面の例

演習問題

（問1） 車の運転教習の場での「車庫入れ」実行時のドライバの情報処理について，本章で述べたラスムッセンのSRKモデルに対応させて，知識・ルール・スキルベースのそれぞれがどのような情報処理に対応するかについて示せ。

（問2） 以下のような車のスピードを抑えるために生活道路に施される対策について，本章で述べた生態学的インタフェースの観点から，なぜ効果が得られるかについて述べよ。

1）道路を凸型に舗装すること
2）車道部分を狭めたり，視覚的に狭く見せかけること
3）車の通行部分をジグザグにしたり蛇行させたりすること

（問3） ユーザにさせたい行動をわかりやすく誘導するためのインタフェースのデザインとして，以下の事例について，それぞれのインタフェースの表示系（どのように表示されるか）と操作系（どのような入力を受けつけるか）がどのような役割を果たしているかについて考察せよ。

1）インターネットショッピングにおける購買手続き
2）画像や動画をダウンロードする際のダウンロードの進行状況

（問4） 自家用車のナビゲーションシステムでは，ナビによるドライバへの誘導時に，どのような判断が求められるかに応じて，さまざまな提示画面と提示情報が用意されている。各自で提示画面と提示情報を調べ，それぞれが本章で述べたリソースモデルのいずれのリソースに分類されるかについて述べよ。

（問5） 第3章で述べたセル生産システム（人セル）では，人間作業者の作業効率の改善が報告されている。この理由について，本章で述べた分散認知の観点から考察せよ。

参考文献

[1] Rasmussen, J.: Skills, rules, and knowledge; signs and symbols, and other distinctions in human performance model, *IEEE Trans*., SMC-13, 3, pp.257-266, 1983.

[2] Flach, J. et al (eds.): *Global Perspectives on the Ecology of Human-Machine Systems*, L. Erlbaum Associates, Publishers, 1995.

[3] Vicente, K. J., Rasmussen, J.: Ecological Interface Design: Theoretical foundations, *IEEE Transactions on Systems, Man and Cybernetics*, 22, pp.589-606, 1992.

[4] Lave, J.: *Cognition in Practice*, Cambridge Univ. Press, 1988.（無藤　隆（他訳）:『日常生活の認知行動―人は日常生活でどう計算し実践するか』, 新曜社, 1995.）

[5] Conein, B. and Jacopin, E.: Projected Plans and Situated Activity: Inventory of Objects and Workspace, *Embodied Cognition and Action*, 1996 AAAI Fall Symposium, TR FS-96-02, pp.24-26, 1996.

[6] Hutchins, E.: Where is the Intelligence in a System of Socially Distributed Cognition ?, 日本認知科学会編 , 認知科学の発展 , Vol.7, pp.67-80, 1994.

[7] Suchman, L.: The Structuring of Everyday Activity, 日本認知科学会編, 認知科学の発展, Vol.7, pp.41-57, 1994.

[8] Sheneiderman, B. and Maes, P.: Direct Manipulation vs. Interface Agents, *Interactions*, **4**(5), pp.42-61, 1997.

[9] Maes, P.: Agents that Reduce Work and Information Overload, *Communications of the ACM*, **37**(7), pp.30-40, 1994

[10] Sheneiderman, B.: *Designing the User Interface: Strategies for Effective Human-Computer Interaction*, ACM Press, 1992.

[11] Traum, D.R. and Allen, J.F.: A Speech Acts Approach to Grounding in Conversation, *Proceedings of International Conference on Spoken Language Processing (ICSLP'92)*, pp.137-140, 1992.

[12] Clark, H.H.: *Using Language*, Cambridge University Press, 1996.

[13] Allen, J.F.: Mixed-Initiative Interaction, *IEEE Intelligent Systems*, September 1999, IEEE Computer Society, 1999.

[14] 平井：Shared Autonomy の理論, 日本ロボット学会誌, **11**(6), pp.20-25, 1993.

[15] Zhang, J.: A Representational Analysis of Relational Information Displays, *International Journal of Human-Computer Studies*, 45, pp. 59-74, 1996.

[16] Stevens, S.S.: On the Theory of Scales of Measurement, *Science,* 103(2684), pp. 677-680, 1946.

[17] Wright, P.C., Fields, R.E., Harrison, M.D.: Analyzing human-computer interaction as distributed cognition: the resources model, *Human-Computer Interaction*, 15(1), pp.1-41, 2000.

[18] Vicente, K. J. & Rasmussen, J.: The ecology of human-machine systems II: Mediating "direct perception" in complex work domains. Ecological Psychology, 2, pp.207-249, 1990.

[19] Kevin B. Bennett and John M. Flach: Display and Interface Design: Subtle Science, Exact Art, CRC Press, 2011.

注

1 "The relation between representations of displays and structures of tasks is analyzed in terms of a mapping principle: the information that can be perceived from a RID should exactly match the information required for the task."（15, p.60）

2 一定の規則によって対象や事象に数を割り当てること. "measurement, in the broadest sense, is defined as the assignment of numerals to events or objects according to rule"（Stevens, 1946, p.677）

CHAPTER

7

認知的作業分析

認知的作業分析は，社会技術システムを運用管理する認知的作業の要件を，複数のモデリングツールを駆使して特定する作業分析の枠組みである。枠組みは，作業領域分析，コントロールタスク分析，戦略分析，社会組織・連携分析，作業者能力分析という 5 つの分析段階からなる。環境的制約から認知的制約へと分析対象の範囲と自由度を徐々に絞りながら明らかにされる作業の要件は，システムの運用管理を適正かつ効果的なものにする技術や仕組みのデザインに応用される。

（堀口 由貴男）

1

認知的作業分析の構成

認知的作業分析（cognitive work analysis：CWA）は，社会技術システム（socio-technical system）を運用管理する認知的作業の要件（requirements）を，複数のモデリングツールを駆使して特定する作業分析の枠組みである。一連の分析を通じて明らかにされる作業の要件は，ユーザインタフェースや訓練プログラムなど，システムの運用管理を適正かつ効果的なものにする技術や仕組みのデザインに応用される。CWA は，最初に J. Rasmussen らがその原型を示し[1]，K.J. Vicente がそれを発展させてより実践的な分析の体系に整えた[2]。その後一部の手法について拡張が提案されているが，CWA の基本構成は K.J. Vicente による提案から変わっていない[3, 4, 5]。

K.J. Vicente の定義〔2〕によれば，CWA は以下の 5 つの分析段階からなる。

1. 作業領域分析
2. コントロールタスク分析
3. 戦略分析
4. 社会組織・連携分析
5. 作業者能力分析

人や自動化によってコントロールされるシステムを「作業領域（work domain）」とよぶ。第 1 の段階である**作業領域分析**（work domain analysis）は，抽象度の異なるシステム記述を組み合わせて，作業領域に内在しその振舞いを支配する機能的な制約を手段－目的関係を軸にして整理する。

第 2 の段階である**コントロールタスク分析**（control task analysis）は，作業領域を望ましい状態にする上で実行しなければならないタスク群を，各タスクにおいて実現しなければならない情報処理の観点から整理する。「コントロールタスク（control task）」は，その遂行により作業領域がどのような状態からどのような状態に変わるはずなのかを定義する。

第 3 の段階である**戦略分析**（strategies analysis）は，コントロールタスク分析で明らかになった各タスクを遂行する方法を整理する。ここでの「戦略（strategy）」とは，コントロールタスクを遂行する手順の類型を意味し，一つのタスクに対して複数の代替案が存在し得る。戦略分析では各タスクに対して適用可能な戦略群を検討する。

第 4 の段階である**社会組織・連携分析**（social organization and cooperation analysis）は，作業領域のコントロールを分担するチームや組織がどのように編成され，彼らがどのように連携してタスクを遂行するかを整理する。ここでのチームや組織には，自動化のような人以外の意思決定主体も含まれる。社会組織・連携分析では，各々の責任範囲や彼らを統率する権威関係，コミュニケーションの問題についても検討する。

第5の段階である**作業者能力分析（worker competencies analysis）**は，担当作業を適切に遂行するのに必要な作業者の能力を整理する。そのために，人間行動の典型的な三つのカテゴリーを表す「スキル/ルール/知識の分類（SRK taxonomy）」を利用して，各作業においてどのタイプの認知制御が求められるのかを検討する。

CWAでは，これら5つの分析段階を反復実施しながら，分析対象の認知的作業に固有の制約群を明らかにする。以下では各分析段階について順に説明する。

2

作業領域分析

人や自動化によってコントロールされるシステムを作業領域と定義したが，J. Rasmussen ら[1]によれば，この作業領域は作業が行われる場の「地形」にたとえられる存在であり，登場人物や出来事，タスクなどとは無関係に規定される。作業領域分析はこのような地形の地図を作成するプロセスにあたり，その目的や機能，活動を支えるリソースの観点から作業領域の全体的な描写を得るために行われる。

作業領域分析のために用いられるツールは，**抽象度の階層**（abstraction hierarchy：AH）と**抽象－分解空間**（abstraction-decomposition space：ADS）である。前者は，表現の抽象度が異なる複数の視点で作業領域が持つ機能を記述し，抽象度の次元を軸にそれらの間の手段－目的関係を階層として整理する。一方，後者の ADS は AH に部分－全体関係の次元を追加したもので，システム全体に影響するものなのか，それとも特定のコンポーネントにしか影響しないものなのかという観点からも機能を整理する。

(1) 抽象度の階層

まず AH について説明する。分析する作業領域の種別の違いを吸収できるように変更が加えられているために AH における階層名の定義には若干のゆらぎがあるが，J. Rasmussen らが元々提案した AH は，表 7-1 に示す 5 つのレベルで構成される[2, 6, 7]。抽象度の低いレベルから順に説明すると以下のとおりである。

- 最下層に位置する最も具体的な機能記述のレベルが，**物理的形態**（physical form）である。このレベルでは，外観や配置の観点から作業領域を物理的に構成する装置などの要素が記述される。
- 次の**物理的機能**（physical function）のレベルは，作業領域を構成する物理的プロセスを記述する。その記述対象は物理的形態のレベルと同じく物理的装置類であるが，それらの機能的な状態や能力に記述の焦点が当てられる。
- 物理的機能よりも一段抽象度が高いのが**一般化機能**（generalized function）のレベルである。ここでは個々の物理的装置類との結びつきは考慮されなくなり，輸送や伝達，燃焼，冷却などのような，複数の物理的プロセスが連携することで実現される，一般化された概念としての機能が記述される。
- 一般化機能の上に位置する**抽象的機能**（abstract function）のレベルでは，作業領域のシステムとしての振舞いの基礎をなす法則や原理を記述する。それらは，エネルギや質量の保存則のような，作業領域がシステムとして成立するために満たすはずの因果関係や，限られたリソースの配分において遵守すべき価値観や優先順位の基準を概念として表現したものである。

・抽象度が最も高いのが**機能的目的（functional purpose）**のレベルである。このレベルでは，作業領域の目的，すなわち意図されている機能的効果が記述される。それらは作業領域が何をするためにデザインされたのか（“design-for purpose”）を表現したものであり，システムが意図どおりに機能しているかを評価する基準を伴っている。

説明から推測できるとおり，上記の階層の定義は技術システムの機能を記述することに主眼を置いたものである。組織活動のマネジメントなど，社会的制約が主な問題となる作業領域の分析にも対応できるように，抽象的機能を「価値・優先順位の基準（values and priority measures）」と，一般化機能を「目的関連機能（purpose-related functions)」と，物理的機能を「オブジェクト関連プロセス（object-related processes)」と，物理的形態を「物理的オブジェクト（physical objects)」とする定義もある[5, 8]。また，階層の数は必ずしも5つとは限らず，分析対象の性質や分析結果の用途によって作業領域の記述に用いる階層の数は変化する。

作業領域分析の実施例を図7-1に示す。AHとして記述されているのは，組合せ計量装置とよばれる，商品を所定の重さの量だけ計り出す自動機械の作業領域分析結果[9]である。組合せ計量装置は，前工程から供給された計量物を少量ずつのバッチに分けてそれらの重量を計測し，いくつかのバッチを適切に組み合わせて目標とする重量分の商品のまとまりを作り，次工程に排出する。今述べたこの機械の計量プロセスの説明に相当するものが，図7-1のAHでは一般化機能のレベルに記述されている。この計量プロセスを実現しているのが，物理的機能のレベルに記述されている装置ユニット群である。組合せ計量装置自体の性能は計量の成功率と精度で評価される。そのため，この機械の機能的目的は，これらの指標で評価される計量パフォーマンスを最大化することである。抽象的機能のレベルでは，組合せ計量を成立させる二つの原理が記述されている。一つは流量バランスで，計量物の供給量と排出量がつり合っていないと計量プロセスは破綻する。もう一つはバッチの有効な組合せの数をできるだけ多く作ることである。目標基準を満たす重量を作れる組合せのパターンがないと計量は失敗する。このように，AHは視点の異なる複数のレベルで作業領域の機能を記述する。機能的目的のレベルが最も抽

表7-1　抽象度の階層における各階層の定義

抽象度のレベル	記述される機能	記述の論点
機能的目的	システムの目的	何をするためにシステムはデザインされたか？
抽象的機能	システムの基礎をなす法則や原理	何が満たすべき因果律や遵守すべき価値基準か？
一般化機能	複数の物理的プロセスの連携を表す一般的概念としての機能	何が関係するプロセスか？
物理的機能	システムを構成する物理的プロセス	関係する装置は何か？その能力は何か？
物理的形態	システムの物理的な外観や配置	装置の物理的な外観や配置はどんなものか？

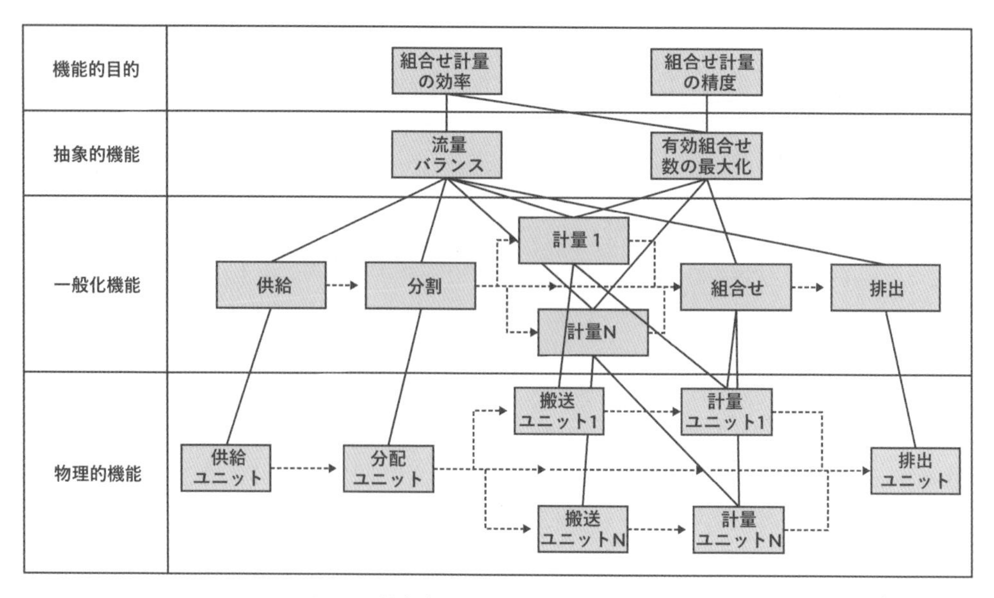

図 7-1　抽象度の階層の例：組合せ計量装置

象度が高く，物理的形態のレベルが最も抽象度が低い。

AH では，隣接するレベル間で関係のある機能同士を線で結ぶ。この階層上下のつながりは**手段－目的関係（means-end relations）**を意味し，あるレベルの機能（WHAT）に注目したときに，それを実現する理由（WHY）が一つ上のレベルの機能によって与えられ，それを実現する手段（HOW）が一つ下のレベルの機能群によって与えられることを表す。たとえば組合せ計量の例では，流量バランスという抽象的機能は組合せ計量を成功させるための要件であり，組合せ計量の効率という機能的目的がそれを実現しなくてはならない理由を与える。一方，この抽象的機能を実現するための手段は，一般化機能のレベルにあるすべてのプロセスのはたらきを適切に調整することである。このように，AH のレベル間をつなぐリンクは WHY-WHAT-HOW の関係を意味する。図 7-2 は，AH の抽象（abstraction）の次元が整理する作業領域の手段－目的関係の階層を模式的に示している。

(2) 抽象－分解空間

最初に述べたとおり，ADS は AH に**部分－全体関係（part-whole relations）**を表す分解（decomposition）の次元を追加したものである。この次元は，システム全体を表す非常に粗いレベルから個々のコンポーネントを表す非常に細かいレベルまで，作業領域を複数の分解能で捉える。分解の次元が追加されたことにより，作業領域の機能は 2 次元マップ上に整理される。

組合せ計量装置の作業領域分析の結果を ADS により表現したものを図 7-3 に示す。横方向に目を動かすことで，システム全体に影響するものなのか，それとも特定のコンポーネントにしか影響しないものなのかという観点で，各機能が作用する範囲を把握することができる。前述の抽象度のレベルの定義から推察できるとおり，機能的目的はシステム全体にかかわるものであるし，物理的な機能や形態はコンポーネントレベルの機能要素である場合がほとんどである。そのため，ADS で作業領域の機能構造を整理した場合，機能群は通常左上から右下にかけての対角線状に並ぶ。

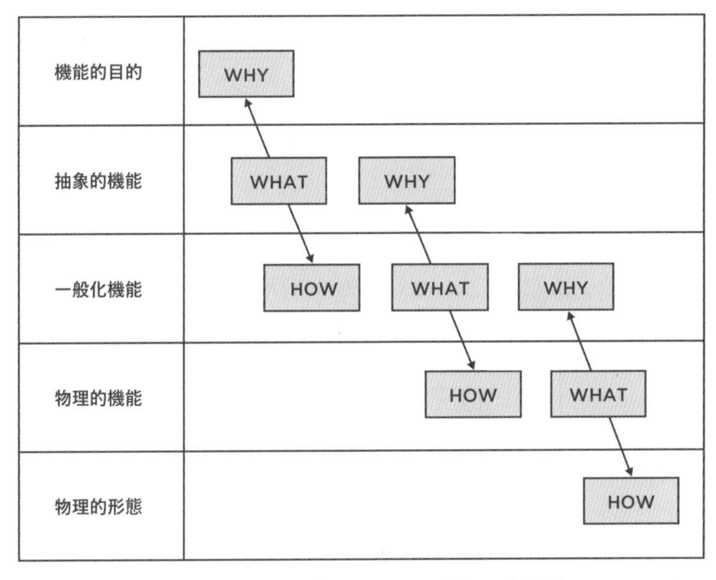

図 7-2　抽象度の階層における手段－目的関係

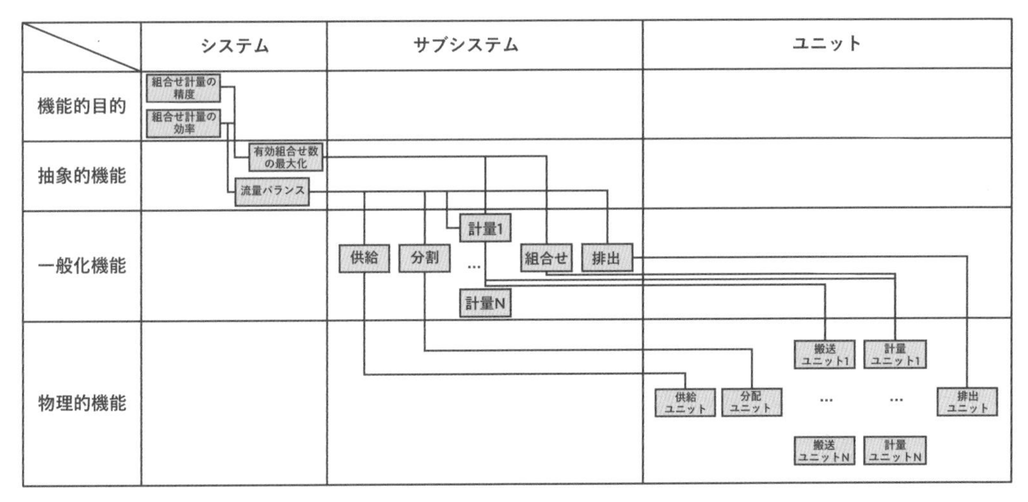

図 7-3　抽象－分解空間の例：組合せ計量装置

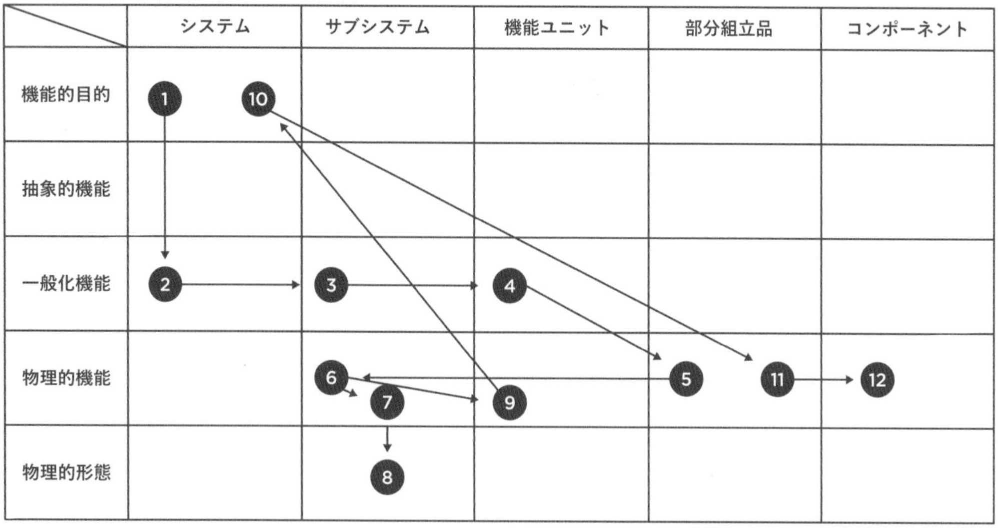

	システム	サブシステム	機能ユニット	部分組立品	コンポーネント
機能的目的	1 10				
抽象的機能					
一般化機能	2	3	4		
物理的機能		6 7	9	5 11	12
物理的形態		8			

図 7-4　抽象－分解空間への発話のマッピング[2]

組合せ計量装置のようなシステムの場合は，規模が小さいためにAHのみで十分に作業領域分析を済ませることができたが，複雑大規模なシステムを分析対象とする場合は，分解の次元を利用して分析結果を整理することで，その複雑さを分析者が扱いやすい範囲に留めておくことができる。また，作業者間で交わされた発話など，フィールド調査で得られた作業観察の結果を図7-4のようにADS上にマッピングすることは，発話内容に基づく機能の特定や作業パターンの発見につながるため，作業領域が持つ機能構造やそこでの活動の理解を深めることにつながる[1, 2, 6]。

3
コントロールタスク分析

コントロールタスク分析では，作業領域の望ましい状態を実現するために実行しなければならないタスク（＝コントロールタスク）を整理する。作業領域とはコントロールされる対象となるシステムのことであったが，コントロールタスクはその対象に対して何（*what*）を行うかを定める。タスクを定義するにあたり，誰（*who*）がどのような方法（*how*）でそれを行うのかは考慮しない。作業領域の状態についての情報を得てからその作業領域に対して何らかの行動をとるまでに行われる情報処理の仕様を定めたものがコントロールタスクといえる。

（1）意思決定の梯子モデル

いわゆるタスク分析[10, 11]では，やるべきことのまとまりを複数の基本的な処理ステップに分解する。コントロールタスク分析も同様のアプローチをとり，各タスクは基本的な処理の連鎖として記述される。この記述に用いるのが**意思決定の梯子（decision ladder：DL）**モデルである。DLは，J. Rasmussenらがプラント運転員のフィールド観察に基づいて構築した人間の意思決定に関する情報処理プロセスのモデルである[6]。D.A. Normanの行為循環の7段階（seven stages of the action cycle）のモデル[12]で整理されているように，外界と相互作用する人間の活動は，知覚やプランニング，実行といった基本的処理の連鎖として説明できる（図7-5）。DLもそのように活動を分解するモデルであるが，一連の情報処理において途中の段階を飛び越えるショートカットを含んでいたり，処理の順番が知覚から実行へという流れに従わないことを許容したりするところにその特徴がある。

図7-6にDLを示す。DLには2種類のノードがある。一つは**情報処理活動（information-processing activities）**を表すノードで，モデル内では矩形で表現されている。もう一つは情報処理の結果として得られた**知識状態（states of knowledge）**を表すノードで，モデル内では円形で表現されている。モデルで記述される情報処理プロセスの定型は，左下の「活性化」から始まって上に向かい，中央上部の「解釈」で折り返して右下の「実行」で終わる。この間，情報処理と知識状態は交互に出現する。この一連のプロセスを説明すると次のとおりである。まず，行為の必要性を感知（活性化）して警戒が生じると，意思決定者は関係するデータを観察することになる。得られた一連の観察結果は現在のシステムの状態を同定することに用いられ，その結果は安全性や効率性などの観点から解釈される。結果の解

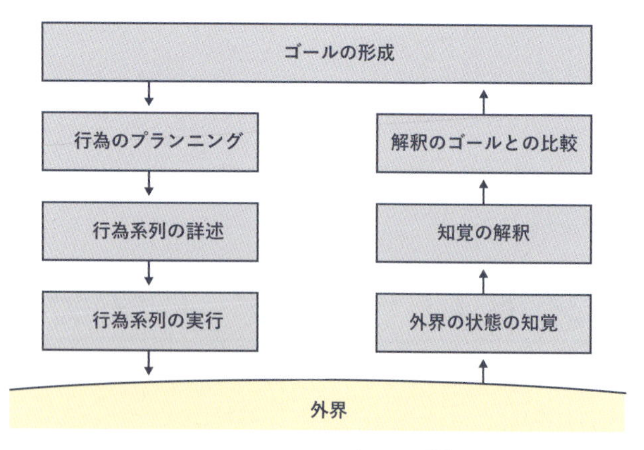

図 7-5　行為循環の 7 段階[12]

釈が一つに定まらない場合には，パフォーマンス基準を評価して何を最終的なゴールにするかが決定される。システムが移行すべき目標状態は設定されたゴールの下でのシステム状態の解釈に基づいて設定され，意思決定者は目標状態に到達するために遂行すべきタスクを定める。定められたタスクは適切な手順に定式化され，その手順が実行される。

プラント運転員の観察からは，非熟練者が上述のプロセスを順に辿らざるをえないことが度々あるのに対して，熟練者が厳密にそのようにプロセスを辿ることは非常に希なことが明らかになった[6]。また，熟練者の情報処理はしばしば最初の段階から始まらず，また後の段階の検討を最初に行う場合もある。DL による記述は，このような熟練者の意思決定に対応できる。

DL のリンクには**シャント（shunts；短絡）**と**リープ（leaps；飛躍）**という 2 種類のショートカットが用意されている。シャントは矩形ノードから円形ノードにつながるリンクで，ある情報処理の結果として，別の段階の情報処理によって得られるはずの知識状態が直接得られるという関係が表現されている。一方，リープは二つの円形ノードを結ぶリンクで，二つの知識状態が直接の連想関係にあることを表している。これらのショートカットの現れ方は図 7-6 に描かれているものに限らない。作業領域が違ったり状況が変わったりすれば，異なるシャントやリープが現れることになる。また，情報処理の開始は「活性化」とは限らないし，終了も「実行」とは限らない。行為循環の 7 段階のモデルで言えば，人間の行動には，新しいゴールの形成から始まり行為の実行に至る「ゴール駆動型の行動（goal-driven behavior）」もあれば，外界のイベントをきっかけとして状況を評価しゴールの形成に至る「データ駆動型の行動（data-driven behavior）」もある[12]。極端に言えば，状況に応じてモデル内のさまざまなポイントから処理が始まってよい。DL にはこれを許容するモデリングツールとしての柔軟性がある。

(2) コントロールタスクの記述

上述のとおり，元々 DL は人間の情報処理を記述するモデルであった。コントロールタスク分析では，これを一般的な情報処理を記述するモデルであるとみなし，タスクを記述するための“テンプレート”として用いる。個々の具体的なタスクは，その進行が DL 上の部分的な情報処理と知識状態のシーケンスとして記述される。DL に含まれるすべての要素が関係するようなコントロール

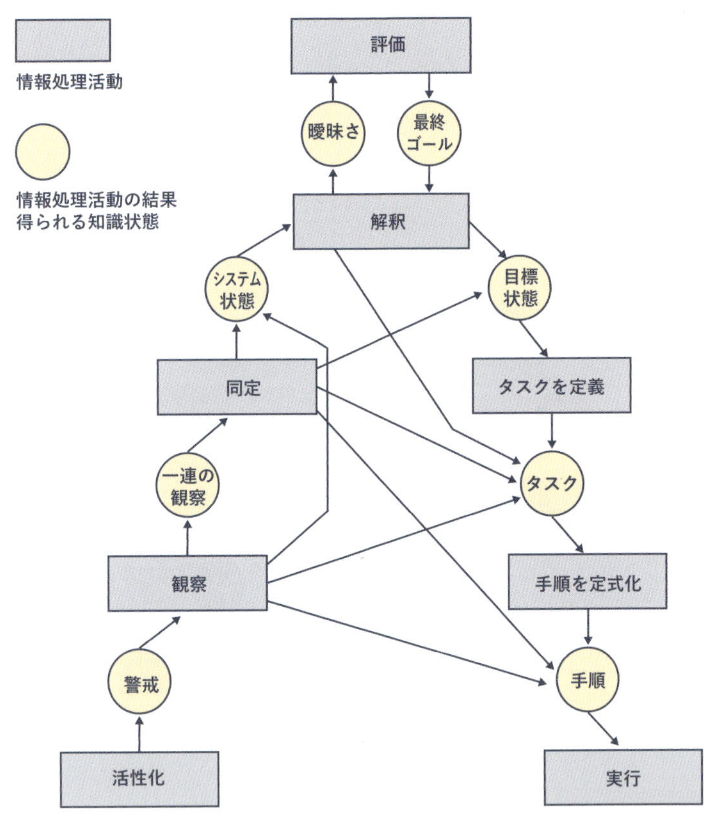

図 7-6　意思決定の梯子モデル

タスクは非常に希である。

コントロールタスク分析の実施例を図 7-7 と図 7-8 に示す。図 7-7 は，組合せ計量において目標重量分の商品を量り出すタスクを DL で表したものである。このタスクでは，計量ユニットで計測された各計量物バッチの重量のデータに基づいて，許容範囲内に収まる，目標重量に最も近いバッチの組合せを特定することが求められる。一方，図 7-8 の DL は，組合せ計量装置が適切に動作するようにそのパラメータを調整するタスクを表している。装置の稼動状態を示す一連の計測データを観察し，現在その内部の計量物の流動がどのような状態にあるかを特定し，計量のパフォーマンスを向上させるために必要な処理を決定することがこのタスクでは求められる。

コントロールタスク分析では，上記の例のように DL をテンプレートとして用いながら，作業領域がその機能的目的を達成するために実行されなければならない活動の要件をコントロールタスクとして整理していく。ただし，何の手がかりもなしに個々のタスクの分析に着手することは難しい。J. Rasmussen らが示した CWA の原型[1]では，活動分析の段階を二つに分けている。一つは「作業領域の観点からの活動分析（activity analysis in work domain terms）」であり，もう一つは「意思決定の観点からの活動分析（activity analysis in decision-making terms）」である。DL を利用したコントロールタスクの詳細な記述は後者の段階に相当する。一方，前者は解決すべき問題や対処すべき状況の観点から作業領域における活動

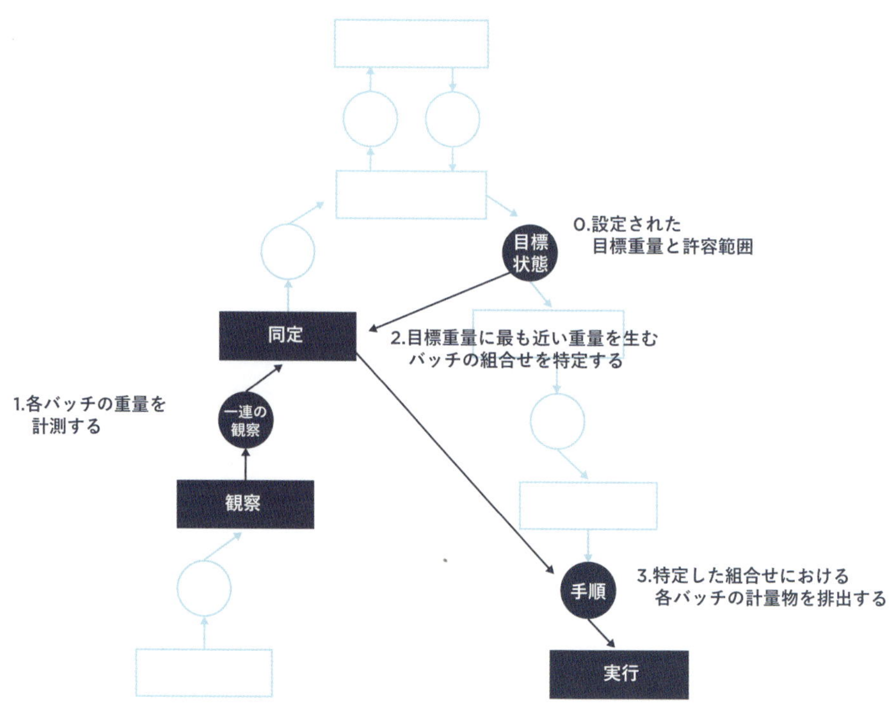

図 7-7　コントロールタスク分析の例 1：計量物バッチの組合せタスク

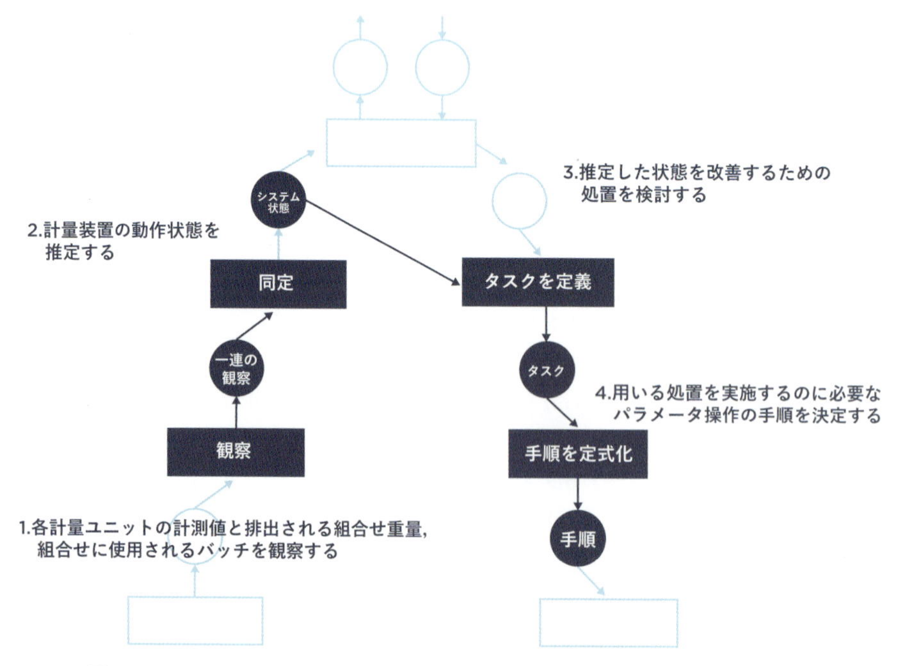

図 7-8　コントロールタスク分析の例 2：組合せ計量装置のパラメータ調整タスク

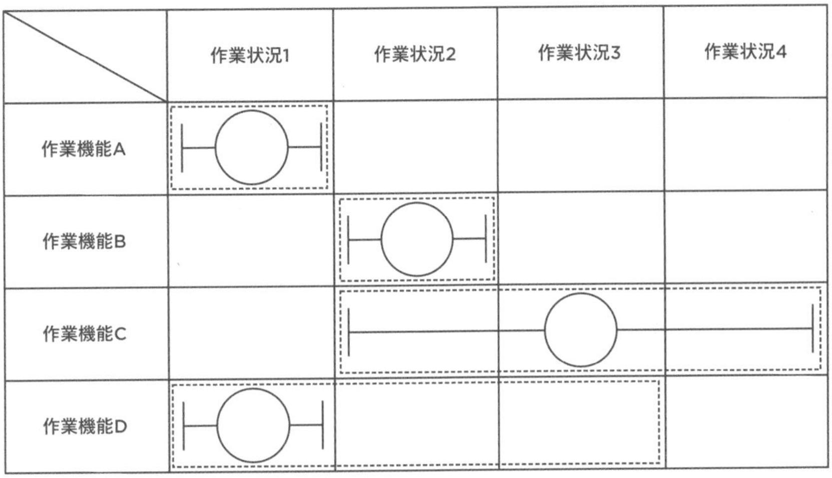

	作業状況1	作業状況2	作業状況3	作業状況4
作業機能A				
作業機能B				
作業機能C				
作業機能D				

図 7-9　文脈活動テンプレート

を整理する分析段階である。K.J. Vicente の CWA では「操作モード（operating mode）」という概念で活動をまず分類することに言及されているが，それを実践するための分析法は確立されていなかった。この問題に対して N. Naikar らは，**文脈活動テンプレート（contextual activity template）**とよばれる記述図式をコントロールタスク分析のための新たなツールとして提案している[13, 14]。

図 7-9 に文脈活動テンプレートによる活動の記述方法を示す。文脈活動図では，「作業機能（work function）」が縦に並び，「作業状況（work situations）」が横に並ぶ。前者は機能的に異なる活動内容を表し，後者は異なる時間や場所を表す。各作業機能の行において破線で描かれた矩形は，その作業機能が実行される可能性のある状況を意味する。一方，ヒゲ線の範囲はそれらの中でも典型的な作業状況を意味する。このように，文脈活動図は機能と状況の組合せによって活動を整理する。文脈活動図の作成は，作業領域における活動の諸相の把握につながり，コントロールタスク分析のポイントを見つけることを助けてくれる。

4

戦略分析

(1) コントロールタスクと戦略

戦略分析では，コントロールタスク分析で明らかになったタスクを遂行するための方法（*how*）を整理する。タスク遂行の方法は一つとは限らず，複数の代替案が存在し得る。CWA ではそれらの類型を「戦略（strategy）」とよぶ。戦略分析を通じて，DL を用いて記述された各タスクが，その遂行方法を表すプロセスの記述に分解される。ただし，戦略はタスク遂行手順の実例（instance）ではなくカテゴリーであり，状況や作業者に依存して生じるバリエーションは区別しない[2]。戦略を定義するにあたり，誰（*who*）がそれを実行するのかは考慮しない。

一般化すると，コントロールタスクはある知識状態を別の知識状態に変換する関数といえ，その中身はコントロールタスク分析の段階では具体的に定義されずブラックボックスのままであった。入力される知識状態と出力される知識状態の対応関係とその間の処理のタイプにより，両状態をつなぐ一連の情報処理の仕様を制約として定めているに過ぎない。戦略はこの情報処理を実現する方法をより具体的に記述する。図 7-10 で模式的に示しているように，コントロールタスクが指定する入出力関係の制約に適合する戦略は一般に複数

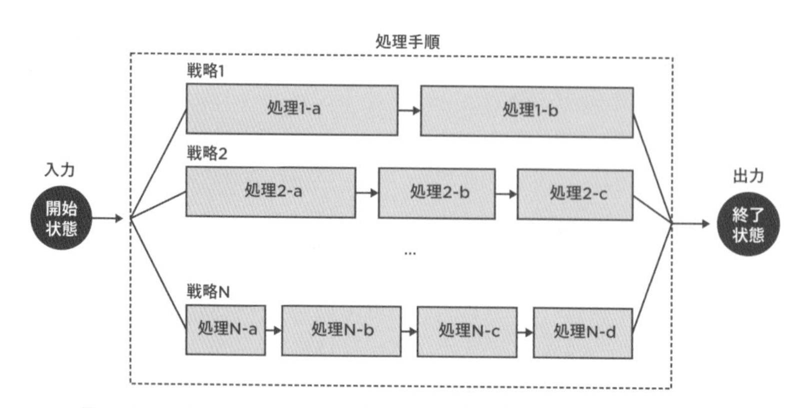

図 7-10　コントロールタスクを遂行する複数の戦略（[15] を参考に作成）

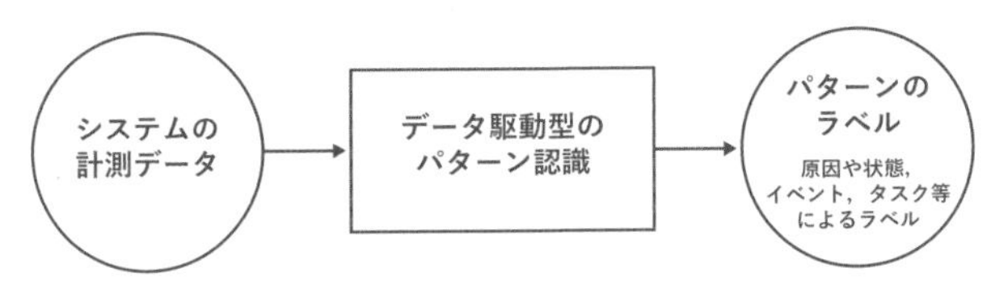

図 7-11　戦略分析の例 1：システム診断のパターン認識戦略

考えられる。効率を優先して処理を簡略化する場合もあれば，精度を優先して丁寧に処理を進める場合もある。どの戦略を採るかは作業者や状況によって変わり，遂行途中での戦略の切り替えも生じ得る。

(2) 情報フローマップによる戦略記述

戦略分析のためのモデリングツールとして利用されるのが，**情報フローマップ（information flow map：IFM）** である。IFM は AH や ADS，DL ほどモデリングツールとして成熟しておらず，CWA を提案した K.J. Vicente 自身[2]もその用法を適用例に依存しない一般化された手順の形で説明していない。また，IFM は特定の応用のために開発されたツールであるとの N. Naikar の指摘[13]もある。ここでは，[2] で紹介されているものに若干手を加えた事例を使って，戦略分析のためのツールとしての IFM を説明する。

図 7-11 から図 7-13 で表しているのは，監視中に遭遇した何らかの兆候を示す計測データの観察に基づいて，技術システムの稼動状態について診断を下す三つの戦略の IFM である。コントロールタスク分析の一例として示した計量装置のパラメータ調整タスクにおいて，現在の装置の内部状態を一連の計測データから特定する部分を想定するとよい。DL と同様に，IFM でも情報処理活動が矩形のノードで，知識状態が円形のノードで表現される。

図 7-11 の IFM は「パターン認識戦略（pattern recognition strategy）」を表している。ある種の異常が発生したシステムの出力データパターンに精通している場合，監視者は最小限の情報処理でそのパターンを認識することができる。この戦略はそのようなデータ駆動型の診断活動を表している。ここでの認識結果に対して付けられるラベルは，必要な処置による分類で済ませるなど，異常の根本原因と関連づけられているとは限らない。

図 7-12 の IFM は「決定表戦略（decision table strategy）」を表している。この戦略では，出力データのパターンとシステムの状態を対応づける状態モデル集が頼りになる。監視者はモデル集を順に調べて，設定した戦術的な探索のルールに基づいて特定の状態モデルを選択する。状態モデルにおける兆候の集合は参照パターンとして用いられる。パターン照合の結果，適合したデータには選択された状態モデルと関連づけられているラベルがつけられる。このような決定表に基づく診断活動は，ボトムアップなパターン認識戦略とは異なり，知識駆動型のトップダウンなプロセスである。

図 7-13 の IFM は「仮説・検証戦略（hypothesis-and-test strategy）」を表している。この戦略はシステムの状態についての仮説を立てることから始まる。その仮説は以前の診断経験などに基づいて立案され，システムの正常状態の機能モデルから故障状態のモデルを構成するのに利用される。構成した故障状態のモデルに現在の運転入力のデータを流し込むことで，仮説から予想される兆候の参照パターンが推定される。このパターンが観察データと照合され，適合した場合は仮説が受け入れられる。適合しなかった場合は次の仮説が検討される。この IFM の構造から明らかなとお

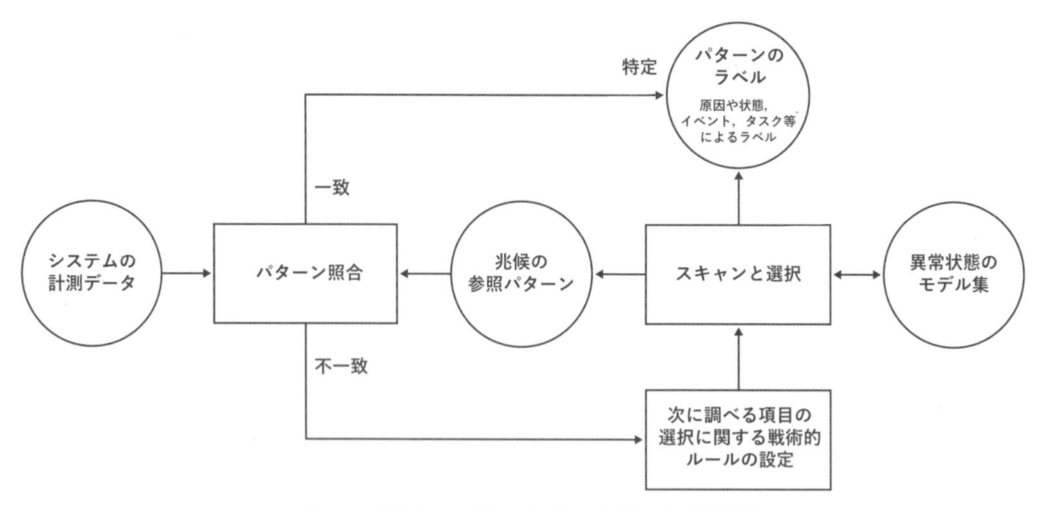

図 7-12　戦略分析の例 2：システム診断の決定表戦略

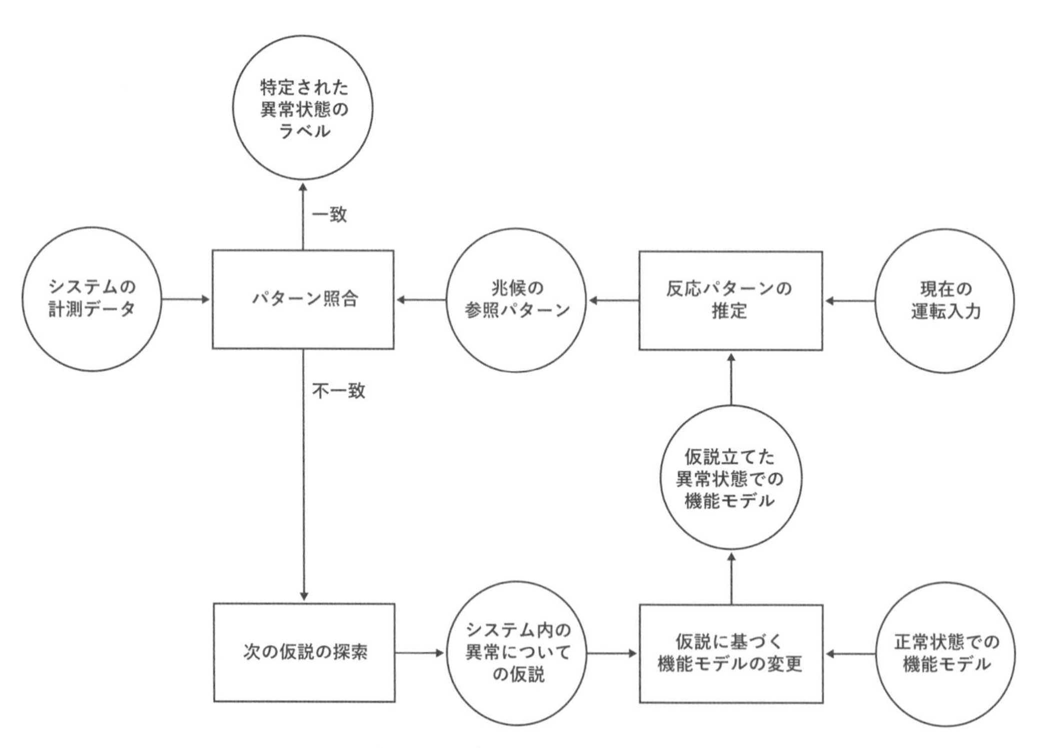

図 7-13　戦略分析の例 3：システム診断の仮説・検証戦略

り，システムの機能に関する専門的な知識やシステムの振舞いをシミュレートする演繹的な推論を前提とするこの戦略は，実行に相応の知識量と計算量が必要になる。

5 社会組織・連携分析

これまでの分析を通じて，活動の場（=作業領域）がどのような特性によって特徴づけられ，そこで何がなされる必要があり（=コントロールタスク），それはどのようにして遂行可能か（=戦略）という，分析対象とした認知的作業を成立させる要件が特定された。社会組織・連携分析では，これらの要件を人々や自動制御の間にどのように分散させるか，それらの作業主体間でどのようにコミュニケーションをとらせ連携させられるか，を検討する問題に取り組む。この段階の分析の目的は，社会技術システムにおける社会的要素と技術的要素がシステム全体としてパフォーマンスが高まるように協働させる方法を特定することにある。そのためのツールとして用いられるのが，すでに紹介した ADS や DL，IFM である。これらのモデリングツールは認知的作業の異なる側面を捉えるため，複数の作業主体やグループの作業分担や連携の方法を決める上で，相補的に機能する検討の枠組みを提供する。社会組織・連携分析専用のモデリングツールはなく，それまでの分析から得られた各モデル上で，分担する作業主体ごとに要素を色分けしたり，モデル間の接続について調べたりすることで，作業主体間の連携のあり方を検討する[2]。

図 7-14 は，ADS 上に異なる作業主体をマッピングする作業を模式的に示したものである。作業領域分析を通じて ADS 上に布置された作業領域の機能群に対して，それぞれの機能の実現や管理に責任を負う者が誰なのかが色分けにより整理される。

また図 7-15 は，コントロールタスク分析を通じて抽出されたタスク群を同様に色分けするとともに，それぞれのタスク遂行を担当する作業主体間のやり取りを可視化している。このような分析を通じて，一連のコントロール作業の責任を複数の作業主体やグループの間でどのように分担することが適当かを検討するこができる。また，分担に基づいてタスク間の連絡や連携を可視化することは，作業領域のコントロールにおいて共同する作業主体間で共有すべき情報や事項の確認を可能にするとともに，コントロールを担う組織をどう階層化することが適当かを検討することにもつながる。

さらに図 7-16 は，図 7-13 のシステム診断における仮説・検証戦略の一部を自動化することについて検討した図である。システムの機能に関する専門的な知識やシステムの振舞いをシミュレートする計算が必要な，認知的資源に対する要求の厳しい部分をコンピュータに任せることにより，この戦略をとる際の技術者の作業負担が大きく削減

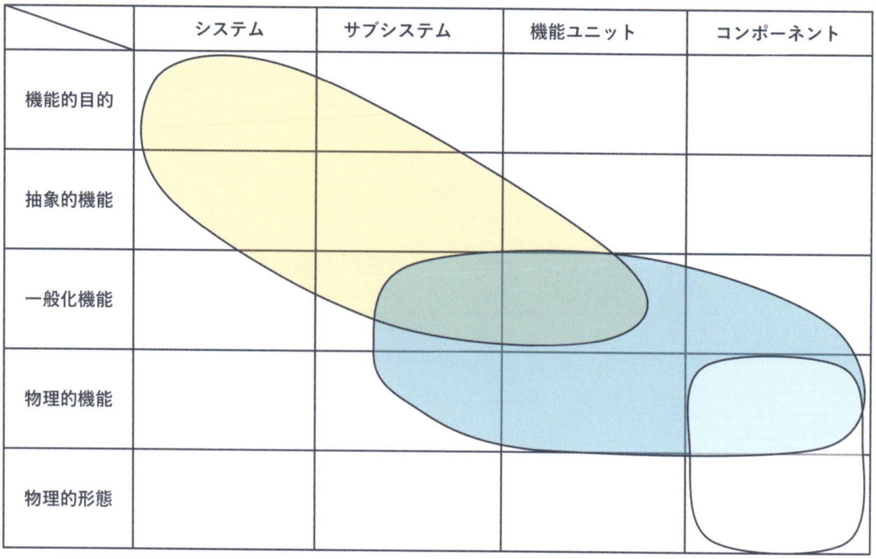

	システム	サブシステム	機能ユニット	コンポーネント
機能的目的				
抽象的機能				
一般化機能				
物理的機能				
物理的形態				

図 7-14　抽象－分解空間への作業主体のマッピング

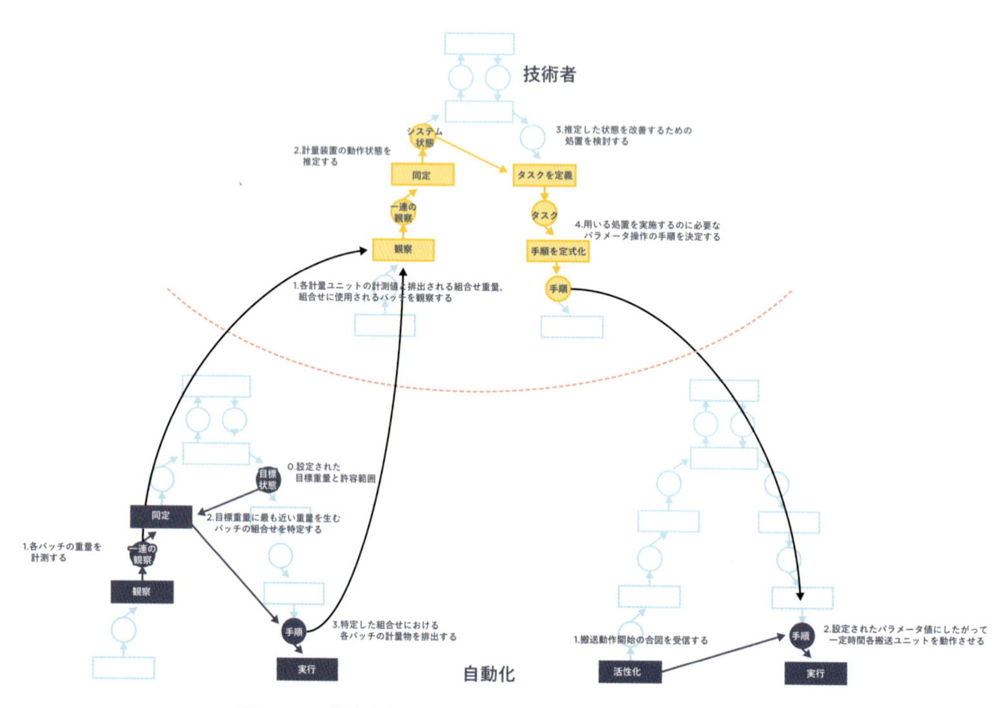

図 7-15　作業主体間のコントロールタスクの割り当てと連携

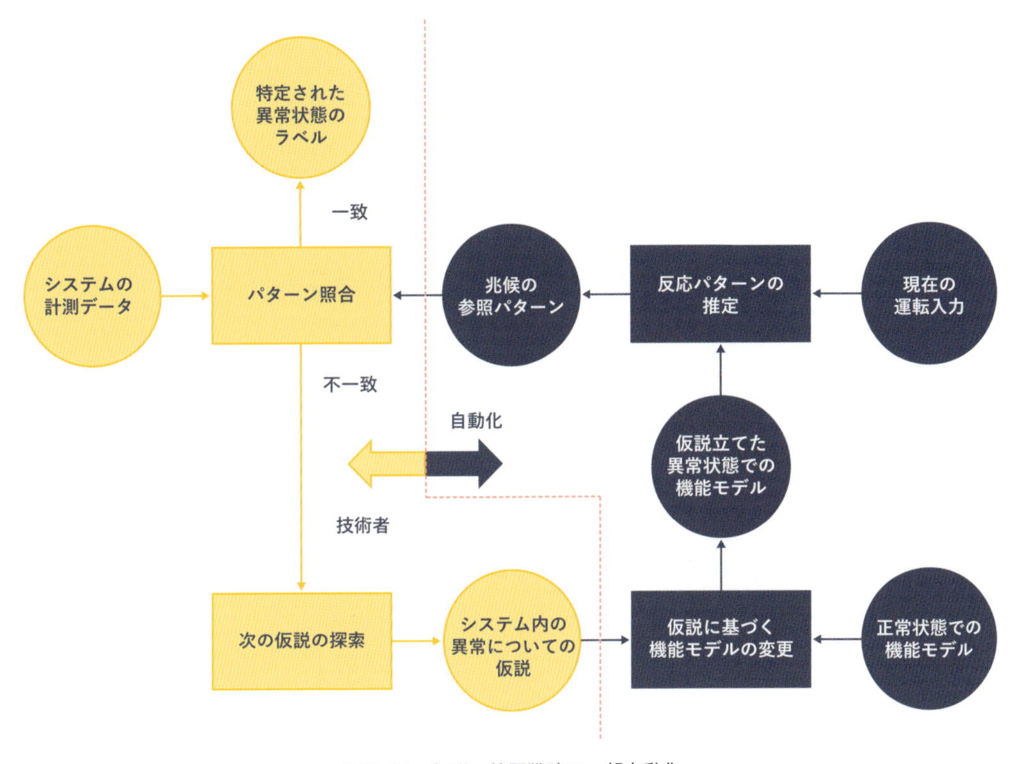

図 7-16　仮説・検証戦略の一部自動化

されることが見込まれる。

上述のような方法で ADS や DL や IFM といったモデリングツールを駆使することにより，作業領域の個々の区域に対する責任や各コントロールタスクを異なる作業主体にどう割り当てられるかといった点や，戦略を作業主体にどう分担させられるかといった点が明らかになる。その結果として，作業主体をグループやチームへ編成する方法や，彼らが互いにコミュニケーションをとり連携する方法，彼らの連携を管理する権限関係をどう設定するかなどが検討できるようになる。

6
作業者能力分析

CWAにおいて取り組む最後の問題は，与えられた役割をうまく果たすために作業者がどのような能力を備えている必要があるかを当該作業の認知的制約として明らかにすることである。作業者能力分析では，標準的な作業者が発揮するはずの能力を特定する。その方法は，心理学や人間工学の知見に基づいて特定の能力セットを前もって仮定するのではなく，それまでの分析から得られた作業領域の制約に関する知識を作業の要件として統合し，人間の認知能力やその限界との整合を考慮することによってそれらから作業者が発揮すべき能力を導出するというものである。このために，各作業においてどのようなタイプの情報処理を作業者が求められるかを整理する必要がある。この分析作業において利用されるのが，スキル／ルール／知識という人間のパフォーマンスに関する三つの典型的なレベルの分類，すなわち**SRK分類（skills, rules, and knowledge taxonomy：SRK taxonomy）**である[2]。

(1) SRK分類

J. Rasmussenは，環境との相互作用において異なる様相を呈する人間行動のカテゴリーとして，「スキルベースの行動（skill-based behavior：SBB）」「ルールベースの行動（rule-based behavior：RBB）」「知識ベースの行動（knowledge-based behavior：KBB）」という3レベルの大別を提案した[16]。各レベルは質的に異なる認知制御（cognitive control）に対応し，情報知覚の方法や内部表現の形式，感覚入力から動作出力に至る情報処理のモードに違いがある。図7-17は，これら三つのレベルの関係を表した概略図である。

最下層に位置するSBBは，熟達した感覚－運動ループに駆動される，高度に統合された滑らかな行動である。そのパフォーマンスの柔軟性は，レパートリーに持つ自動化された感覚運動パターンを目的に応じて即座に組み合わせる能力に支えられている。意図した状態と実際との差違を補正するフィードバック制御も時に実行されるが，SBBは基本的にフィードフォワード制御に基づくパフォーマンスである。そのため，スキルの実行は意識的な注意を伴わず，行為者はそれをうまく言語化できない。SBBにおける情報は低次の感覚データであり，変化する環境の振舞いを直接的に示す，時間空間的に連続する「シグナル（signal）」として知覚される。

中段に位置するRBBは，過去の経験や伝えられたノウハウ，教示などから導かれて記憶されているルール群の適用により実現される行動であ

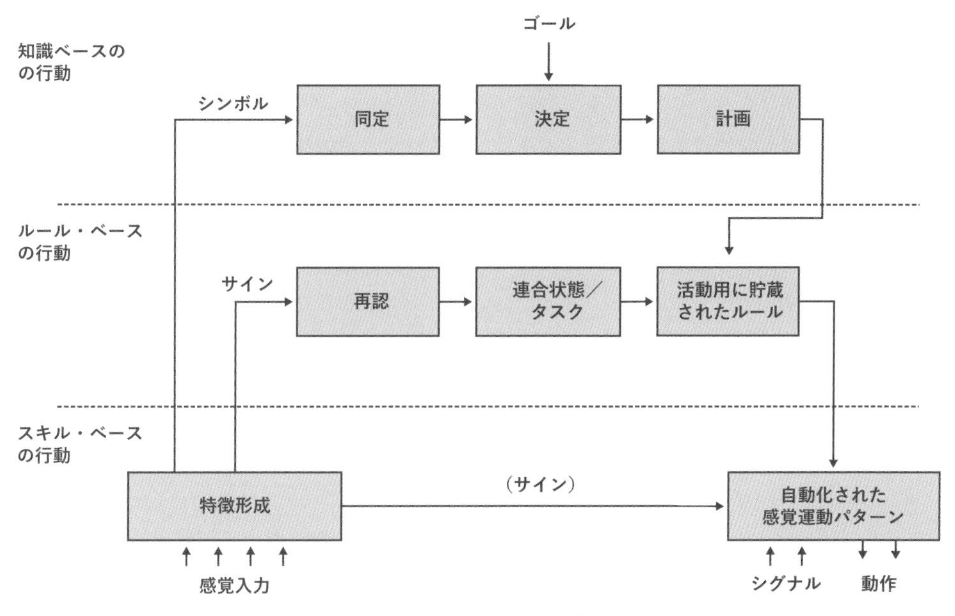

図 7-17　SRK モデル[6]

る。各ルールは，環境内のよく知る知覚的な手がかりとそれによって駆動される動作をつなぐ。いわゆる if-then ルールによって知覚と行為が直接連合しているため，RBB の実行において推論は必要とされない。しかし，SBB とは対照的に，行為者は通常 RBB レベルの認知制御そのものに気づいており，どのようなルールに基づいて行動したかを言語化することができる。このレベルにおいて情報は「サイン（sign）」として知覚される。サインとは，慣習によって結びついた状況や適切な振舞いを表し，環境の状態や状況あるいはゴールやタスクを表す名称がつけられているのが一般的である。

最上位に位置する KBB は熟考的な知識処理をともなう認知制御のレベルである。不慣れな状況では，過去の経験から確立したスキルやルールが通用しない。そのため，高次の概念を駆使して問題を分析し意思決定を行う必要がある。KBB では，明示的なゴールと，環境の機能的特性を内的に記号表現したメンタルモデルに基づいて，逐次的で分析的な推論が行われる。このような問題解決には持続的な注意の集中が求められるため，KBB は処理が遅く努力を要する。このレベルにおいて情報は，論理的思考による処理が可能な抽象概念である「シンボル（symbol）」として知覚される。

SRK モデルにおいて，KBB や RBB の出力は SBB レベルの感覚運動パターンのノードに向かい，直接外界に作用する経路はない（図 7-17）。これは，外界にはたらきかける動作が SBB によって駆動されることを意味している。三つの認知制御のレベルは，ある活動のためにいずれかが択一的に用いられるものではなく，通常は二つ以上のレベルが用いられる。タスクとその実行を担う認知制御との関係は複雑で，異なる認知制御レベルの活動同士が時間的な重なりを持って進行したり，同期して生じたりする。また，同時に活動している認知制御が互いに異なるタスクの実行を担っていることもある。タスクと認知制御レベルとの関係は固定的なものではなく，作業者の熟練度や情報表示の形式，さらに作業者が自身のパフォーマンスに対してどれほど熟考的かなどによって変化し得る。同じタスクであっても，熟練者は苦もなく自動的にその負荷を処理することができるのに対して，非熟練者は多くを知識処理によってさばかなくてはならない可能性が高い。また，どのような形式で提供されるかによって，作業者が情報をどのような形式（シグナル／サイン／シンボル）で知覚するかは変わり得る。他方で，同じ表示形式であっても，どの認知制御のレベルを作業者が選択しているかによって情報解釈の仕方が変わる。

(2) システムデザインへの示唆

図 7-17 はあくまで三つの認知制御の関係を表した概略図であり，人間行動の厳密なモデルではない。人間行動の個々の特性をより具体的かつ定量的に説明するモデルや理論はほかに多数存在する。SRK 分類はそれらを包括する枠組みとして機能し[2, 6]，特定の特性に特殊化されたモデルや理論では困難な，システムデザインのための実用的な示唆を提供する。

SRK 分類の観点から明らかなのは，低レベルの認知制御は高レベルの認知制御よりもすばやく，効率的に，少ない労力で実行できるということである。それゆえ，人にはタスク遂行においてより低いレベルの認知制御を用いることを好む明確な傾向がある。このことから，進化や経験により長い時間をかけて磨き上げてきた強力な感覚運動能力を利用して作業者がタスクをうまく遂行できるようにデザインされたシステムが好ましいのは明らかである。しかしながら，異常発生時の診断や処置など，システムの運用管理において作業者が骨の折れる問題解決に取り組まなければならない状況は常に存在する。また，それほど複雑でないタスクでも，その処理は三つの認知制御のレベル間の複雑な相互作用を伴う。そのため，社会技術システムの運用管理を支援する技術や仕組みのデザインは 2 面性を持つ目標を達成しなければならない。それは，すべての認知制御のレベルに対する適切なサポートを提供する一方で，タスクが要求するものよりも高いレベルの認知制御を作業者に強いないようにすることである[1]。すなわち，問題解決が必要な局面での KBB へのシームレスな移行を許容しつつ，SBB と RBB の利用を促すことがデザインに求められる。このデザインの要件を具体的に検討するために，作業者能力分析では，コントロールタスクにおける作業者行動を SRK 分類に基づいて詳細に検討する。

(3) SRK 分類に基づく作業者能力の整理

CWA の前の 4 段階とは異なり，作業者能力分析を実施するための具体的な方法を K.J. Vicente は示さなかった。そこで R. Kilgore and O. St-Cyr は，**SRK 一覧表（SRK inventory）**とよばれる作業者能力分析のためのツールを新たに提案した[18]。SRK 一覧表は，作業領域のコントロールにおける情報処理の各ステップを SRK 分類の観点から整理し，それらの実行を支援する情報デザインのコンセプト立案を容易にするために開発された。

SRK 一覧表は，必要な情報処理を実行するために作業者が用いる可能性のある認知制御について，分析者の考え（コンセプト）を記録する一連の表である。この表は，作業領域のコントロールタスクごとに作成される。図 7-18 に SRK 一覧表の作成例を示す。SRK 一覧表の一番左の列にはコントロールタスクを構成する情報処理ステップが，その右側の列には情報処理の結果として得られる知識状態が記入される。各行で記述する情報処理ステップとその並びは，コントロールタスク分析を通じて作成した DL の内容に基づく。残りの 3 列はデザインコンセプトの発想を刺激するプレースホルダとして機能し，それぞれのセルにはSBB／RBB／KBBの各レベルについて見込まれる作業者行動が記述される。これらの記述は，どのようにすれば当該情報処理の結果として想定する知識状態が得られるのかについて具体例を示すものである。セルが空白の場合には，そのステップの情報処理に対する効果的な支援の提供が検討されないことを意味する。また，埋められているセルの内容は，コントロールタスクを適切に遂行するために作業者が備えておかなければならない能力をまとめることにも利用できる。

図7-18に示しているのは，組合せ計量装置のパラメータ調整タスク（図7-8）について作成したSRK一覧表の一部である。このコントロールタスクを構成する各情報処理ステップにおいて，SBB／RBB／KBBレベルの認知制御が具体的にどのような行動として実現され得るかがまとめられている。最も低レベルの認知制御は，装置の出力を時間空間的に連続するシグナルとして知覚し，その目標状態からの誤差を補正する手段として対応が自明なパラメータ操作を選択する行動である。この最小限の情報処理で実現されるパラメータ調整戦略の具体的行動が，SRK一覧表のSBBの列に記入されている。より複雑な調整戦略としては，装置の出力からその稼働状態を端的

作業者能力分析
SRK一覧表 SRK2.1

パラメータ調整タスク（Control Task 2.1）
関連文書
・抽象度の階層：AH0
・意思決定の梯子：DL2.1
・情報フローマップ：IFM2.1.1, IFM2.1.2, IFM2.1.3

情報処理ステップ	得られる知識状態	スキル・ベース行動	ルール・ベース行動	知識ベース行動
1. 装置の稼動状態を観察する	①稼動状態に関する一連の観察結果	・目標値に対する組合せ重量の誤差を継続的に観察する ・バッチ重量のユニット間分布を継続的に観察する	・バッチ重量の全体的な計測値の傾向や組合せ重量生成に用いられているバッチ数（選択ユニット数）を観察する ・組合せ計算に参加する計量ユニットに偏りがないかを観察する	・計量ユニットへの計量物供給の安定性（時間的な変動の小ささ）を観察する ・供給および搬送ユニットのパラメータ操作の効き具合を観察する ・…
2. 計量装置の動作状態を推定する	②同定された動作状態		・計量ユニットに対する全体的な計量物供給の過剰／不足の可能性を考える ・搬送ユニット間に計量物搬送力に差違がある可能性を考える	・供給ユニットから搬送ユニットまで経路上にある計量物のバッファ量を推測する ・生成可能な組合せ重量のバリエーションの大きさを推測する
3. 動作状態を改善する処置を検討する	③実施する装置動作調整の処置	・バッチ重量を全体的に増減させる操作の適用を検討する ・バッチ重量をユニット間で均等にする操作の適用を検討する	・平均バッチ重量や選択ユニット数を適正範囲に収める操作の適用を検討する	・供給と排出のバランスをとる方法を検討する ・組合せ重量のバリエーションを増やす方法を検討する
…	…	…	…	…

図7-18 SRK一覧表の作成例

に表す指標をサインとして読み取り，その値がどのようなパターンを呈しているかによって実施するパラメータ操作を選ぶような RBB レベルの行動がある。さらに高度な調整戦略として，メンタルモデルに基づいて装置の稼働状態に対する仮説を立て，装置出力の能動的な観察によりその仮説を検証することで実施すべきパラメータ操作を特定するような KBB レベルの行動がある。

上述の分析例はグループや組織で対処するタスクを扱ったものではなかったため，他の作業主体との連携やコミュニケーションの要素は一覧の中に含まれていなかったが，認知的制約の検討は作業領域／コントロールタスク／戦略／組織・連携のすべての知識を動員して進めることになる。作業者能力分析は，それまでの段階の分析結果を総合することで，システムの運用管理を効果的にサポートするデザインを考案する上でポイントとなる作業者行動を整理する。それは，作業領域のどのデータをどのような形式で情報として提供する必要があるのかを明らかにすることにつながる。

7
作業分析の生態学的アプローチ

(1) 環境的制約から認知的制約へ

本章では，CWA を構成する 5 種類の分析を段階に沿って順に説明してきた。第 1 の段階である作業領域分析は，作業領域に内在しその振舞いを支配する機能的な制約を特定するものであった。その次のコントロールタスク分析は，作業領域を所望の状態にするために実行されるコントロールタスクを整理する。第 3 段階の戦略分析は，各コントロールタスクを遂行する戦略のバリエーションを検討する。第 4 段階である社会組織・連携分析は，作業領域のコントロール活動の分担・連携を検討するものであった。最後の作業者能力分析は，それまでの分析結果を総合しながら，用いられる認知制御の違いの観点から作業者行動を整理する段階であった。このような CWA による作業分析は，**生態学的アプローチ（ecological approach）**に基づいてデザインされている。すなわち，作業分析はまず「環境的制約（environmental constraints）」の検討から始まり，その後に「認知的制約（cognitive constraints）」

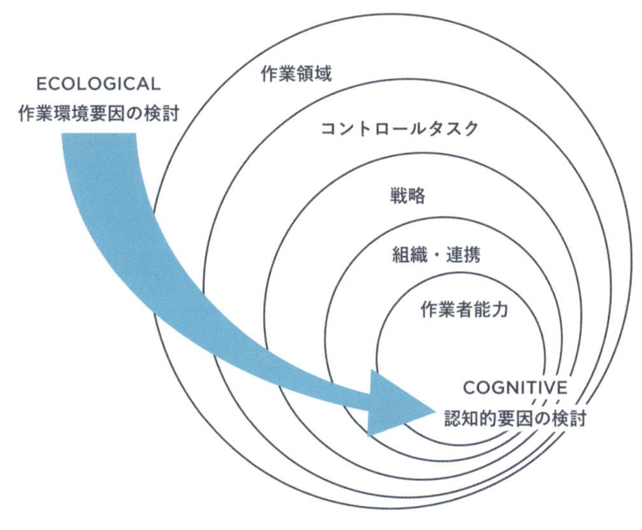

図 7-19　CWA における分析対象の遷移

の検討を行う。

図 7-19 に模式的に示すのは，CWA の各分析段階を順に経ることによって作業分析の焦点が作業者の周辺にある環境的要因から作業者自体の認知的要因に移っていく様子である。エコロジカル・アプローチは，行為主体の振舞いを形作る環境要因を正しく理解することの重要性を説く。CWA がこのアプローチに則っている理由は，環境との適合性（ecological compatibility）が確立していなければ，認知的な適合性（cognitive compatibility）は何も役に立たないからである。たとえば，ユーザインタフェースをある作業者のメンタルモデルに合わせてデザインしたとしても，そのモデルが環境の実際の挙動と合致していなければ，インタフェースは誤った意思決定を作業者に促すことになる。作業を適切に支援するには，その環境においていかなる作業者も考慮しなければならない作業の要件を把握する必要がある。そのため，必然的にアプローチは作業環境の制約を分析するところから着手することになる。一方で，人の活動を支援する仕組みをデザインする以上，人間の特性への配慮も当然のこととして求められる。認知的制約が考慮されていなければ，作業者にとって「使えない」システムができあがることになる。CWA は分析対象の範囲と自由度を徐々に絞りながら，環境的制約と認知的制約の両方をうまく統合し，その後に続くデザイン活動における創作の基盤となるシステムデザインの要件を明らかにする。

(2) 認知的作業分析の適用例

最後に，CWA がシステムデザインの要件抽出に応用された例を簡単に紹介する。ただし，CWA の 5 つの分析段階すべてを適用した事例はほぼなく，CWA 適用例をまとめた文献［3］においても 1 例しかない。すべての分析を実施することは多大な時間と労力を必要とするため，目的とするシステム開発の要求や重点に応じて用いられる分析は変わる．最も適用例が豊富なのは作業領域分析で，6.2 節で述べたように，AH や ADS の形式で整理された手段－目的関係は生態学的インタフェース（ecological interface）のデザインの基礎となる[7]。本章において CWA の各分析段階を説明するのに具体例として用いた組合せ計量装置（図 7-20）についていえば，作業領域分析により操作端末に情報が表示されていない機能が特定された。この結果は，それらの情報の可視化と操作手段の提供によって未熟練者でも高いレベルの調整が可能なユーザインタフェースの開発につながった[9]。

表 7-2 に，組合せ計量装置において測定あるいは算出が可能な主な情報変数を列挙した。変数が抽象度のレベルに沿って整理されているが，これは，作業領域分析で得られた AH（図 7-1）内の各機能がどのような数量やデータによりその状態を評価できるかという観点から変数が検討されたことに由来する。図 7-21 に示すように，従来の操作端末では同表で強調されている変数が画面に表示されておらず，装置の自動計量動作を調整する作業においてオペレータは別の手段を通じてそれらの値を調べたり推し量る必要があった。そのために，装置の機能について理解が不足している未熟なオペレータには状況を正しく認識し的確な操作判断を下すことが困難であった。この問題への対策として，図 7-21 の波線で囲まれた領域に対して，図 7-22 のようなインタフェースデザインの変更が導出された。二つの抽象的機能の状態を表す変数（平均組合せ選択ヘッド数と投入ばらつき）を各軸とする 2 次元チャート上の点として装置の稼動状態が可視化され，装置の適正な稼動状態はチャート中央の矩形範囲に対応する。それぞれの軸の方向に装置の状態を変化させるための直接的な操作手段が新たに設けられた。このようなデザインがもたらす未熟練者に対する高い支

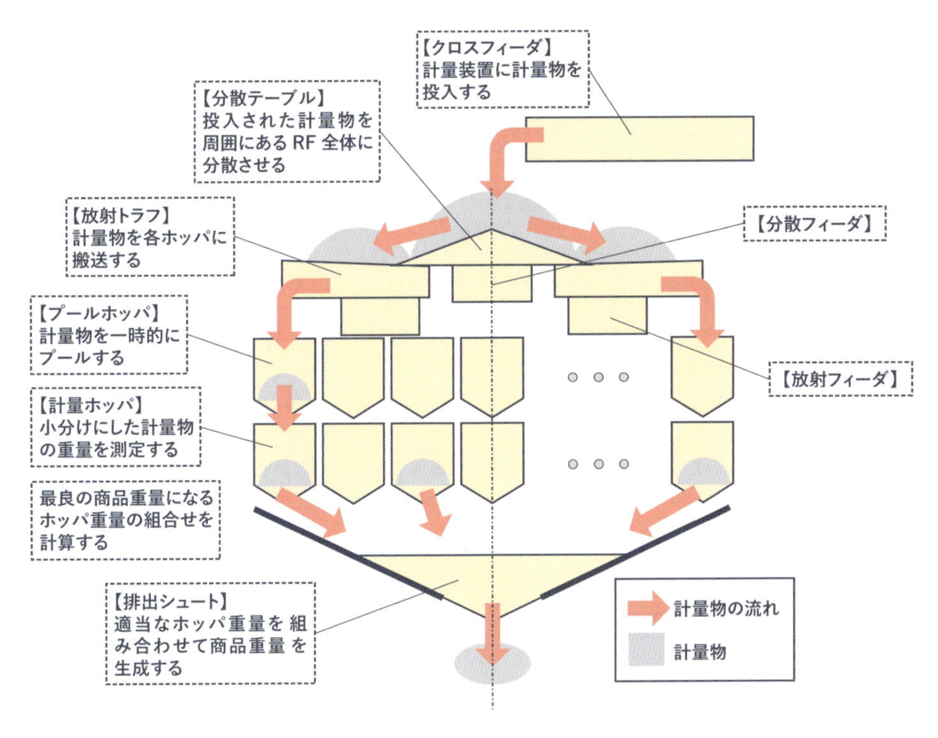

図 7-20　組合せ計量の仕組み

表 7-2　作業領域分析により得られた組合せ計量装置の情報要件[9]

抽象度のレベル	変　数
機能的目的	稼働率 計量精度
抽象的機能	平均組合せ選択ヘッド数 投入ばらつき
一般化機能	分散投入重量 目標供給重量 投入重量 1〜N（平均と標準偏差） 組合せ重量 ヘッドの選択
物理的機能	クロスフィーダの供給状態（ON/OFF） 分散フォーダの振動（強度と時間） 放射フィーダ 1〜N の振動（強度と時間） 計量ホッパ 1〜N の計量状態
物理的形態	コンポーネントの物理的配置

援効果が実際に確認された[9]。これは，作業領域分析が作業領域を運用管理するオペレータにとっての「情報要件（information requirements）」の抽出に有効であることの例証となっている。

作業領域分析とは異なる観点からの作業分析は，さらなる情報要件の抽出を可能にする。たとえば G. A. Jamieson ら[19]は，化学処理プラントのための生態学的インタフェースの開発を例に，タスク分析と作業領域分析を組み合わせて用いることがシステムに対するより深い理解を促し，有効な情報要件の抽出を可能にすることを指摘している。また堀口ら[20, 21]は，コントロールタスク分析と社会組織・連携分析を併用することで，作業領域分析のみでは抽出できない，自動制御の監視に関わる情報要件が得られることを，熱間仕上圧延工程を具体例として示している（図 7-23）。CWA を通じて明らかになるのは認知的作業を成

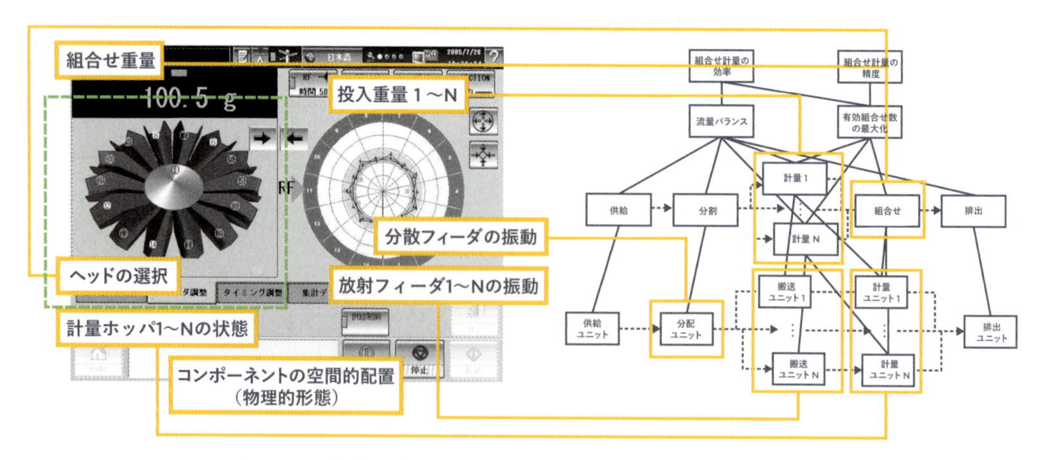

図 7-21　組合せ計量装置の調整用画面と抽象度の階層との対応

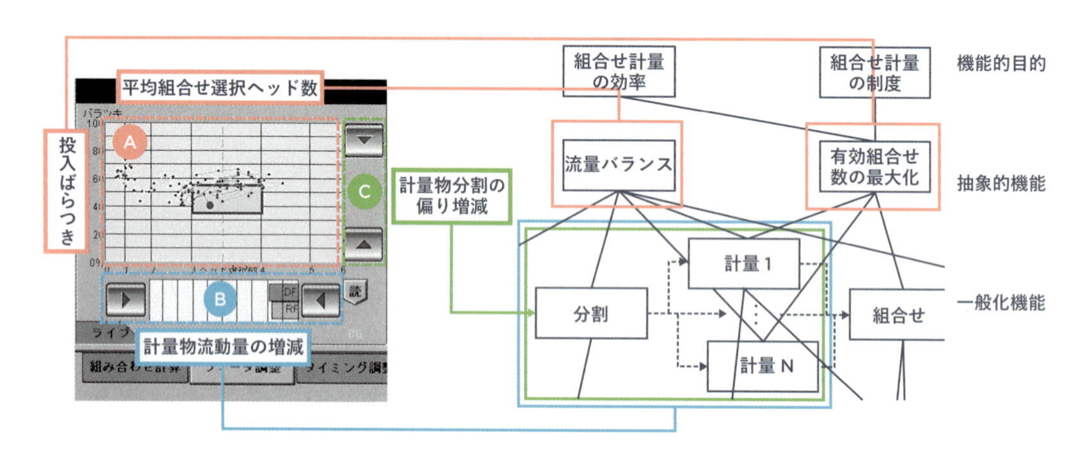

図 7-22　組合せ計量装置のインタフェースデザインの改良 [9]

り立たせる機能的な要求と制約である。それらは，ユーザインタフェースや訓練プログラム，組織設計など，システムを適正かつ効果的に運用するための技術や仕組みのデザインのポイントを洗い出すことに役立つ。

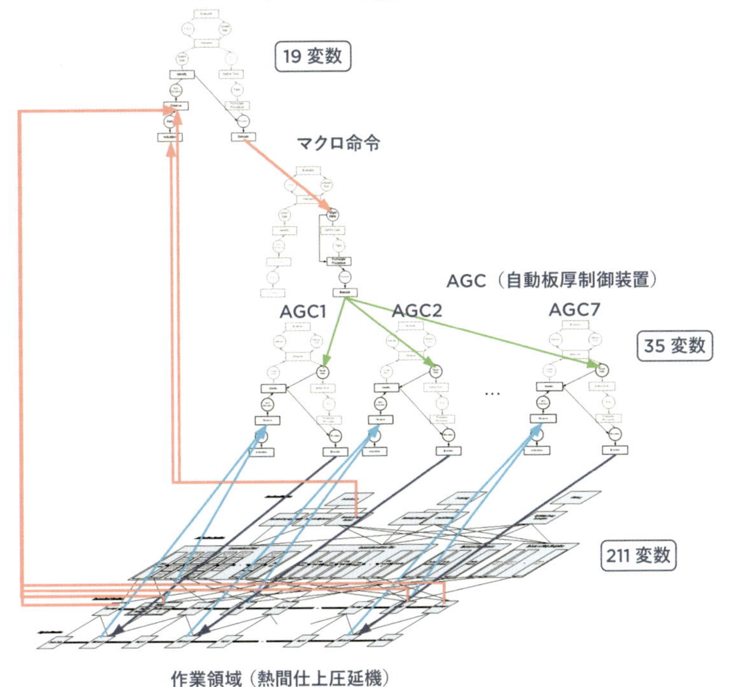

図 7-23　熱間仕上圧延工程の監視制御の認知的作業分析[21]

演習問題

（問 1）　CWA を構成する 5 つの分析段階について，それぞれが認知的作業のどのような側面を分析・整理するためのものなのかを説明しなさい。さらに，それぞれの分析のために利用するツールとそれらの用法を説明しなさい。

（問 2）　図 7-21 の操作画面の波線部分が図 7-22 のように変更されることで，組合せ計量装置の動作を調整するオペレータに必要な作業者能力がどのように変わるかを SRK 分類の観点から分析しなさい。

（問 3）　自動車や図書館など，身の回りにある社会・技術システムが関係する認知的作業を一つとりあげ，CWA による分析を試みなさい。5 つの分析すべてを実施する必要はない。さらに，そのシステムを効果的に運用するためのポイントについて，分析の結果に基づいて自身の考えを述べなさい。

参考文献

[1] Rasmussen, J., Pejtersen, A. M., Goodstein, L. P.: *Cognitive Systems Engineering*, Wiley-Interscience, 1994.

[2] Vicente, K. J.: *Cognitive Work Analysis: Toward Safe, Productive, and Healthy Computer-Based Work*, CRC Press, 1999.

[3] Bisantz, A. M., Burns, C. M. (eds.): *Applications of Cognitive Work Analysis*, CRC Press, 2008.

[4] Jenkins, D.P., Stanton, N. A., Salmon, P. M., Walker, G. H.: *Cognitive Work Analysis: Coping with Complexity*, Ashgate Publishing, 2009.

[5] Naikar, N.: *Work Domain Analysis: Concepts, Guidelines, and Cases*, CRC Press, 2013.

[6] J. ラスムッセン（著），海保博之，加藤隆，赤井真喜，田辺文也（訳）：『インタフェースの認知工学：人と機械の知的かかわりの科学』，啓学出版，1990.

[7] Burns, C. M., Hajdukiewicz, J. R.: *Ecological Interface Design*, CRC Press, 2004.

[8] Naikar, N., Hopcroft, R., Moylan, A,: Word Domain Analysis: Theoretical Concepts and Methodology, DSTO-TR-1665, 2005.

[9] 堀口由貴男，朝倉涼次，椹木哲夫，玉井裕，内藤和文，橋口伸樹，小西洋江：自動化機械の調整作業を支援するユーザインタフェースの開発－自動計量を対象とした機能間の意味構造の抽出と可視化－，ヒューマンインタフェース学会論文誌，Vol. 10, No. 3, pp. 35-49, 2008.

[10] Kirwan, B., Ainsworth, L. K. (eds.): *A Guide To Task Analysis*, CRC Press, 1992.

[11] Shepherd, A.: *Hierarchical Task Analysis*, CRC Press, 2000.

[12] Norman, D. A.: *The Design of Everyday Things*, Revised and expanded edition, Basic Books, 2013.

[13] Naikar, N.: An Examination of the Key Concepts of the Five Phases of Cognitive Work Analysis with Examples from a Familiar System, *Proceedings of the Human Factors and Ergonomics Society Annual Meeting*, Volume 50, Issue 3, pp. 447-451, 2006.

[14] Naikar, N., Moylan, A., Pearce, B.: Analysing activity in complex systems with cognitive work analysis: concepts, guidelines and case study for control task analysis, *Theoretical Issues in Ergonomics Science*, Vol. 7, No. 4, pp. 371-394, 2006.

[15] Ahlstrom, U.: Work domain analysis for air traffic controller weather displays, *Journal of Safety Research*, Volume 36, Issue 2, pp. 159-169, 2005.

[16] Rasmussen, J.: Skills, rules, and knowledge; signals, signs, and symbols, and other distinctions in human performance models, *IEEE Transactions on Systems, Man, and Cybernetics*, Vol. 13, No. 3, pp. 257-266, 1983.

[17] Vicente, K. J., Rasmussen, J. : Ecological interface design: Theoretical foundations, *IEEE Transactions on Systems, Man, and Cybernetics*, Vol. 22, No. 4, pp. 589-606, 1992.

[18] Kilgore, R., St-Cyr, O.: The SRK Inventory: A Tool for Structuring and Capturing a Worker Competencies Analysis, *Proceedings of the Human Factors and Ergonomics Society Annual Meeting*, Vol. 50, pp. 506-509, 2006.

[19] Jamieson, G. A., Miller, C. A., Ho, W. H., Vicente, K. J.: Integrating Task- and Work Domain-Based Work Analyses in Ecological Interface Design: A Process Control Case Study, *IEEE Transactions on Systems, Man, and Cybernetics*, Part A: Systems and Humans, Volume 37, Issue 6, pp. 887-905, 2007.

[20] Horiguchi, Y., Burns, C. M., Nakanishi, H., Sawaragi, T.: A Cognitive Work Analysis of Hot Strip Mill Operation: Modeling Functional Structure of a Highly Automated Process, *Preprints of the IFAC Workshop on Automation in the Mining, Mineral and Metal Industries 2012*, pp. 208-213, 2012.

[21] Horiguchi, Y., Burns, C. M., Nakanishi, H., Sawaragi, T.: Visualization of Control Structure in Human-Automation System Based on Cognitive Work Analysis, *IFAC Proceedings Volumes*, Vol. 46, Issue 15, pp. 423-430, 2013.

CHAPTER

8

人工物のセミオティックデザイン

人工物のデザインは，デザイナが問題の意味を解釈し，解釈された意味を表現形として生成し，解である表現形の意味を他者であるユーザに伝達する営為である。このような，意味の解釈・生成・伝達の仕組みを支配するのが記号過程（セミオーシス）である。記号過程は，そもそも無限定な対象に対して認知主体の能動的な介入によって個々の要素に対する意味のまとまりを生成し，その要素間の関係や要素と全体との関係を構造化して把握する際の普遍的な過程である。本章では多様な分野における認知活動に通底する記号過程の構成原理について概説し，さまざまな人工物の成り立ちからデザイン活動そのものに至るまでを記号の生成・利用のダイナミズムの観点から概説する。

（椹木 哲夫）

1
記号論の諸相

意味や解釈というキーワードは，主観的であるがゆえに，自然科学では取り込むことをタブー視されてきた概念であった。しかし，人間を内部に含み，人間が媒介してのシステム全体の創発を議論するに当たっては，この意味の処理を抜きにしては考えられない。過去に，人間工学の分野がこのテーマに真正面から取り組んできたことはない。インタフェースの分野でも，でき上がったモノについて，人間にいかに使いやすいかの結果のみを評価するに留まっている。工学から眺めたときに，やはりこの部分がいまだブラックボックスであることは明らかである。

「「モノ」から「コト」へ」という標語が掲げられている。この意味は，「実体主義から関係主義へのかじ取り」である。この観点から「記号」というものを考え直してみると，「実体が他と独立に存在しえて，それが普遍的な属性を持つとする考え」，これが伝統的な意味での記号の意味である。機能が良ければ使われるハズと考えてさまざまな製品が設計され，世に出てきていたのも，基本的には，デザインされたモノ＝完成されたモノであるという実体主義の現れである。記号はモノを代理し，現実を固定的に表現する手段（means）と見なされてきた。

これに対して，記号における実体主義を超克するのがセミオーシス（semiosis）の考え方で，記号が他の記号に置き換えられ，推移していくことが記号にとって本質的であるとされる。そしてその過程にこそ「意味」が現れるのであって，モノが単独で意味を持つという言い方は適切でない。

記号学の二大源流とされている F. de Saussure と C.S. Peirse が，それぞれセミオロジ（semiology），セミオティクス（semiotics），と呼び分けている。ここでは，C.S. Peirse のセミオティクスの概念に基づいて以下を記述する。C.S. Peirse がセミオティクス＝記号論と定義し，その記号過程のことをセミオーシスと呼んでいる。F. de Saussure と C.S. Peirse に共通しているのは，「記号と意味の関係は一対一に固定された関係ではない」とする点である。とりわけ C.S. Peirse は，「記号とはそれを知ることによって，もっとほかの何ものかを知るものである」というフレーズからもわかるように，記号が媒介して意味が変遷を繰り返し，回り続けるような，力動性を有する点を強調している。

C.S. Peirse の**セミオティック・トライアッド**（semiotic triad）と呼ばれる，実体・記号（表象）・解釈，の三項関係が重要である[1]。この関係を図 8-1（a）に示す。C.S. Peirse は，記号は「それ自身とは別の何かを表すもの」と定義さ

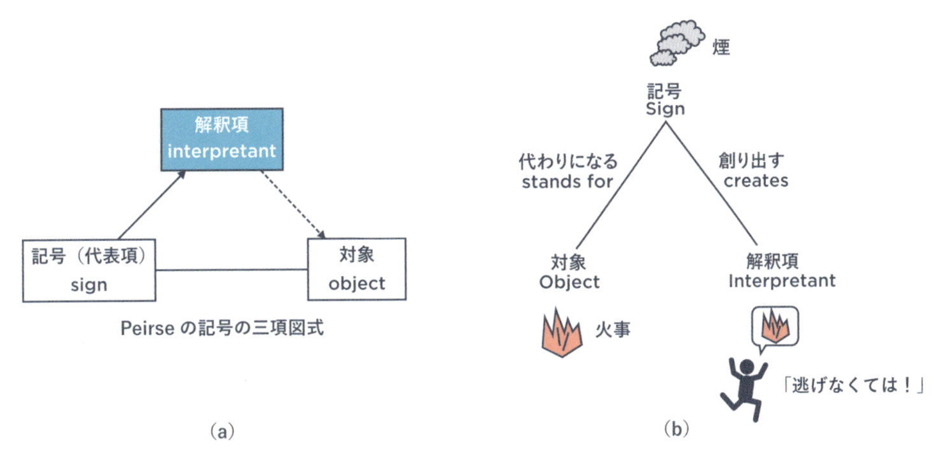

図 8-1　C.S. Peirse による記号の三項関係

れ，記号としての代表項（sign）とそれが参照する対象（object），両者を結ぶ解釈項（interpretant）で構成される三項関係としてその構造を記述する。ここで解釈項とは，認識した記号を対象に結びつける解釈者の思考作用を意味する。つまり，代表項と対象の関係は解釈項を介して意味づけられるものであり，両者の間に直接的な関連は必要としない。記号を解釈して対象を想起していくプロセスは**記号過程**（semiosis）と呼ばれる。すなわち，実体と記号の二項関係で完結してしまわないところが記号過程のもっとも重要な特徴で，これを明確にするために，あえて解釈という項を付加している。もちろんこの解釈づけられた内容そのものが，あらたな記号として，さらなる解釈に発展させていくという無限の循環を繰り返す過程を，意味的な創発のプロセスと考えている。これによって実体と記号は一対一の不変な関係ではなくなる。

簡単な例を図 8-1（b）に示す。「火事」という実体に対して，たとえば燃え盛る炎であるとか煙，あるいは消防車のサイレンに及ぶまで，火事と関係づけられる記号（表象）はいくらでも思いつく。しかし目の見えない人にとっての火事，耳の聞こえない人にとっての火事，…，火事という実体は共通であるにしても，火事の表象としては利用可能な記号はそれぞれに異なる。すなわち，だれが，どのような状況で「解釈」するのか，という規定を抜きにしては，火事という実体と記号との関係は完結できない。たとえば，近隣で起こっている火事かどうか，自らに害が及ぶような火事なのか対岸の火事のようなものか，そこまで含めて「火事」の実体を自身にとっての意味にグラウンドするためには，解釈が媒介する関係を抜きには対応づけようのないのが現実である。

生命記号論

このようなセミオーシスについての議論は，生命分野でも活発に行われている。**生命記号論**という分野で，J. Hoffmeyer は，「記号は人間社会ばかりでなく，生命界にも等しく満ちあふれている」とし，受精卵が細胞分裂を繰り返し，適切な形態を作るという複雑な胚発生の過程について，C.S. Peirse のセミオティック・トライアッドに基づいた説明を与えている[2]。図 8-2 に示すように，記号としての DNA は，生体を組み立てるためのやり方が単に記号化されて記述されているだけであって，この地球上では生命を持つものの中で受精卵だけがこの記号を読み取り，その情報を

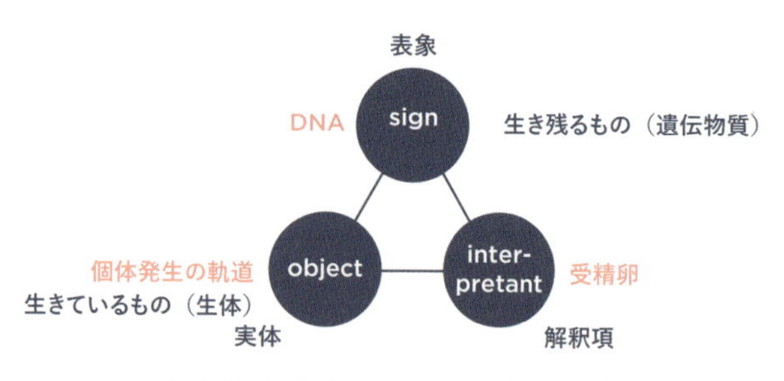

図 8-2　セミオティック・トライアッド

翻訳し生体を作り上げることができるとする。生命とは何か，の問いに対して，DNAのみではないとする，現在のゲノム研究へのアンチテーゼでもある。

同様に，川出は，生物において，それを構成する物質の分子が記号作用を行うとし，分子が集まって生体を組織するという物理化学的側面のほかに，分子の集合が「生きている」というのは記号過程に基づくことであり，生物が無生物と違うのは，分子の階層を含めて生物を構成するどの階層でも記号作用が行われることにあるとしている[3]。記号論において，樹木や石，煙などの自然物も，人間の精神や文化という文脈におかれれば記号作用を行う。同様に，分子という物理的存在も，分子の世界で生命という文脈におかれれば記号作用をすると考えるのである。G. Tomkins によれば，環状アデニル酸（cAMP）という物質は生物界に広く分布する物質で生化学反応を抑制したり促進したりするものだが，これが細菌の中では，環境に栄養となる炭素源が不足したときに細胞内に蓄積し，細胞を飢餓状態に適した体制にし，外界の炭素源欠乏を表象する分子シンボルとして働くが，粘菌細胞では，細胞同士が集合するという，細菌とは異なった反応（解釈）を引き起こす物質として働く[18]。また，この物質は動物細胞においては各種のホルモンを分泌するという，微生物細胞とは異なる表象内容と解釈を生みだす。これらの例が示すように，分子は低分子・高分子を問わず，生体またはその一部を構成するときには，すべて記号作用を行う。生態系ではさらに高次のレベルで記号作用が働く。

第 5 章で述べたように，生物にとって外界とは何らかの形で知覚し作用しかける対象としてのみ存在する，という考えを J.J.B. von Uexküll は Umwelt（環境世界）という言葉で表現したが，これは，生物が外界を記号化すると言い換えられる。生物が外界から取り込むのは，「意味のある」物質のみであり，あるいは物質に意味を与えながら取り込むのであって，外界との間で物質をやり取りするというよりは，環境世界との記号のやり取りによって生活しており，それによって高い自由度と効妙な適応性を維持しながら少しずつ変化していく。

生命というものは，生命を構成するそれぞれの物的組織が独立して各々の機能を担っていると考えるのは不適当である。生体器官，あるいは生体組織には，外界，環境，あるいは，他の生体部分からの「刺激」が記号として取り込まれ，それに対して，生体に遺伝的に具備されている情報処理システムが，その文脈に固有の解釈を行う。すなわち，その役割に沿った固有の意味を外界から獲得していく過程が，現実の「生命現象」，「生命活動」である。この意味において，生体と環境との間には，明示的なメッセージ交換という手段以外でも，さまざまな手段で「伝達」と「意味作用」が行われていると考えることができる。

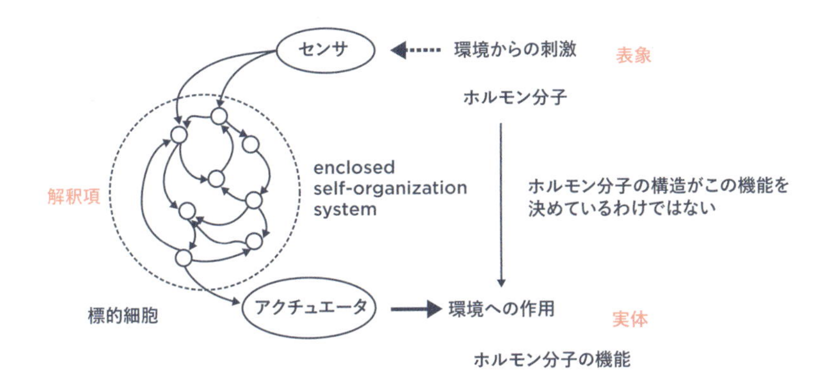

図 8-3　ホルモン分子が担う記号過程

さらにこれまでの人工物設計では，構造と機能の関係は不離・不変の関係にあると見なされてきたが，このような構造／機能の関係は，セミオーシスにおいては記号／実体の関係に対応するのみで，これに加えて第三の解釈項に当たるのがこの関係を上位で規定している合目的系の存在である。そしてその支配下で構造／機能の関係が確定される。このような解釈項の多義性を許容することで，新たな人工物への展開が拓ける。

このようなセミオーシスで前提とする解釈項による記号の多義性は，従来の精密機械仕掛けのように，各部分の働きが物理科学の法則に従って決定論的に決まり，そこにはわずかの恣意性の入る余地もないとする伝統的な考え方に真っ向から反するものである。しかし，事実生物の世界では，完全な細胞を構成するについてどのような成分が必要かについての選択の仕方には大幅な任意性があり，要素の選び方や配置はしばしば必然性を欠くことが確認されている。さらに上述したように，生体における分子の機能は，その構造によって規定を受けるものの，それがその根拠のすべてにはならいことが多い。たとえば，図 8-3 に示すように，ホルモン分子とその標的細胞との間での作用を考えると，ホルモン分子が刺激として作用することで細胞が発現する機能は，細胞の必然的な応答のように見えるものの，どういう応答が出るかは，細胞の側の体制によって決まるのであって，ホルモン分子の構造がこの機能を決めているわけではない。これによって，物質としては同一のホルモンが，違う生物，違う組織で違う機能を発現しうるのである。

2
記号の知

(1) 記号のシステム学

本節では記号過程をシステムとして捉える観点について論じる。

そもそもSaussure言語学の基本になるのが，言語は自然現象ではなく，政治システムや社会のいろいろな慣習と同様に人間が作り上げた人工物であるという立場である。この立場に立つと，言語および記号がどのような仕組みで機能しているか，つまり記号のシステム（体系）を論じることができる。これまでシステムは，サイバネティクスや制御理論，一般システム理論，システム工学，システム・シミュレーションなど多方面で理論や技法が開発されてきている。なかでもL. von Bertalanffyが中心となって研究を進めた**一般システム理論**は，生物，社会科学や心理学などの広い分野の課題をシステム・モデル化し，数学の理論を用いてその挙動を明らかにしようとするものであった[19]。これに対して言語記号のシステムは，物理世界の秩序の写像といったものではなく，言語の差異によって世界を分節する作用である。世界秩序や自然事象が先にあってそれに言語で名前をつけるという「実在論」の考え方ではなく，言語の差異のシステムが先にあって世界秩序や自然事象を構築するという前提に立つ。一つの記号は一つの事物を表すというように，記号を指示対象とのかかわりにおいて孤立的に定義するやり方とは根本的に異なった認識の問題へと展開される。これによりシステムを，モノの集まりとしてだけではなく，人の認識活動を介したコトの繋がりを重視する創発システムの設計論に繋がる視点を提供することができる。

F. de Saussureは，言語記号の関係性として，意味する（signifiant）／意味される（signifie）という二つの関係性を区別している。いわゆる「シニフィアン」（le signifiant，意味スルモノ，記号表現）と「シニフィエ」（le signifie，意味サレルモノ，記号内答）の区別である。たとえば，／ki／という子音と母音の組合せで発話されたシニフィアンは，言語記号としてみれば，言語の話し手・聞き手の心の中に／木／の概念をシニフィエとして想い浮かべさせる。すなわちシニフィエ

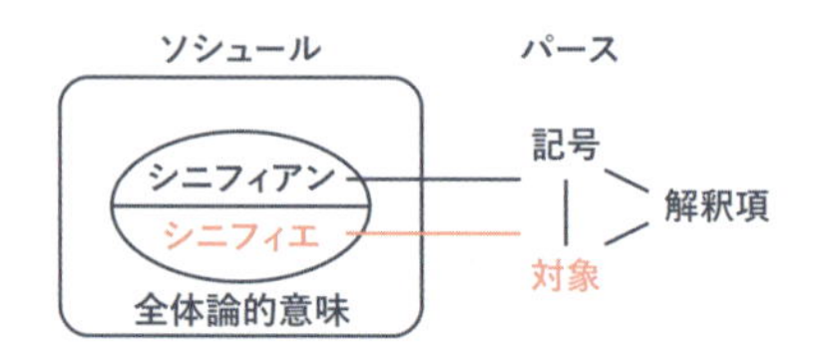

図 8-4　Saussure と Peirse の記号関係の対応

は，シニフィアンによって心の中に喚起される限りでの意味内容を表す。図 8-4 に C.S. Peirse の三項関係との対応を示す。

(2) 表意体としての記号の分類

次に，C.S. Peirse による表意体と対象との間の対応についてより詳細な分類を考える。C.S. Peirse は，物の存在の現れ方として，

1) それ自体として未分化のままにあるあり方（一次性）

2) もう一つの物や意識の第二項との対立・対比においてあるあり方（二次性）

3) 第三項に媒介されてあるあり方（三次性）

の三つのタイプに基づいてすべて整理できるとしている。

一次性（firstness）とは，「それ自身として，他の何も参照せずにそれ自体として存在する存在の様態」であり，記号を生みだす元にある物理的一物質的なあるがままの存在の様態を指す。

例：光点の運動時系列

二次性（secondness）とは，「そのものが，第二のものと関連し，しかし第三のものとは関係せず，そのものであるようなもののあり方」である。知覚においては，物や観念はそれ自体として存在するのではなく，つねに他のものや観念との関連において存在する。

例：光点の運動時系列にみる人間の行為（バイオロジカルモーション）

三次性（thirdness）は，「ある第二のものと第三のものとを相互関係にもたらすことにおいて，それ自身であるようなもののあり方」である。コミュニケーションにおいては，語り手と聞き手とが音声や身振りといった記号を使うことによって結びつけられている。このように媒介やコミュニケーションや表意作用の関係において現れる存在のあり方を指す。

例：パントマイムでは，「演者」と「聴衆」と「演技」の三つの項を不可欠的に含んでいる。互いに理解できる共通の意味または解釈，すなわち第三の媒介，がなければパントマイムは成立しない。このような異なる主体の間で媒介する存在する様式が三次性である。

以上の考え方に基づくならば，記号の存在のレベル，すなわち表意体それ自体としての記号は，

1. 記号の物質的存在のレベルとしての「性質記号（tone）」
2. それぞれ一つの具体的な記号としての認知にかかわる「単一記号（token）」のレベル
3. 単一記号を一般的な意味作用の法則性へと結びつける「法則記号（type）」のレベル

という三つの存在の仕方において捉えることができる。それぞれのレベルの記号が，記号として使われるためには，その記号を認知できることが必須となるが，各レベルにおいて，

1. 物理的な刺激を感覚的信号に変換するプロセス（＝性質記号）
2. 個別の記号の識別のプロセス（＝単一記号）
3. より一般性のあるカテゴリーの体系に基づく処理（＝法則記号）

という三つの段階にわたる記号認知のプロセスが付随する。

以上の例を図 8-5 で説明する。同図（a）左に示すように，われわれの目の前に，いろいろなオブジェクトが提示されたとする。それぞれは，あるオブジェクトとして存在していることを，その線の色や異なる形として固有の存在を示している(性質記号)。しかし，これらがまったく別物かというとそうではなく，線の色が変わっても，中が塗りつぶされても，また周囲が塗りつぶされてもそれぞれを個別の円の一つとして識別しており

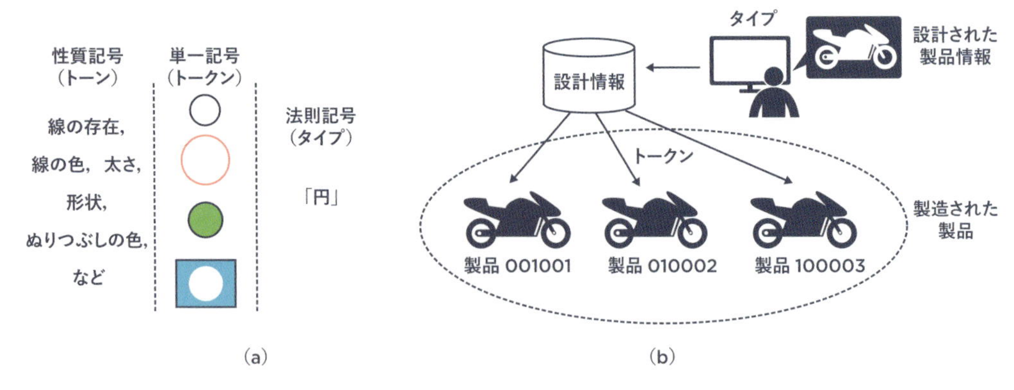

図 8-5　タイプとトークンの例

(単一記号)，同図（a）右に示すようにわれわれはその形を「円」(法則記号）として認識している。具体的に提示された記号が個別のオブジェクトであるという単一記号であるのに対して，認識された形はより一般的な法則記号である。

この単一記号と法則記号の違いは，同図（b）に示すように設計や製品の情報管理などにおいて有用に使われている。設計は個々の具体的な製品を開発するのではなく，製品の鋳型となる設計書や設計図のレベルであり，法則記号である。一方，製造部門はこれをもとに，具体的な製品を製造していくので，単一記号を生み出していることに相当する。

(3)「対象」との関係における記号の分類

記号のいまひとつの基本的な分類は，その記号が表す対象との関係における分類である。

1）「類像記号（icon)」: 記号がその性質のまま対象を意味しているような関係

対象が持つ性質を記号自体も備えているという「類似性（similarity)」の関係が，記号と対象との間に成立する。似顔絵や，肖像，絵画のほか，写真や映画やテレビ画像，地図や建築の設計図，さらに擬音語や擬態語は，それぞれ対象との類似性の関係に基づいたアイコニックな記号である。

たとえば，図 8-6 に示すように，絵画，バレエ演技，ままごと，のいずれも類像記号として捉えられる。それぞれが表意する対象は明らかである。

2）「指標記号（index)」

記号が対象と事実において結びつき，対象から実際に影響を受けることによって，その対象の記号となっている場合。つまり，記号が類像記号におけるようにそれ自体において対象を意味するのではなく，対象と事実的な関係を持つことによって対象を意味しているある経験の連鎖に基づいて意味が読みとられる際に，その読みとりを成り立たせるものが指標記号による記号である。指標記号が担っているのは「指示作用（indication)」という，記号と対象との物理的あるいは身体的な結びつきに基づいた記号作用であり，指標記号は，人間にとって個々の事物の具体的経験と記号の意味作用とのインタフェースをつくりあげる重要な機能である。

たとえば，推理小説で殺人犯の残していった証拠から犯行の謎解きをすることを考える。被害者の遺体の横には，犯行に使われた花瓶が，割れてかつ血糊がついた状態で残されており，その花瓶からは犯人のものと思われる指紋が採取されたとしよう。ここでは，割れた花瓶，血糊のついた花

絵画　バレエ　ままごと

図 8-6　類像記号の例（上段が実体で，下段が記号）

瓶，花瓶の指紋，などすべてが犯行の証拠となる。これらの証拠は，犯人が残していった指標記号である。この指標記号が何を指し示しているかの記号内容（指示対象）は言うに及ばず，犯行の具体的詳細，である。ここでの指標記号に特徴的なのは，

1. 記号（証拠）はその指示対象と特に重要な類似関係を持っていない。
2. 記号はその対象と物理的につながっていて，したがってその対象が取り除かれたときには直ちにその記号としての性格を失う。
3. 記号は個体的事物を唯一無二的に指示する。
4. 記号は強制的に記号を使う側の注意をその対象に向けさせる。

たとえば，図 8-7（a）に指標記号の例を挙げる。前節で述べた航空機のコクピットのインタフェースである。航空機の飛行状態を表すさまざまな変数（速度，高度，機首のバンク角，方位，等）がそれぞれ対応する記号により表意されており，いずれもが上記の 1. ～4. の要件を満足していることが確認できる。また図 8-7（b）に示すのは，社会性昆虫として知られるミツバチの「八の字ダンス」の例である。ミツバチは，巣外の花に行ってきた偵察バチが巣に戻ると，偵察バチが見つけた花の在り処（餌場）を，太陽を基準にした巣箱からの方位と距離を，それぞれダンスの八の字の方向とダンスの回数によって情報を呈示し，それを他のミツバチが供える器官により検知してその餌場を知らされると言われているが，ここでは「八の字ダンス」が指標記号の役割を果たしている。

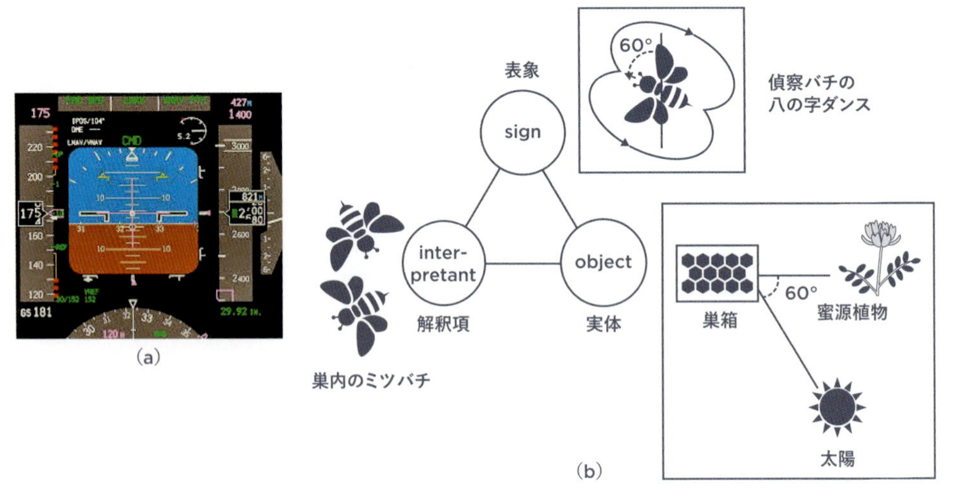

図 8-7　指標記号の例

3）「象徴記号（symbol）」

象徴記号は，記号とその対象との間の関係が取り決めに基づいて決定されているような関係である。記号と対象との間の関係が法則という一般性に基づいていることによって，象徴記号による対象の表意の仕方はそれ自体が一般性の意味を有することになる。象徴記号は特定の個々のものを指示するだけではなく，それ自身が類であって個物ではないのが特徴である。たとえば，上述の殺人事件の証拠群から，犯人の被害者に対する明確な殺意を表すと捉えるならば，単に数々の証拠がどのように犯行に物理的に使われたかの指標的意味以上に，犯人の被害者への殺意という象徴的な意味を汲み取ることができる。

さらに象徴記号の例として図 8-8 に京都大学デザインスクールのロゴを示す。同スクールが人材の育成目標としている「十字形人材」，産官学の三つのセクターによる連携で実施されているプログラムであることが表意されているが，そこには第 3 の知識が伴わなければその意味するところにはたどり着けない。

以上のように，対象と記号の類似性の観点からは，図 8-9 に示すように，類像から指標，象徴と推移するにつれて，非類似性が高くなる。以上のほかに，C.S. Peirse は記号を推論を形成する素材としての区分から，名辞，命題，論証の 3 区分を与えている。名辞記号（seme）は述語のように性質の点から対象を示す記号，命題記号（pheme）は命題のように事実の点から対象を示す記号，論証記号（delome）は論証的に習慣や法則から対象を示す記号である。

以上の関係をまとめたものを表 8-1 に示す。縦軸は，1 次性，2 次性，3 次性の区分を表し，横軸は，パースの 3 項関係における，(A) 記号それ自身の区分，(II) 記号がその指示された対象をどのように表示するかの区分，(III) 記号がそ

図 8-8　象徴記号の例

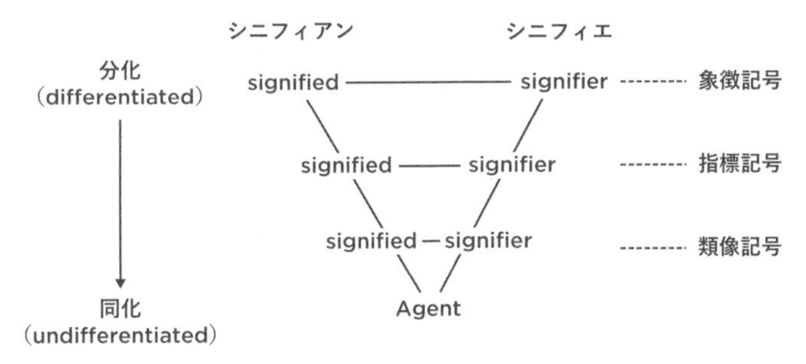

図 8-9　対象 - 記号の間の類似性

表 8-1　記号の三分法

	記号それ自体の在り方	対象との関係における記号	解釈内容との関係における記号（代表項と対象の関連付け）
1 次性	性質記号	類像記号	名辞
2 次性	単一記号	指標記号	命題
3 次性	法則記号	象徴記号	論証

の解釈項に対してそのオブジェクトをどのように表示するかの区分，に対応する。また三つの記号分類についての関係を併せて示す。

(4) 記号作用の成り立ち

記号過程とは『「意味」を微分することである』と言われる[4]。本来，無限定な環境に対して，主体はその記号過程を介して環境を「分ける」ための「分節化」を行っている。実世界で遭遇する本来未分節の現象に対して，分節を形式的単位として，その組合せによってかたちと意味が生みだされる。一般に最小の分節をかたちづくる形式的単位それ自体に意味はなく，それらの組合せによってかたちが生まれ，そのかたちが「記号」として意味を持つことになる。これが**二重分節の原理**である。

たとえば図 8-10 (a) に示すように，人間の言語は，意味を持った単位（単語，語彙素）を多数必要とするが，それらは少数の種類の，意味を持たない音素の組合せによって作られている。同様のことが，運動，建築物や都市，物語，作業という対象においても，これらを読み解き，理解し，生成するに際して，同種の構造が成り立っている。同図 (b) は人の運動を例に示したものである。また川出によれば，この原理は，生物系においても働いている[5]。タンパク質，核酸，多糖質などの高分子は，言語での意味単位に相当し，膨大な数の種類が存在するが，それらは少数の種類の低分子素材の組合せで作られている。生体分子は，比較的少数の種類の要素を用いて広大な多様性を実現しなくてはならないが，そのための方策が言語と同じく，二重分節という方策である。

二重分節原理について，ここでは以下の二つの側面からまとめる。

1）差異による分節のシステムの画定

まず，「分節 (articles)」とは，差異によって区切られた単位，関節や竹の節のようにそれぞれ

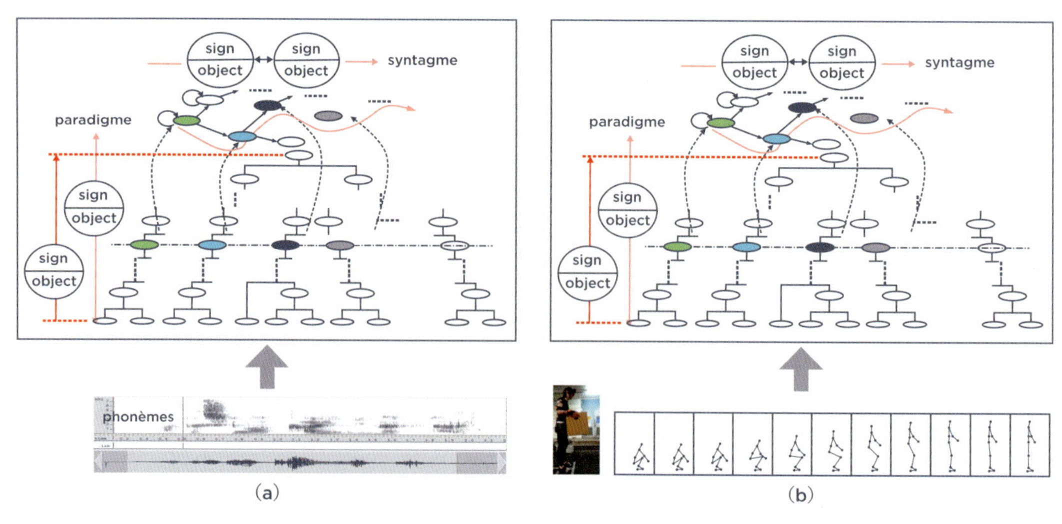

図 8-10　二重分節構造（a)音声データ（b)運動データ

の節が相互に区別しあう非連続の単位であり，「分節化のシステム」とは，分節を形式的単位として，その組合せによってかたちと意味が生みだされるシステムである。最小の分節をかたちづくる形式的単位には意味がなく，それ自体として意味がないそれらの形式的単位の組合せによって，かたちが生まれ，そのかたちが記号として意味を持つことになる。

2）意味の単位をなすかたちの次元の編成原理の同定

パラディグム（**範列**（le paradigme））：一つの言述が実現するときに，記号の現働化を規定している記号間の「連合関係」(記号で表象される概念の上位と下位の関係，何を選び取るか)

サンタグム（**連辞**（le syntagme））：一つの記号の実現に続く記号の反復の系列を指定する「結合関係」(記号の間をどのように並べるか)

意味単位を構成する個々の要素は決して孤立したものではありえず，他の要素とのネットワークの中に必ずおかれ，他のすべての要素との差異に基づく相対的な価値しか持つことがないような関係を介して結びつけられる。これにより分節化された全体と部分との関係が構築される。この関係を規定している二つの次元が，範列と連辞の次元である。システムがつくりだすこのような関係性の総体の仕組みこそが「構造（la structure)」であり，現象がどのような関係性のシステムにおいて成立しているかを理解し，現実を構成する個々の対象をではなく，現象をつくりだしている意味作用の場を考えることが記号過程にほかならない。

言語の世界を対応づけると記号作用の成り立ちは明らかである。範列は関連する記号表現や記号内容の組の集合の間の関係であるので，自然言語で言えば動詞，名詞といった概念クラスに対応する。これらの動詞・名詞は無数にあるが，示したい中身，つまりどのような機能に対応する記号内容を選び取るかによって異なる記号表現が充てられる。一方，連辞は異なる記号が配置されてテキスト内で意味のある全体像を形成するための正しい順序やその組合せを規定する。この組合せは，明示的および非明示的な両方の規則（統語則）と習慣の枠内でも作られる。つまり，記号間のつな

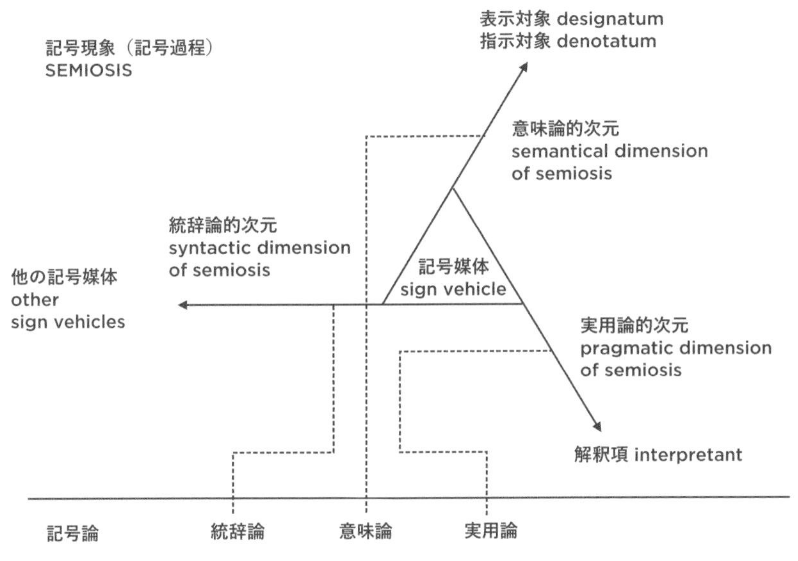

図 8-11　C.W. Morris による記号論の分類

がりのルールを規定するものが連辞である。

アメリカの哲学者 C.W. Morris は，その著書『記号理論の基礎』の中で記号論（semiotics）を『syntactics, syntax（統辞論）・semantics（意味論）・pragmatics（実用論）』の三つに分類している（図 8-11）[20]。統辞論は，言語を統御する文法規則や推論規則を研究するシステム論に関係する分野であり，取り扱う記号の要素はサイン（sign）であり，このサインの間の関係性を規定する。意味論（semantics）は，命題の真偽判定（命題論理学の真理値の判定）を行いサインと外部世界の事象との関係を論じる分野である。実用論は，記号の実際的な利用形態や意味作用を研究する分野であり，使用目的からの関係性を論じる。一つの集合の中に下位の諸集合がそれぞれのレベルできれいに階層をなして組織された集合がツリー集合であるのに対して，一つの集合の構成要素がいくつもの上位集合に包含され，集合の包含関係が入り組み絡み合った集合がセミラティス構造である（図 8-12）。この構造特性のゆえに記号解釈の多義性が実現されており，この多義性の中から一つに意味を絞る過程を規定しているのが実用論にほかならない。

言語以外のわれわれを取り巻く人工物の世界においても，記号作用の成り立ちを見ることができる（図 8-13）。

例：

食事のメニュー

「前菜＋主品＋デザート＋コーヒーなどの飲み物」といった連辞の構造を持ち，それぞれの品の範列（パラディグム）の中から自分の選択を行う。

服装

「帽子＋上着＋ズボン＋靴下＋靴」

上記以外にも，R. Jakobson は，人間の文化がどのように自然を分節化し意味のシステムに変えているかという視点を提供しており，C. Lévi-Strauss が料理の普遍文法として提出した「料理の三角形」の概念を提唱しており，さらに V.Y. Propp の『民話の形態学』は，「ナラトロジー（物語学）」の系譜となったものであるが，人間の語りをつかさどっている基本的な論理構造の分節シ

ツリー構造

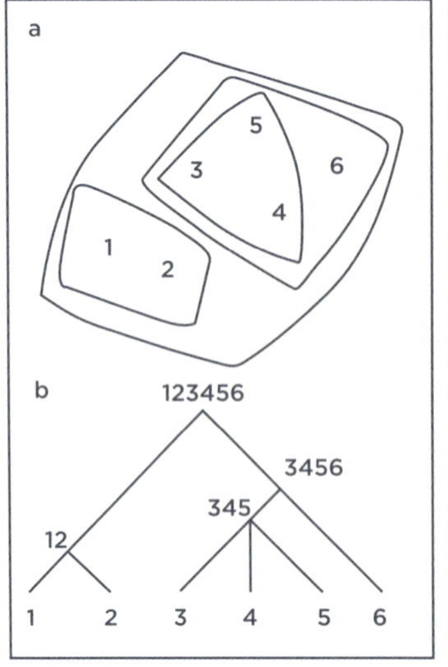

セミラティス構造

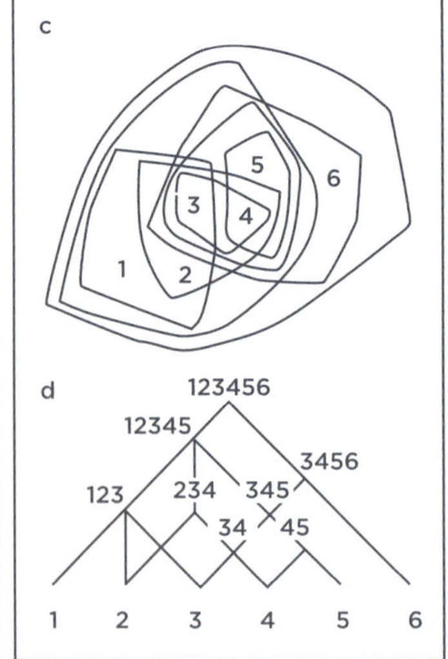

図 8-12　ツリー構造とセミラティス構造

食前酒
前菜
魚料理
肉料理
デザート

料理

path（道筋）
edge（線状の要素）
node（主要な集合点）
district（都市の部分）
landmark（外部から認識できる特徴的・点的な要素）

街

帽子
ジャケット
ズボン
靴
ソックス

礼装

図 8-13　身の回りでの記号作用の例

ステムを抽出している。

さらに建築の記号過程的構造が著名である。建築は空間を関係性の場として分節する。すなわち，どのような建築であれ，構成要素（柱，梁，屋根，壁など）から成り立ち，それらの要素は文化と歴史に応じて形式化されている。その結果，建物の構造（structure）の要素としても形式化されている。

言語の意味作用であれば，その構成要素を音素から形態素，構文の統語規則にいたるまで画定することができるのと同様に，「都市の記号作用」についても，同じように要素単位や文法的規則性を考えることができる。ある街を想い浮かべるとき，どのような構成要素と規則性に基づいて，その街全体やある一角をイメージとして構成しているのかについて，そのようなイメージの要素が明瞭に分節されやすい街は心に想い浮かべやすくわかりやすい。つまり，街としての読解可能性が高いのに対して，そうした要素がうまく分節をつくりだしえない街はわかりにくい読解可能性が低いと経験される。

K. Lynch は都市のイメージの分析の三つのレベルとして，

1）同定性（identity）：都市のイメージを構成する要素がどのようなものであるかを同定することができるかどうか，どのような要素が同定されるのか。

2）構造（structure）：同定された要素間にどのような相関関係と相互作用が成立しているのかを研究する分析。

3）意味作用（meaning）：それぞれの都市生活者が都市に与えている意味づけのレベルで，個人差や社会的なカテゴリーや階層による差異にも関連するとされ，1）と 2）との形式的要素や構造に基づいてどのような意味づけがされているのかという具体的な意味現象。

に分類しており，都市の要素の同定を許す構成要素として，

1）通路（path）：そこを通って街を移動するとみなしている通り路。

2）境（edge）：街の中の場所の拡がりの境界をつくっている「辺」にあたる要素。

3）接合点（node）：人々が移動するときに，そこを経由することによって行き先を決定する焦点となる場所。通路が交叉する点，一つの構造から別の構造へと転換が起こる場所。

4）区域（district）：2 次元の拡がりを持つ共通の特徴によるまとまりをなしている区分。

5）目印（landmark）：外から見られる参照点で，周囲のものから際だって目立つ特徴をそなえていて，人々がそこに準拠することによって自分の方向や位置を組み立てることができる役割を果たす。

の 5 種類の構成要素を提示し，それらが相関することによって，都市のイメージの構造が成立しているとする仮説を提出している[21]。

3
コミュニケーションの記号論

セミオーシスの有望な分野に，コミュニケーション分野がある。通信という意味でのコミュニケーションでは，これまで，C.E. Shannon and W. Weaver の通信理論がその基盤にあり，そこでは，送り手，エンコード，伝送，伝送路，ノイズ，デコード，受け手，という構図でコミュニケーションを論じている。

すなわち，これまでコミュニケーション理論のモデルとしては，図 8-14（a）に示す枠組みが主流であった。そこでは「意味されるもの（メッセージ)」を「意味するもの（記号)」にのせて伝達することがコミュニケーションとされ，メッセージを記号に翻訳し，この記号を解読するためのコード表（より一般的にはそのための知識）が，送り手と受け手の間で事前に共有されていることが前提とされてきた。

これに対し図 8-14（b）に示す記号論モデルでは，メッセージ（意味）が何かに包まれてやりとりされるとは考えず，コミュニケーションの局面でそれが生成されるという点に焦点をあてる。われわれがコミュニケーションするときには，何らかの記号を介して行う。しかしその記号が意味することになるものは，局面に応じて変わる可能性がある。少なくとも局面毎で“記号の意味となりうるもの”の範囲は変わっていく可能性がある。記号論的発想の最大の貢献は，記号と意味の関係を文脈によって可変的なものにしたことにある。

このような新たなコミュニケーションモデルが，D. Sperber and D. Wilson により**関連性理論**（relevance theory）として提唱されている[6]。この理論では，コード表に相当するような統制された情報共有の前提を緩め，むしろどのように相互に動的に認知環境を構成していくかのプロセスに意義を見いだす。ここでの意図的なコミュニケーションは，「送り手は刺激を作り出し，この刺激によって受け手に注意が向けられるべき手がかり集合（想定集合）をより顕在化させる意図を持つことを，自分と受け手の双方に明らかにすること」と定義される。

この定義には，従来の記号論的コミュニケーションにはなかった二つの新しい側面が埋め込まれている。その一つである**顕在性**（manifest）とは，ある現象が認識されるとき，そのことに関する想定のうち，一般に呼びだし可能性が高い手掛かりとそうでないものとを区別するために，環境に存在しているさまざまな刺激に対する「呼びだし可能性」の高さを指標化する[1]。互いの了解がとれた「意図」を直接に交換し合うのではなく，送り手・受け手双方が固有に有する自律的な動的過程に対して「刺激」を投げ掛けることで，他者

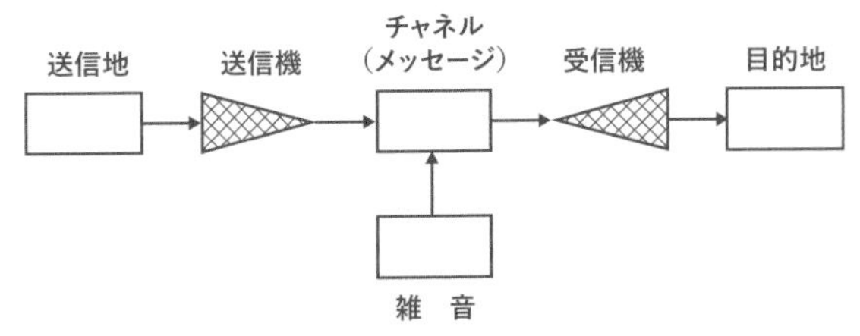

Shannon のコミュニケーションモデル

(a)

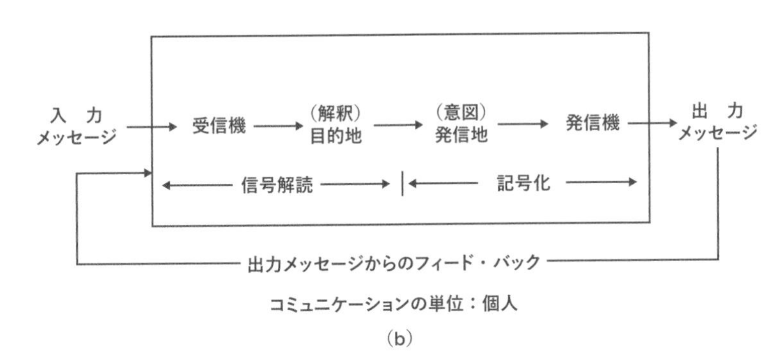

コミュニケーションの単位：個人

(b)

図 8-14　コミュニケーションモデル

の認知環境を変化させ行動を変容させるという考え方である[2]。いま一つの特徴は，コミュニケーションにおける送り手の持つべき 2 種類の意図を内包させている点である。それは**情報意図**（＝受け手に何かを知らせようとする意図，informative intention）と**伝達意図**（＝受け手に情報意図を知らせようとする意図，communicative intention）の両者であり，通常は情報意図が満足されれば，それを相手に伝えようとする意図を相手に伝えることになるので伝達意図も満足されるが，情報意図が満足されなくとも伝達意図が満足される場合があるというのが D. Sperber and D. Wilson の主張である。伝達意図の認知能力は，推論を強要する。つまり，受け手に積極的に送り手の意図を推論してもらうことで，コミュニケーションの効率を高め，送り手が強力な証拠を提示できないような場面においてもコミュニケーションが可能になる。つまり，話者の意図を受け手が解釈するメカニズムをコミュニケーションの中心課題に据えているという意味で，コードモデルが対象と記号の固定的関係に基づいてコミュニケーションが成立するという考え方に対して，解釈項の役割を強調したコミュニケーションの側面を強調する。

たとえば，プラントで監視に当たる二人の運転員の間で，

運転員 A：「加圧器の水位が低下しているね」

運転員 B：「充填ポンプの起動準備を始めましょうか」

のような会話が行われている場面を考えよう。運転員 A の情報意図は運転員 B に圧力低下の事実を知らせることである（情報意図）。しかしこの発話によって，運転員 A は運転員 B の注意の対象（顕在化された想定集合）を，発話前の顕在性の分布パターンとは違ったものに変化させられることを確信して発話しており，これに対する運転

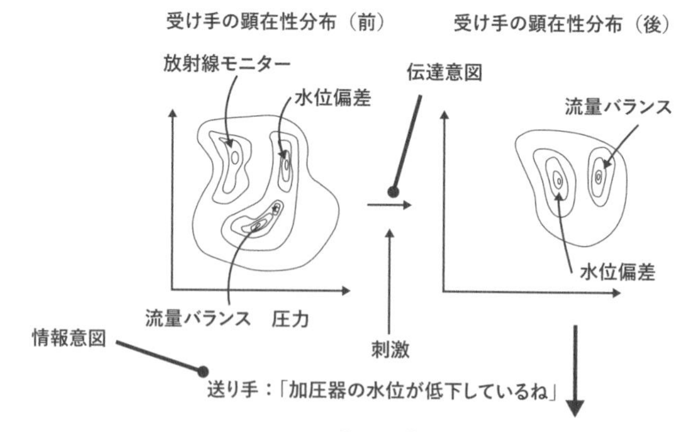

図 8-15　関連性理論におけるコミュニケーションの前後の受け手の顕在性分布の変化

員Bからの自身への応答結果を予測して行っていることは明らかである（伝達意図）。これが，的外れな応答が返ってきて運転員Aの内部での顕在性の予測値とのズレとして投影されると，その瞬間に「他者の誤った信念」を認識することになり，そこからその解消に向けた新たな会話が展開することになる（図8-15）。

関連性理論では，「発話」とは内面的な思考の「解釈」であり，コミュニケーションとは何よりも個人の認知環境を効率的に変化させる手段であるとされる。

4 インタフェースデザインの記号論

デザイナの託す機能（＝実体）をどのようなインタフェース設計（＝記号）として製品に埋め込むかという課題に対して，デザインはデザイナ側で完結する行為ではなく，常にユーザがそれをどう捉えるか（＝解釈項）の議論まで含めて設計というものは完結する。ヒューマンコンピュータインタラクションの分野では，『記号工学（Semiotic Engineering）』と称する単行本がMIT Pressから出版されており，デザイナとユーザの関係の観点からインタフェースという人工物設計を記号論の概念に沿って捉え直す斬新な考え方が提起されている。C.S. de Souzaらは，記号論の考え方を対話型人工物の設計に取り入れた**記号工学**と呼ばれる理論体系を提唱している[8]。そこでは，デザイナがユーザと人工物のインタラクションを形作る言語をユーザインタフェース上に創作し，その言語様式に従ってコード化されたメッセージの交換を人工物との間で繰り返すことによってユーザは種々の目的を達成するとみなす。ユーザは利用可能な選択肢の中から自分の意思を表明するための操作を選択し，人工物はその処理結果を提示して新たな選択をユーザに促す。この「会話」（discourse）において，やりとりされるメッセージが記号であり，その参照する対象をめぐる記号過程が会話参加者の内にさまざまに展開される。熟知していない機器利用におけるユーザの記号過程は，ユーザ自身が持つ知識をもとにして立てた，デザイナが設計したインタラクションについてのもっともらしい仮説に基づく推論が基本となる。

記号工学では，ユーザが人工物を適正に使用できずに生じるユーザビリティの問題は，デザイナが意図したインタラクションをユーザが理解しないことが根本にあると考える。そして，このデザイナ－ユーザ間の齟齬を具体的に把握するために，ユーザ－人工物間の会話の詳細な分析を行う。齟齬が顕在化する過程では，大小さまざまな意図伝達の途絶が両者の会話において発生する。C.S. de Souzaはこれらを**コミュニカティブ・ブレークダウン**（communicative breakdown）と定義している[3]。そして，言語使用者の意図と言語使用の結果を区別するJ.L. Austen and J.R. Searleの**言語行為論**（speech act theory）[10]の考え方を分析に取り入れ，ユーザが「発話」すなわち操作選択に際して意図していたもの（発語内行為；illocution）とその発話の実際の状況への効果（発語媒介行為；perlocution）の一致の程度および会話の状況に対するユーザの姿勢の観点から，コミュニカティブ・ブレークダウンを13種類に分類している。

会話の分析では，インタラクションの時系列におけるブレークダウンの発生を，ユーザの気持ちを代弁する言葉（“Where is it?” や “Help!” など）によってタグづけし，その発生パターンや頻度などに注目して人工物のインタラクション設計の問題点を特定する。

(1) コミュニカティブ・ブレークダウンの分類

ユーザの操作選択や人工物の動作をそれぞれの発話行為と見なし，その発話に際して意図していたものを発語内行為に，発話の実際の状況への効果を発語媒介行為に対応づける。受け手の発語媒介行為が話し手の発語内行為と整合する場合には両者のコミュニケーションが成功したと見なせるが，整合しない場合にはコミュニカティブ・ブレークダウンが発生したことになる。また，さまざまな行為はより上位の行為実現のための手段として位置づけることができる。コミュニケーションのブレークダウンは，そのような目的－手段関係における発話行為のレベルによって会話の進行に対する影響が異なる。C.S. de Souza の分類では，最上位の意図を参照する発話とその意図を達成するための下位の発話を区別し，前者をグローバルな発話行為，後者をローカルな発話行為と定義する。ユーザの発語内行為と人工物の発語媒介行為の整合の程度および会話の状況に対するユーザの姿勢の観点から，コミュニカティブ・ブレークダウンは以下の 13 種類に分類される。

Ⅰ　Complete failure：ユーザのグローバルな発語内行為と人工物のグローバルな発語媒介行為が一致しない状況を指す。

Ⅰ a　【“I give up.”】ユーザがその不一致に気づいている場合

Ⅰ b　【“Looks fine to me.”】ユーザがその不一致に気づいていない場合

Ⅱ　Temporary failure：ユーザのグローバルな発語内行為と人工物のグローバルな発語媒介行為は一致しているが，ローカルな発語内行為と発語媒介行為が一致しない状況を指す。

Ⅱ a　ユーザの記号過程が一時停止する。

－【“Where is it?”】ユーザが自身の意図を伝えるための発話方法を見つけられない場合

－【“What happened?”】ユーザが人工物の発語内行為を認識・理解できない場合

－【“What now?”】ユーザが自身の発語内行為のための適切な意図を見いだせない場合

Ⅱ b　ユーザは自身の発語内行為を再構成しなくてはならないことを自覚している。

－【“Where am I?”】ユーザの意図は正しいが，発話する文脈が間違っていた場合

－【“Oops!”】ユーザの文脈や意図は正しいが，発語内行為の表現方法が間違っていた場合

－【“I can’t do it this way.”】一連の会話が意図した効果をもたらさなかった場合

Ⅱ c　ユーザが人工物の発語内行為について知識を得ようとする。

－【“What’s this?”】暗黙的なメタコミュニケーション[4]に従事する（他の手がかりを得るべく試行錯誤する）ことによって知識を得ようとする場合

－【“Help!”】明示的なメタコミュニケーションに従事する（助けを呼ぶ）ことによって知識を得ようとする場合

－【“Why doesn’t it?”】自主的な意味づけ作業に従事する（たとえば，一度失敗した方法を繰り返して確認する）ことによって知識を得ようとする場合

Ⅲ　Partial failure：ローカルな発語内行為と発語媒介行為は一致しているが問題のある状況を指す。

Ⅲ a　【“I can do otherwise.”】ユーザが本当の（設計において意図された）解決方法をわかっていないために解決に若干の問題が残る場合

Ⅲb 【“Thanks, but no, thanks.”】ユーザは本当の解決方法をわかっているが，あえてそれをしないために解決に若干の問題が残る場合

記号工学による考え方は，実際にユーザが機器とインタフェースを介してどのようにかかわり，どのような困難に遭遇しえるのかについての側面について，インタフェースの設計をデザイナとユーザの間での意思伝達行為とみなし，これが破綻をきたす事象について分類することで，インタフェース設計の改善を目指すアプローチである。第6章で述べたコンポジットモデルやリソースモデル，RIDの設計や解析の対象が，デザイナからユーザへの一方向的なデザインとして捉えた場合の手法であるのに対して，両者の対話過程や双方向の意思伝達によって理解の共有を目指すという意味で，前述の方法論にはない新規な設計論として位置づけられる。

(2) コミュニカティブ・ブレークダウン分析の実例

多機能電子機器としてDVDレコーダを用い，DVDレコーダを使用したことのないユーザがユーザインタフェース上の手がかりだけを頼りに作業課題を実行する際のメニュー選択行動について分析した結果について示す[11]。

参加者に課したタスクは以下の四つで，Task1からTask4の順序で実施する。

Task1：○○○○（人名）の出ている番組を録画予約してください。
Task2：地上波デジタル放送やBSデジタル放送では字幕を表示することができます。字幕を表示してください。
Task3：2重音声で放送されている番組の副音声を記録するための設定をしてください。
Task4：デジタル放送では，録画予約をした番組が，その前の番組の延長などに伴って放送時間が変更された場合でも，変更後の時間に合わせて録画を開始するように設定することができます。変更後の時間に合わせて録画を開始するように設定をしてください。

すべてのタスクは，タスク指示を記した紙面を参加者に提示し，参加者がその内容を理解したことを確認した後に紙面を下げてから作業開始とする。実験ではタスク実行について制限基準時間を設定し，

1. 制限基準時間内に参加者がタスクを達成できたと判断した。
2. 制限基準時間内に参加者がタスク遂行を断念した。
3. 操作開始からの経過時間が制限基準時間を超過し，そのまま作業を継続しても参加者がタスクを達成できないと実験者が判断した。

のいずれかの場合をもって作業終了とする。実験データとしては，レコーダの表示画面と参加者のリモコンの操作履歴および発話を記録する。図8-16に参加者の実験での作業の様子を示す。ユーザが操作選択に際して意図していたもの（発語内行為）と操作の実際の状況への効果（発語媒介行為）が整合しないことから発生したコミュニカティブ・ブレークダウンを，本実験におけるユーザ－機器間のインタラクション系列の中で特定する「会話分析」作業を行った。この分析では，ユーザの気持ちを代弁する言葉によってブレークダウンの発生をタグづけする。

実験終了後，作業中のDVDレコーダの表示画面を撮影したムービーを実験参加者に提示し，各選択場面においてなぜそのような操作を選択したのかの理由を聞き出す。会話分析では，インタビューにおける参加者の回答と作業中の発話記録

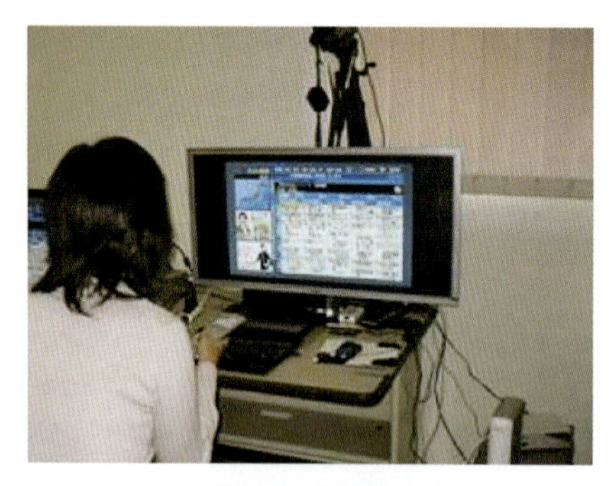

実験での作業の様子（DVD レコーダ）

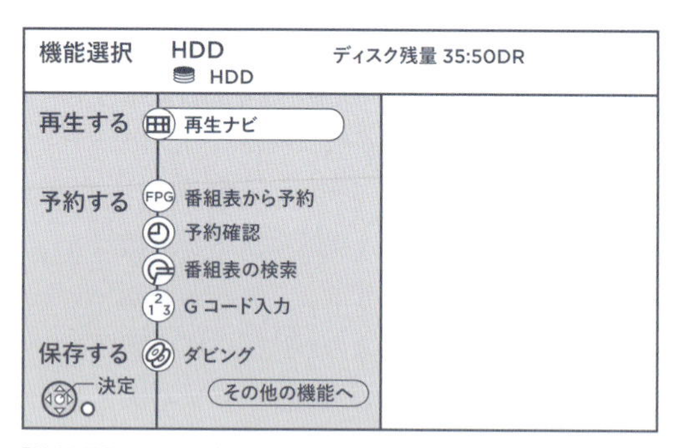

「機能選択」画面（取扱説明書[22]より転載）

図 8-16　コミュニカティブ・ブレークダウン分析の実験風景

を利用して上述のブレークダウンを特定する。ある参加者の Task1 における会話の分析結果を図 8-17（a）に，そして分析の一部を同図（b）に示す。分析結果は，ユーザの操作選択とそれに対するメニュー・システムの挙動，およびそのインタラクションについての参加者のコメントを表形式でまとめたものとなっている。そして，ブレークダウンはユーザの操作選択の直前に挿入する吹き出しの形式で記述している。

コミュニカティブ・ブレークダウンの発生頻度を機能探索の成功率にかなりの差のあった Task1 と Task4 の間で比較するために，参加者全員の分析データを集計したものを図 8-18 に示す。グラフより，Task4 では Task1 に比べて“I can't do it this way.”の増加が確認できる。このブレークダウンは，それまで試みた仮説に基づく一連の探索作業が設計意図とはそぐわず，機能探索の戦略を再構築しなくてはならないとユーザが認識したことを意味する。その増加を招く主な要因としては“Where is it?”の多発が挙げられる。これは，ユーザが自分の意図を表現するための操作“it”が利用可能な選択肢の中に見つけられない状況に対応する。Task4 の遂行では“Where is it?”の発生頻度が大きく増加しており，このタスクに対する現行のメニュー・システムの設計が実験参加者の持つ常識からは距離のあるものであったことがわかる。また，この乖離の現れとして，ユーザインタフェース上の記号の意味するところを読み取るために他の手がかりを得ようとする“What's this?”の増加が確認できる。そして，両ブレークダウンの発生は，デザイナが意図したインタラクションを理解できず手がかりもない状況におかれて，ユーザの記号過程が停止する“What now?”の発生につながっている。

以上のユーザ－機器間の会話分析の結果は，Task4 のような非主要機能へのアクセスに関して，ユーザにとって有力な仮説による解釈の傾向とデザイナの設計意図の間の隔たりの大きさを示唆している。

	成功	断念	時間切れ	誤解	成功率
Task 1	10	0	2	0	83%
Task 2	6	3	3	0	50%
Task 3	6	1	5	0	50%
Task 4	1	4	6	1	8%

(a)

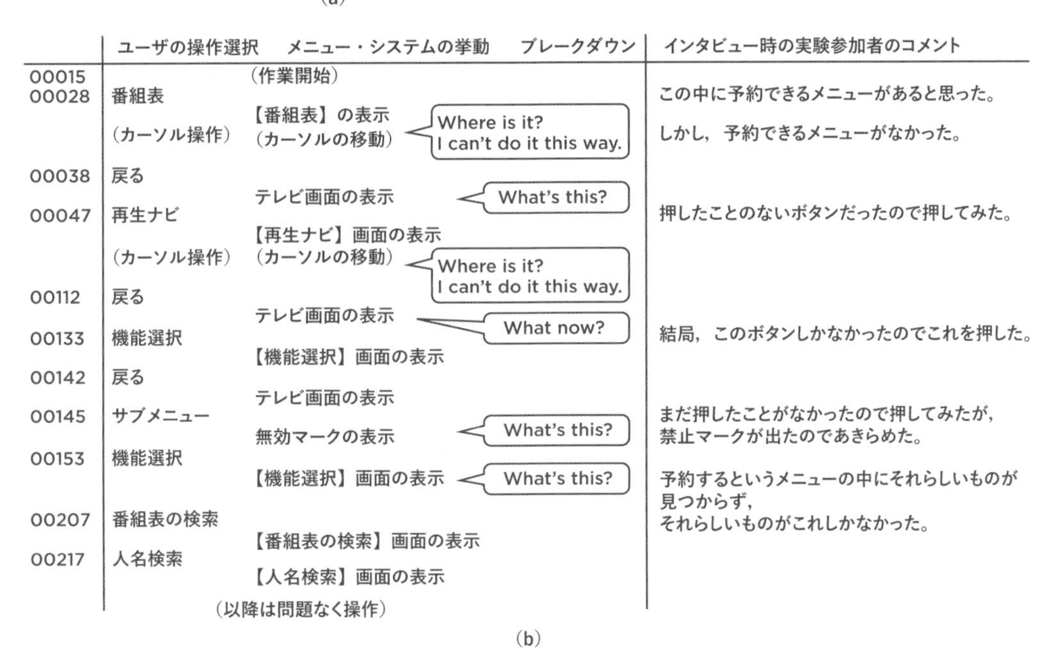

(b)

図 8-17　コミュニカティブ・ブレークダウン分析の実施結果と分析内容の一部

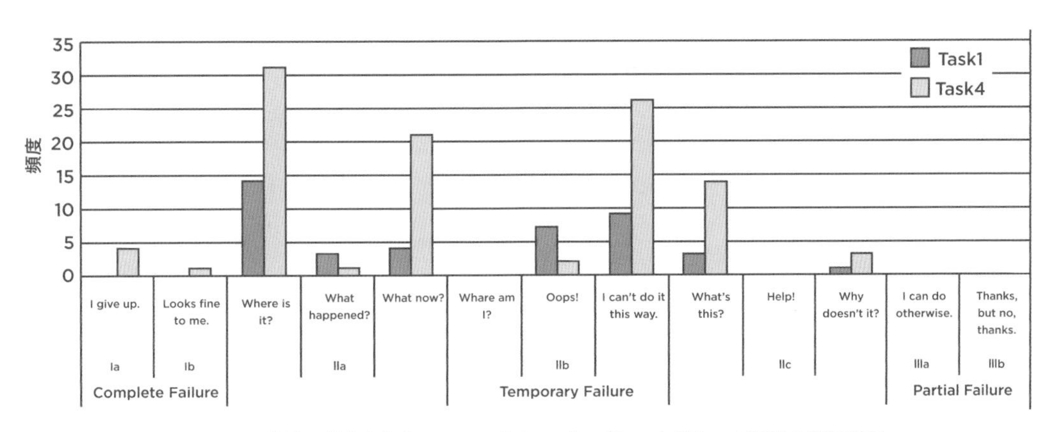

図 8-18　実験で抽出されたコミュニカティブ・ブレークダウンの種別の出現頻度

5
記号過程の学際的課題と研究動向

(1) 記号過程の獲得

記号過程が人間の発達過程において，どの時点で発現するのか。人間の幼児は，当初運動調節能力を持たない。つまり，身体を統一的に把握し，コントロールすることができないカオスの状態から，「自分の身体」のかたちを獲得する段階へと移行する時期がある。その段階が「鏡像段階」と呼ばれる生後 6 ヵ月から 18 カ月の間に当たる時期である。ちょうどこの時期，自分の身体や周囲の人物や周囲の物に自分の鏡像を結びつけて遊ぶようになる。この遊びという行動は，自分のおかれている環境世界をマスターするという，記号や象徴の次元の活動の成立と考えられる。鏡像というのは，想像という人間経験の次元であり，〈想像する〉というのは，像を想い描く，像を自分の心の中につくることによって自分自身をつかむという働きで，メンタルモデルの一形態でもある (図 8-19)。このような「想像」という像 (image) が介在し始める活動が，記号過程の原初的な現われと言える。なぜなら，像（イメージ）も，何かの代わりにあるモノ，代わりをしているモノという意味では記号である。ただし像は言語記号とは違った記号である。一度他者たちとの関係から自己を切り離して〈自己像〉をつくり直す。そのようにして，自己を〈想像〉し直し（=〈想像界〉の再構成），自己の身体感覚を再調整し（=〈現実界〉に根ざす欲動の調節と調和），他者たちの社会的コードとの距離を取り直す（=〈象徴界〉とのかかわりにおける再調整）を行うことへと発達していく。この意味から，まず想像界が形作られ（記号の形成），それを現実界に根づかせ（記号と対象の関係生成），その上で，象徴界へのかかわり（記号と対象の関係に対する解釈項の働き）へと展開していく。

見えているものを，実物としてではなく，鏡像，すなわち虚のものとして見るというのは，人間など一部の生き物にしか成り立たない特異な現象である。鏡に写っている像が記号となり，それに対応する実物が対象となるという記号的関係がそこに成り立っている。鏡像の記号的な関係が成り立つための第一の条件は，鏡像が虚像でしかな

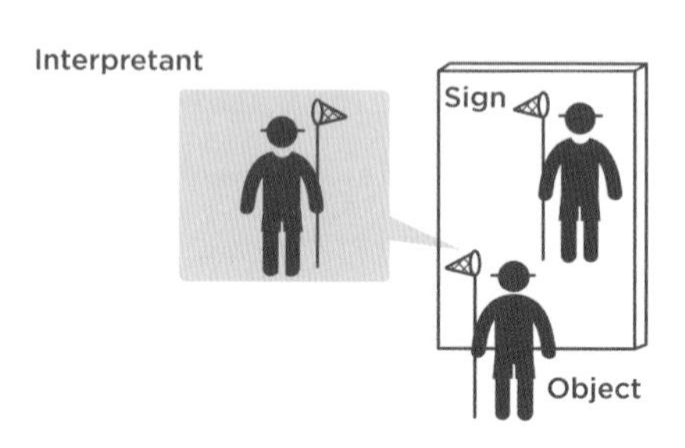

図 8-19　記号過程としての鏡像の認識

いことを理解しておかなければならないということである。虚のものであるということがあってはじめて，それは実像を（意味するもの）となりうる。「ものが実在性を帯びて見える」ということは，ごく単純に定義すれば，「生体をしてそのものに向かうなんらかの実際的行動を行わしめる性質」であると言える。記号に対してこの実在性を感知できるようになるのが，人間の記号過程に固有な特徴である。たとえば，犬が鏡に写った自分の像を見て，戸惑い，遠ざかろうとするのは，犬にとって優位である嗅覚を突き動かす何かをその像からまったく感知できない（つまりそこに実在性を感知することができない）ことに起因する混乱状態を表していると考えられる。

(2) 運動知覚の記号過程

生物学的運動（biological motion）の知覚研究として，バイオロジカルモーションの研究がある。なかでも光学的運動パターンの知覚については長い研究の歴史がある。歩行や走行といった移動行為，あるいはハンマー叩きやバスケットのドリブルのような道具に対する行為，さらにボクシングのスパーリングのように複数人による社会的行為が実行される際に，面に知覚される肌理・色・陰影・輪郭線などの情報は排除され，純粋な身体部位の光学的運動パターンだけが記号として呈示される際に，どこまでその対象行為について理解できるかを確かめる実験が数多くなされてきている。なぜ2次元投影面上における複数の光点の動き（記号）から3次元空間内で運動する対象とその性質（対象）を特定することができるのかという課題である（図8-20）。

この課題に対して，二つの仮説が提唱されている。

1. 知覚システムは第一義に形態（form）を抽出することであり，抽出された形態の情報に基づいて行為主体と行為が決定されるという立場
2. 知覚される情報を形態に求めるのではなく，事物に作用する力を直接検知可能な情報として積極的に肯定する立場

後者では，さらに複数の刺激対象をいったん共通運動成分と相対運動成分へとグルーピングすることによって整合的な知覚的解決を図る。たとえば，歩行の場合（図8-21 (a)）には，左肩と右腰，右肩と左腰につけられた光点の運動が相対運動へとグルーピングされ，その二つが交錯するモーメント心（center of moment）が共通運動成分として抽出される。そして，他の末梢の部位はモーメント心を軸に相対的，階層的に定義（モー

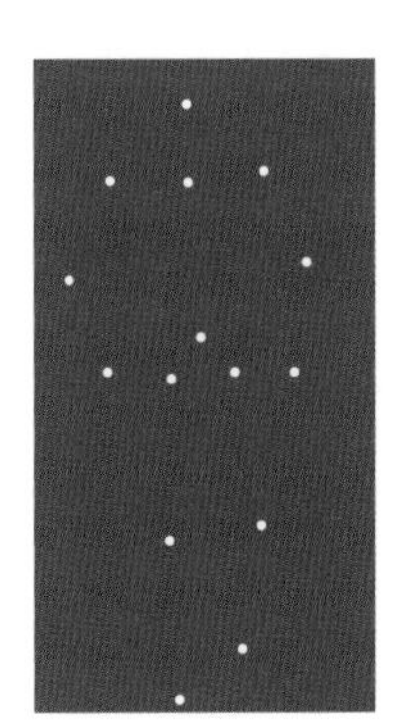
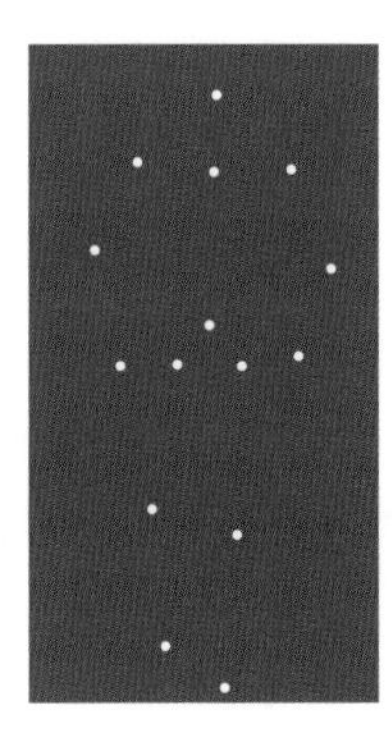
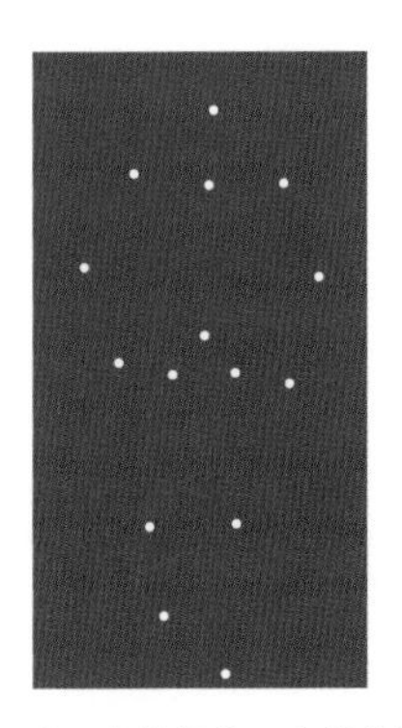
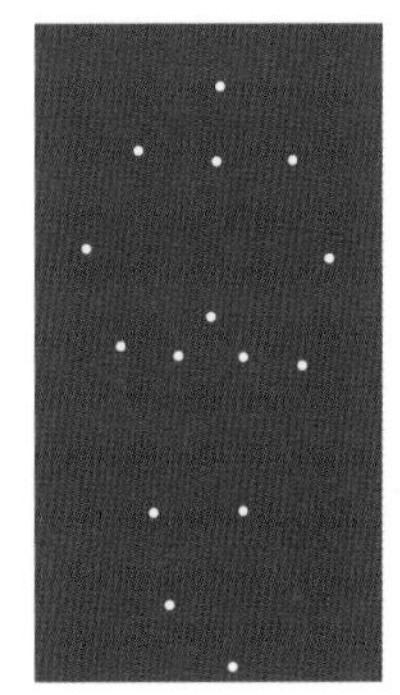
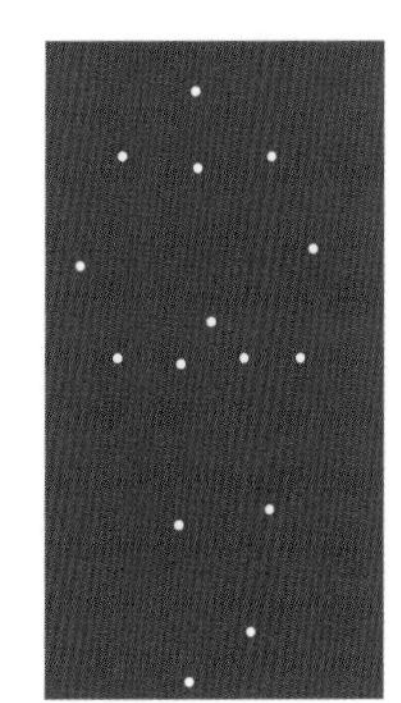

図8-20　歩行時の身体部位の光学的運動パターン

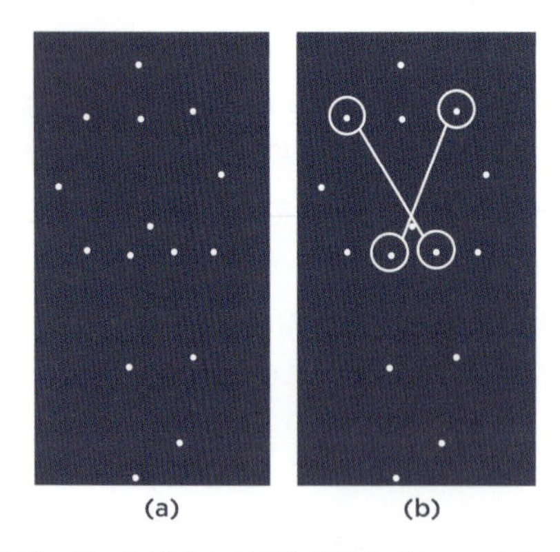

図 8-21　歩行動作の光学的運動パターンからの相対運動成分の知覚

メント心の高さが性差を識別する情報）される（図 8-21（b））。

形態情報が事象を特定する十全な根拠を欠いているのであれば，何が知覚情報として有効なのか。この問題にアプローチするのが，運動知覚の記号過程である。

キネマティクス（視知覚であれば投影面における光学的運動パターン）は長さ（L）と時間（T）の次元の物理量（位置，速度，加速度，躍度など）で記述されるが，ダイナミクスの記述には質量（M）の次元にかかわる物理量（力，エネルギー，剛性など）が加わる[5]。したがって，ダイナミクスの知覚はキネマティクスから明示されないダイナミクスを導引する逆問題（L，T → M，L，T）を解かなければならない（図 8-22）。光学的パターンからダイナミクスに関係する諸変数が知覚可能であるかどうか。キネマティクスの物理量どうしの位相関係によって表現される単一の高次変数こそ情報の候補であり，再構成された位相上の軌道形状に着目し事象の構造不変項を検知することで事象のダイナミクスは直接的に特定される。

さらに光点演技者の歩行場面から，行為が行われた支持面が床のように固い面かマットレスのような柔らかい面かといった，ダイナミクスの次元に関連する面の変形可能性を識別できることが報告されており[12]，生物の運動が示すキネマティクスから，生体内の筋骨格系のダイナミクスのみならず，生体外の支持面や支持媒質といった環境のダイナミクスも知覚可能であることを示唆している。

S. Runeson らは工学のキネマティクス（運動学 kinematics）と力や運動量などを変数とするダイナミクス（力学 dynamics）の二つの概念について，後者のダイナミクスを運動の原因となるあらゆる要因を含む広い概念に拡張して人間に当てはめている[13]。S. Runeson らは，人間においては予期・期待，意図，感情といった内的な変数がダイナミクスを，表面に現れ出るからだの動きがキネマティクスにあたると考えた。工学では，ダイナミクスからキネマティクスを，逆にキネマティクスからダイナミクスを推定するという双方向の研究が一般的なのに対し，伝統的な対人知覚の研究では，前者，ダイナミクスからキネマティ

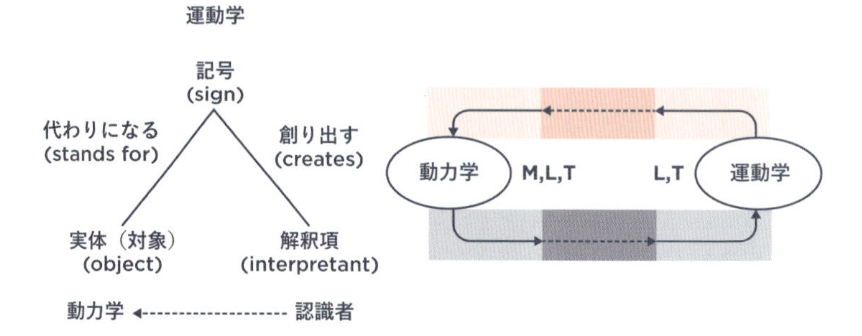

図 8-22　運動知覚の記号過程

クスを予測するという一方向だけからしか研究が行われなかったと批判する。彼らは人間が対象の場合にも無機物を材料とする工学のように，キネマティクスからダイナミクスを，すなわちからだの動きから心的なものを予測する研究が可能だとしている。人間の内的な過程は，からだの表面に動きとして現れる。われわれはその動きから，多くのことを知ることができるというのである。見られる対象としてのからだは，その動きのなかに多くの意味を内包していると言える。

類似の分野として，キネシクス（kinesics）の概念がある[14]。伝達手段としての表情や身振りを研究する分野で，身体の全体あるいは一部がどのようなことを表現するか，それが言語とどのようにかかわっているかを調べる。さらに，いろいろな身振りの最小単位となるものは何か，それらがどのように組み合わさり，どのような体系をなすか，そしてその体系が民族ごとにどう違うかを研究目標とする分野である。

(3) からだの記号過程

現実のからだはいつも他者によって「見られる」ものとしての側面を有している。からだは他者のまなざしの前で，記号を発する媒体として存在している。われわれが出会うことのできる他者は，まず「記号としてのからだ」にほかならない。

外界に置かれたわれわれが，3 種のからだの動きによって世界と結びついているという。第一の動きは「世界の中で自分自身の身体や対象を移動させる能動的で自己因的な運動」である。この動きは，通常われわれが行動とか行為とか呼んでいるもっとも頻繁に，そして容易に観察することのできるからだの動きである。第二は，「重力をはじめとする外力に従って生じる受身的で外因的な運動」である。この動きの原因は第一の動きとは異なり，からだの外部にあるが，その動きを観察することは容易である。この動きを H. Wallon は「姿勢運動」と呼ぶ[14]。日常，物理的なからだの動きとしてわれわれが認めるものは，この 2 種の動きに尽きると思われるが，H. Wallon は，認識の生成にとってもっとも重要な役割を演ずる要因として，もうひとつのからだの動きがあるという。それは，「身体各部相互の関係，あるいはさらに身体各部間の細部相互の関係」として現れる動きであり，これを「姿勢反応」と名づけている。からだの動きの第二の要素，「姿勢運動」が外部からの物理的な力に起因する動きであったのに対し，「姿勢反応」は肉眼ではほとんど見ることのできない微細な動きであり，内的な要因によって引き起こされると考えられる。

人間の身体は何かを表すための媒体になりうる。身体は，実際の運動によって何らかの実効的な行為を行う一方で，その身体が他者にさらしている姿形はつねになんらかの表現性を帯びている。そしてこの身体の持つ記号性により，他者間のコミュニケーションが可能になる。ある〈ひと〉がある〈もの〉に対して行った振舞いや，そこに感じた情動が，その〈ひと〉の身体の表現を通して，もう一人の〈ひと〉に伝わり，後者の〈ひと〉がその前の身体表現に自分の振舞いや思いを重ねることができる。人は身体を持っているがゆえに，他者と切り離された個別的存在であると同時に，その同じ身体を通して他者と通じる共同的存在でもある。その本源的共同性が一つには他者と同じ形をとる同型性として，また一つには他者との〈能動－受動〉のやりとりからなる相補性として現れる。

ヒューマノイド型のロボット，すなわち人と同型的な身体を有するロボットであればこそ，人との共生環境の下で，より意味豊かなコミュニケーションをデザインできることが期待される（図 8-23）。人間の身体とは物理的な制約の上に依って立つものであるがゆえに，それを無視して表象

図 8-23　ヒューマノイドロボット

を生み出すことはできない。ヒューマノイド型のロボットにはそのような制約を排除することも可能であるが，身体の制約に固有な意味作用を積極的に肯定することによって両者の間により人間らしいコミュニケーションを生み出し得る。

(4) ジェスチャーの記号過程

ジェスチャーはまさにわれわれが日常的に，そこから多くの意味をくみとっている，まとまりあるからだの単位である。一般に，「情動表現として現れる反射的な表情や，ものに向かって起こる目的的なアクションを除いた，表現機能を持つからだの動き」[15]がジェスチャーであり，この意味からジェスチャーも日常的に利用されるからだの記号であると言える。ジェスチャーは以下のような三つの分類が可能になる。

1）指示的ジェスチャー

指差しのように，その場にある対象を差し示し，その対象を表現し，それへの注意を喚起するという単純な働きを持つジェスチャーで，対象との記号的「距離」を持たないジェスチャーである。

2）叙述的ジェスチャー

対象の動作を完全に模倣したり，その性質の一部を表現するジェスチャーである。幼児がままごとで料理をするような見立て遊びで呈するジェスチャーがこれに相当する。ただし，ままごとでは，たとえば，包丁を木の棒で，食材を積み木に見立てて振る舞うという意味において，対象のリアルな形を保存し記号と対象に物理的な類似性を残したまま，振舞いそのものも実際の料理での振舞いとの類似性を残しているという意味において，過渡的な記号であると言える。

3）象徴的ジェスチャー

対象との何らかの直接的な接点を持たない身体表現である。ジェスチャーで表される事物との記号的「距離」がもっとも遠く，事物の抽象的解釈を媒介にして表出するジェスチャーである。このレベルでは，時として事物が実際には存在していなくとも，ジェスチャーによってあたかもそれが存在しているかのように伝えることができるほ

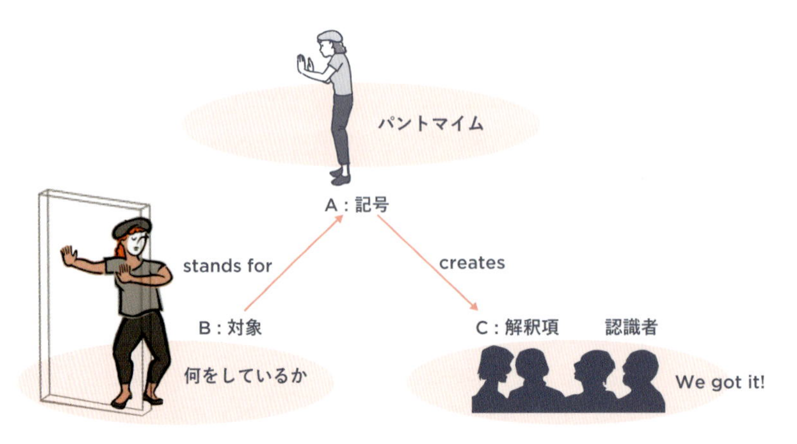

図 8-24　パントマイムの記号過程

か，実際の対象となる動きからかけ離れたジェスチャーが記号として用いられることになる。パントマイムと呼ばれる技芸はこのレベルに相当する(図 8-24)。

(5) デザイン活動の記号過程

前掲の H.A. Simon は，人工物は，設計され，組織化された内部環境と，それが機能する（人を含む）環境である外部環境の“インタフェース”であり，「もし内部環境が外部環境に適合しているか，あるいは逆に外部環境が内部環境に適合しているならば，人工物はその意図された目的に役立つ」(16, p.9) ことを指摘している。この H.A. Simon の主張には，人工物のデザインを考える上での重要な示唆が含まれている。それはまず，人工物が人の介在を前提とするダイナミックなシステムであり，人を含む周囲外部環境との関係が不可分であることであり，さらに人工物が実現する機能は非固定的かつ非完結的であるという点である。

人工物一般のデザインは，図 8-25 に示すように，デザイナとユーザとの間で並行して引き起こる複数の記号過程の連鎖と考えることができる。まずデザイナの考えるデザイナモデルが記号化された人工物としての表現形としてユーザへ伝達される際に，特定の構造やメディアによって物質的に具体化され，この時点で記号はデザイナから独立した存在物になる。そしてこの表現形がユーザのもとに晒され，ユーザはこの人工物を自身のユーザモデルに従って解読し，理解する。通常，デザイナモデルとユーザモデルは最初から一致を見ないのが常である。つぎにこの理解に基づいた人工物の使用がなされるが，これはユーザ・エクスペリエンスとして表出され，これが新たな記号としてデザイナによって評価を受けることになる。ユーザビリティテストで実施されるのはこのプロセスである。そしてその評価の下に，デザイナはデザイナモデルを更新し，この新たなデザイナモデルの下に再度記号化された人工物としてユーザに再伝達され，これに対するユーザ側での

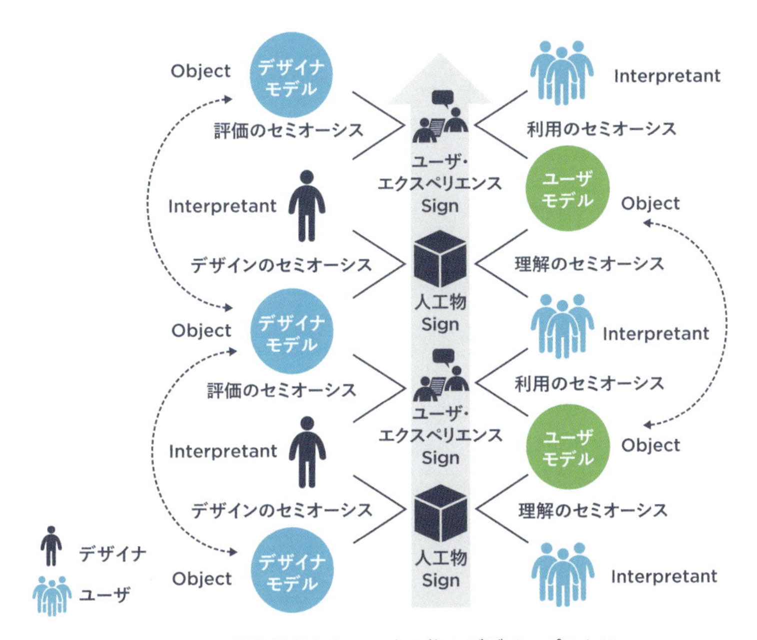

図 8-25　記号過程としての人工物のデザインプロセス

記号過程が再帰的に引き続くことになる。最終的にユーザモデルとデザイナモデルが一致を見たところでデザインの活動は終結する。

以上のようなデザインのプロセスは，まさにユーザビリティ設計に対する最初の国際標準である ISO13407「対話型製品の人間中心設計プロセス（human-centered design processes for interactive systems）」として標準化されてきたプロセスでもある。これはわれわれの身の回りにあるコンピュータを応用した対話的製品のすべてがその対象とされ，ユーザの実践的な利用状況をいかに把握して設計段階にフィードバックするプロセスを経ていることを義務づけた。さらに文化人類学者の E. B. -N. Sanders は機能が厳格に限定されてしまったモノのデザインではなく，ユーザの視点を共に継続的に発見していけるデザインの必要性，いわゆるポスト・デザインの原理を提唱している。人と物の関係でなくて人と人の関係に注目し，ユーザも製品開発に加わる参加型のデザインの必要性を説いている[17]。ユーザ第一主義のデザインは往々にして，デザイナの理想や思い入れをユーザに押しつけることになりかねない。それに対してポスト・デザインは，ユーザとデザイナが対話しながら製品作りを進めていくことを表す。

デザインされた記号は，元来有限性の拘束下でしか表現できないのに対して，その後の解釈項の作用により，その離散的構造が生成的に補完され無限の可能性が引きだされる。それを決めるのはユーザの解釈と利用という主体的参加であり，これにより人工物の機能が選択されていく。デザインの不完全性に対してのユーザの記号解釈への積極的参加がそこにはあり，同時にデザイナにおいてもユーザの呈する利用実態に対する積極的参加が伴わなければならない。

演習問題

（問 1） 第 6 章で述べた生態学的インタフェースデザインの事例（DURESS 並びに Primary Flight Display）について，どのようにユーザの直感的理解を可能にするかについて，記号過程の観点から考察せよ。

（問 2） 身の周りの人工物（モノやシステムやサービスを含む）としていずれか 1 つを取り上げ，この成り立ちに関して記号論の観点から考察せよ。とくに人工物を成立させている記号論的特徴として，記号表現と記号内容がそれぞれ何に対応するかを例示した上で，範列（パラディグム）の次元と連辞（サンタグム）の次元の 2 つの特徴の成立について考察せよ。

（問 3） 日本の伝統芸道の 1 つである生花を例に，記号となる花，花の選定を決める範列，花の空間配置が決める連辞の観点から考察せよ。また，茶道具や作法で構成される茶道ついて，もてなす側の亭主ともてなしを受ける側の客の間で交わされる記号過程について論じよ。

（問 4） 以下のデザイン課題について，記号過程の観点から考察せよ。

1）好きな物のコレクション図鑑
2）ブラインドサッカー（視覚障がい者がプレイヤになるサッカー）のゲーム
3）4 コマ漫画によるストーリー
4）人型ロボット（ヒューマノイドロボット）と人とのコミュニケーション
5）自動運転車両と人間歩行者とのコミュニケーション
6）高齢者や障がい者が生き生きと活動できる作業場

参考文献

[1] Peirce , C.S.: *Collected Papers of Charles Sanders Peirce*, Vol.2, Sec.228, The Belknap press of Harvard University Press.
[2] ジェスパー・ホフマイヤー（著），松野孝一郎，高原美規（訳）：『生命記号論－宇宙の意味と表象』，青土社，1999.
[3] 川出由己：生命の基礎としての分子の記号作用，『生命の記号論』，日本記号学会（編），pp.35-47，東海大学出版会，1994.
[4] 石田英敬：意味のエコロジーとは何か，UP, No.377，東京大学出版会，2004.
[5] 川出由己：『生物記号論：主体性の生物学』，京都大学学術出版会，2006.
[6] スペルベル，ウイルソン（著），内田聖二（他訳）：『関連性理論：伝達と認知』，研究社出版，1993.
[7] Axelrod, R., Cohen, M. D.: *Harnessing Complexity: Organizational Implications of a Scientific Frontier*, Basic Books, 2001.
[8] de Souza, C. S.: *The Semiotic Engineering of Human-Computer Interaction*, The MIT Press, 2005.
[9] テリー・ウィノグラード，フェルナンド・フローレス（著），平賀　譲（訳）：『コンピュータと認知を理解する―人工知能の限界と新しい設計理念』，産業図書，1989.
[10] 石崎雅人，伝　康晴：『談話と対話』，東京大学出版会，2001.
[11] 堀口由貴男，黒田祐至，中西弘明，椹木哲夫，井上剛，松浦聰：コミュニケーション齟齬に着目したメニュー体系の設計，ヒューマンインタフェース学会論文誌，10(3), pp.21-33, 2008.
[12] Stoffregen, T. A., Flynn, S. B.: Visual perception of support surface deformability from human body kinematics, *Ecological Psychology*, *6*, pp.33-64, 1994.
[13] Runeson, S., Frykholm, G.: Kinematic Specification of Dynamics as an Informational Basis for Person-and-Action Perception: Expectation, Gender Recognition, and Deceptive Intention, 1983.
[14] Knapp, M.: *Nonverbal Communication in Human Interaction*, Reinhart and Winston, pp.94-95, 1972.
[15] Wallon, H.:Raports afectifs: les emotions, La vie mentale, Vol.VI, de L'encyclepedue Frabcaise, 1938（浜岡寿美努訳（1983）情意的関係―情動について身体' 13 我・社会』ミネルパ書房．
[16] Kendon, A.: Some functions of gaze direction in social interaction. *Acta Psychologica*, 26, pp.22-63, 1967. [Reprinted in Kendon, 1977 and Kendon, *Conducting Interaction*1990; also in: Argyle,M., ed. *Social Encounters: Readings in Social Interaction,* Aldine Publishing Company, 1973 and in Social Psychology: Supplementary Readings, produced by National University Consortium for Telecommunications in Teaching, Ginn Custom Publishing, 1981].（Listed as a Citation Classic in Current Contents: Social and Behavioral Sciences, 13（44）p.24, 1981.）
Kendon, A.: *Gesture*, Cambridge University Press, 2004.
[17] Simon, H. A.: *The sciences of the artificial*（3rd, rev. ed., 1996; Orig. ed., 1969, 2nd. rev. ed., 1981）, MIT Press, 1969.
[18] Sanders, E. B. –N.: From User-Centered to Participatory Design Approaches, *Design and the Social Sciences Making Connections*, Edited by Frascara, J., pp.1-8, CRC Press, 2002.
[19] Tomkins, G.: The metabolic code, *Science*, 189, pp.760-763, 1975.
[20] Bertalanffy, L. von: *Perspectives on General System Theory*, Edited by E. Taschdjian, George Braziller, New York, 1974.
[21] C.W. モリス（内田種臣，小林昭世訳）：記号理論の基礎，勁草書房，1988.（原著：C.W. Morris, *Foundation of the theory of signs*, University of Chicago Press Cambridge University Press, 1938.
[22] ケヴィン・リンチ（丹下健三，富田玲子訳）：都市のイメージ（新装版），岩波書店，2007.（原著：K. Lynch, *The Image of the City*. The MIT Press, 1960.）

注

1　この意味において顕在性の概念は，J.J. Gibsonのアフォーダンスの概念に近いものであるが，アフォーダンスが行為に直結した概念であるのに対して，顕在性は意図伝達の媒体と捉える点が異なる。

2　この意味では，間接制御，あるいは複雑系にけるハーネシングの考え方に近い。Axelrod, R. and Cohen, M. D.: Harnessing Complexity: Organizational Implications of a Scientific Frontier, Basic Books, 2001.

3　ブレークダウン（breakdown）とは，一般に「破綻」，「事故」，「障害」，等にあたる。しかしこれらの言葉から連想される重大な事態ばかりでなく，ごく一般的に，何か物事がうまくいかない状態（や事象）を指すものであり，したがって日常的に，頻繁に生じるものである[9]。

4　コミュニケーションを調整するために，コミュニケーションについて言及しているコミュニケーションのこと。

5　キネマティクス（運動学）は動きの原因となる力とは関係なく，動き自体の四肢の形やその変化を研究する分野であり，扱う物理量は，並進および回転運動の変位・速度・加速度である。キネティクス（運動力学）は「動きの原因となる力」を研究する分野で，筋によって発揮される力を推定するのが目的となる。

CHAPTER

9

複雑な社会技術システムのデザインと解析手法

1 デザイン課題発掘のための参加型システムズ・アプローチ

2 活動理論による作業変容プロセスの解析

3 活動理論に基づく解析

4 機能共鳴の概念に基づく安全性解析

5 機能共鳴解析法を用いた解析事例

現代の複雑化した人工物の安全を考えるには，技術的な要因に加え，人間，組織，作業環境まで考慮に入れた社会技術的な枠組みとして捉える必要がある。本章では，まず現実世界の問題状況の中にいる行為者たちの視点から，その問題状況に関与する人が世界をどのように見ているかの状況認識を顕在化するための参加型デザイン手法について述べる。次に社会技術システムの中で，外乱となる各種のゆらぎ要因や組織的要因と複合的に結びつくことで人の遂行すべき作業手順がどのように変容するかのダイナミクスを解析する手法について概説する。

（椹木 哲夫）

1

デザイン課題発掘のための参加型システムズ・アプローチ

決定者の決定行為や認識の変化までをも組み込み，現実の状況への介入・行動をも内包することで，現実世界との相互作用を伴う継続的な探索や学習サイクルを活性化させるための方法論として提案されたのが，英国ランカスター大学の P.B. Checkland による**ソフトシステム方法論**：SSM（Soft Systems Methodology）であり，1970 年代後半から 1980 年代始めにかけてさまざまな適用が試みられた[1, 2]。

この考え方が前提とするのは，「システム」は観察者である人間の心の中に存在するものであり，自然界の現実を表すものではない，という点である。したがってモデリングのプロダクトを得ることがその究極の目的ではなく，この種の有目的的な行為にたずさわっている人間の活動のプロセスそのものに関するシステム概念を確立する点が強調される。

SSM は循環的な学習システムであり，人間活動システム（human activity system）のモデルを用いて，現実世界の問題状況の中にいる行為者たちの視点からの状況認識を調べ，その後の行為実践による状況変化が行為者の認識をどのように変容させていくかというサイクルの重要性を訴える。SSM で対象とする問題は，このような問題の定義を固定で不変なものとして扱えないような対象，そしてさまざまな行為者の定義どうしが必ず対立することこそが構造化されていない問題の特性（このような状況は**アコモデーション**と呼ばれる）であって，その対立からのさまざまな調整のプロセスに目を向けながら，それによって革新的な思考のチャンネルを見いだそうとするものである。モデル構築は問題状況の中の行為者がやることによって最もうまくいくものであり，SSM によって始動される学習過程は，初期の認識が自らを修正するような新しい認識につながる解釈学的循環という特性を有する。この意味から SSM におけるシステムモデルは，その問題状況に関与する人が世界をどのように見ているかを記述したパースペクティブ（世界観）を表現したものであって，それ自身の客観的な正当性を問題にするものではなく，上述のような循環的な過程を筋の通ったものにするための概念装置とみなすべきものである[3]。

参加型デザインとは，エンドユーザがデザインの過程に能動的に参加し，デザインされる製品が彼らのニーズに合っているか，使いやすさはどうかを確認する助けをするデザイン手法の一種である。参加型デザインにおいて，エンドユーザは開発過程の間，研究者や開発者と協力するように請われる。彼らは開発過程のいくつかの段階で参加

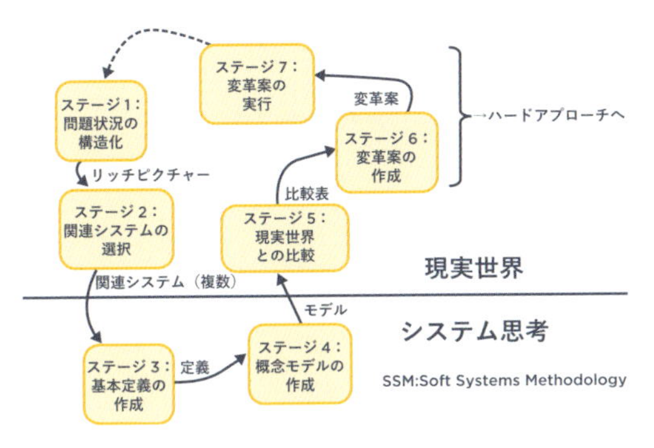

図 9-1　SSM のフレームワーク

することになる。たとえば，最初の研究や解決すべき問題を定義する段階での参加によって，問題の所在を明確化させるのに役立つし，開発段階ではその製品が問題を正しく解決しているか評価するのに役立つ。

しかしこのような参加型デザインにおいて，ユーザと開発者（システムエンジニア）との協力による問題の所在の明確化を実行しようとすると，なかなか議論が噛み合わないことや，自身の選好についてすら自信がもてないような場面に遭遇することも多い。

これに対し，**システムズ・アプローチ**は「システム的な思考によりシステムの分析・評価・最適化などの手法を駆使しながら，複雑な問題の解決を探る方法論」であり，システム設計者とユーザとコンピュータとの間の対話的プロセス（インタラクティブ・プロセス）として構成される（図 9-2）。システムズ・アプローチの目的は，実世界の問題を抽象の世界へと移すことである。あらゆる実問題を情報の伝達系としてとらえ，情報処理や通信の最新技術を駆使して，抽象の世界での問題解決を行ったうえでこの解を現実の世界に再び戻して実現しようとするものであるが，現実を抽象化する過程で大きな困難を伴い，また抽象の世界で得たものを現実の世界に戻すときにも大きな障害を伴う。実問題を情報系に抽象化する際には，この実問題に精通する専門家の協力なしには成り立たない。従来までのシステムズ・アプローチは，システムエンジニア主体のものであったことから，実際とのギャップを深くすることが多かったが，これをユーザの主体的な参加やコミットメントを引き出せるものに転換するべく，人間とコンピュータとの対話による学習効果に重点をおいて開発されてきたのが，**参加型システムズ・アプローチ**である。

システムのデザインにおいて最も重要なのは，はじめに対象を構造化して理解することである。システムの要件が複雑で矛盾もあり，解は存在しないかに見える場合がある。また経験を積んだ優れた設計者が，直観力を働かせて複雑な情報を統合的に処理し，解を見いだすとともに，何らかの自由度も見いだして，そこに自分の意思を反映させるという，高度なデザインを行うこともある。このような人間設計者（あるいは意思決定者）の意思を反映させた対象の構造化の手法を以下にまとめる[4]。

問題対象に内包される問題点の認識とシステムとしての構造把握は，（広義の）システム同定と呼ばれるものであって，階層構造を持つサブシステムと外部環境とに分けて，システムの挙動を本質的なものと付随的なものとに分離して考える。ここでの計算機は，人間の主観的判断を含んだものから，逐次より客観的な構造モデルへと表現していくプロセスをグラフ理論に基づいた手法で支援する。こうして人間の局部的な判断情報をもとにして，よりグローバルでより深い判断を可能にする人間機械系の開発が可能になる。

構造モデル分析法は，問題の本質を特定の要素の性質とその相互関係にあるととらえるもので，もともと 18 世紀に L. Euler（1707〜1783）が始めたシステムの抽象的な構造の概念に着目した学問体系が，その後トポロジーおよびグラフ理論へと発展し，1950〜1960 年代にミシガン大学の F.

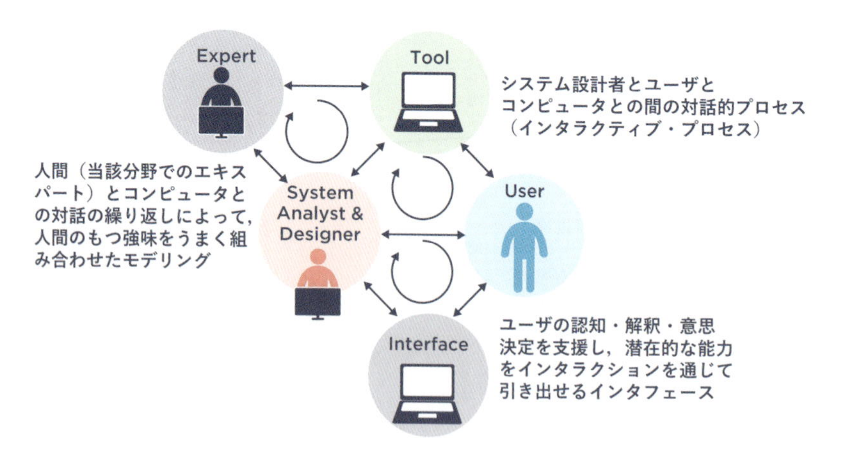

図 9-2　参加型システムズ・アプローチの構成

Harary などが有向グラフ（directed path, digraph）の概念を用いて数学的な理論体系のまとめたことから構造モデル論がその後急速に発展した。

構造モデル分析法はモデル使用者が直接モデル作りに参加することによって，自らが漠然と描いていたイメージを顕在化させることが主要な目的であり，グループでの合意形成や相互理解を支援する手法としても期待された。**ISM**（Interpretive Structural Model）法はこの種の目的のために J. Warfield らによって開発された手法で，われわれが心の中に描く社会や企業の複雑な問題のイメージをシステム構成要素の一対比較によって明確な姿として浮かび上がらせ，全体像の把握を支援するための手法である（図 9-3）。この手法の出力となるのは，要素間の相互関係パターンとしての多階層の有向グラフであり，これが再び人間の直感や想像力を刺激して問題の本質に迫るという人間機械系を構成している。

また問題の構造を浮かび上がらせるのみならず，そこでとるべきいくつかの策があり，それらの相互の優劣関係まで含めた提示による支援が求められる場合がある。ただし多くの現実の問題は，選択の基準があいまいであったり，多様な価値基準に迷わされたりという共通点がある。

AHP（Analytic Hierarchy Process）法（**階層分析法**とも訳されている）はこのような決定問題の構造が明確でない状況におかれた意思決定を支援する目的で，T.L. Saaty により開発された方法である。AHP 法を使って問題を解決するには，まず問題の要素を図 9-4 に示すような「最終目標…評価基準…代替案」の関係で捉えて階層構造に作り上げる。この段階では ISM 法の利用が強力な支援となる。そして最終目標から見て評価基準の重要さを求め，次に各評価基準から見て代替案の重要度を評価し，最後には，最終目標から見た代替案の評価に換算する。ここでの重要度の同定は，人間決定者との対話によりその直感を一対比較による相対的な測定でもって自然に引きだして，これを反映したコンピュータによる代替案の選定が試みられる。また同時にコンピュータの側には，人間判断に内包されがちな論理的不整合を見いだし，再考を促す役割を担うことになる。提唱者の T.L. Saaty は，各評価基準間や各代替案の間に，もしくは評価項目と代替案の間に，従属性がある場合も扱えるように拡張し，**ANP**（Analytic Network Process）法と呼んでいる。

このほか問題の構造を顕在化することによってその解決策の発見を容易にしようとするものとし

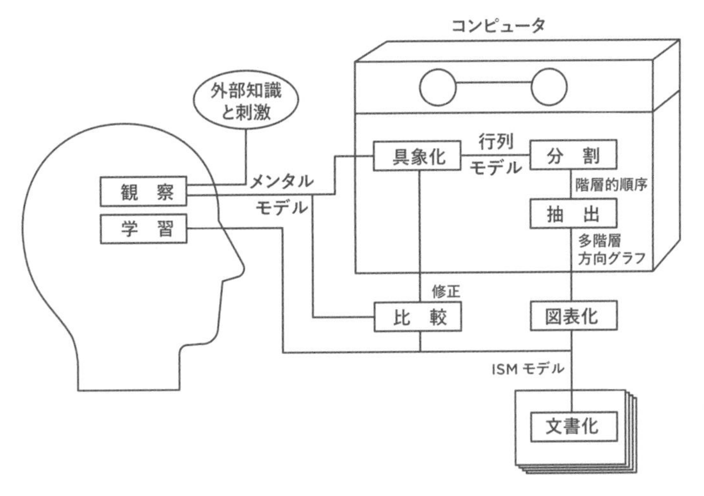

図 9-3　ISM の人間機械系

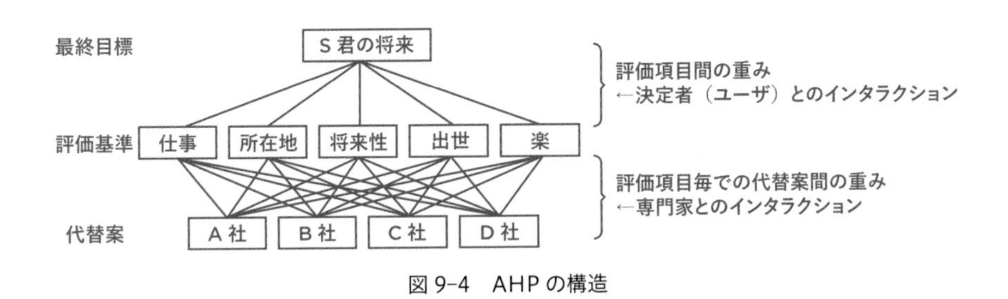

図 9-4　AHP の構造

ては，アンケート調査からの局在的な判断を集積して個人または集団が知覚している問題の全体像の分析を行う **DEMATEL**：意思決定の試行と評価の実験（DEcision MAking Trial and Evaluation Laboratory）の手法や，問題要素の関係のみでなく個々の問題要素の概念定義に内包される曖昧さを構造化して見せることを目的とした**ファジィ構造化モデリング**の手法などがある。いずれも客観的な計量測定値ではなく人間が固有に有する感覚情報を体系的に扱うための手法である。

2 活動理論による作業変容プロセスの解析

活動理論（activity theory）は，ロシアの心理学者 L. Vygotsky らの心理学に起源を有し[5]，Y. Engeström によって発展させられた理論である[6]。活動理論は理論という言葉で意味するものと異なり，基本原理の集まりであり，具体的な理論を開発するために利用できる一般概念システムを構成している。L. Vygotsky らの活動理論の中核をなす原理は，以下の 3 点である。

- 活動が分析単位
- 対象指向性
- 媒介性

活動理論では，「活動」はどんな複雑な活動の背後にもある本質的な統一性と質を保持した最小の単位として描かれなければならない。この「活動」を一意に決定づけるのは，「対象」であり，「動機」である。そして，人の対象への働きかけは，「道具」によって媒介される。つまり，活動は人－対象の単なる 2 項関係ではなく，道具を介在する 3 項関係で定義される。活動の構造が，これらの原理から導かれる様子を示したのが，図 9-5 (a) である。現実世界の主体－道具－対象間の関係が，三項関係としてモデル化されている。ここで述べた人工物には，物理的ツールだけでなく，記号，言語，概念などが含まれる。以上を要約すると，活動は，対象に向かって動機づけられた人によって引き起こされ，人工物によって媒介される。そして，対象をある結果に変換することが活動を動機づける。

Y. Engeström は，上の三つの原理にさらに以下の原理を導入し，L. Vygotsky らの活動理論を発展させた。

- 社会的文脈
- 活動の階層構造

ここで，「活動」と「行為」の区別は重要である。たとえば，工場での組立工程に従事する作業員の作業を考える。この活動は，いい製品を顧客に提供したいという欲求に基づくものであり，これがこの活動の動機である。しかしこの作業員の受け持つ工程は，最終製品に到るまでの途中の工程を担当するのみで，残りは製造に携わる他者によってなされる。この作業員が担った組み立ての結果そのものは，顧客満足を満たすという欲求には直接は繋がらない。このような対象の結果と動機が一致していない過程は「行為」と呼ばれる。直接的な結果と最終的な成果とを結び付けるのは，個人と集団の他のメンバーとの関係にほかならない。この関係のおかげで，作業者は最終製品が顧客を満足させて得られた収益の一部を作業へ

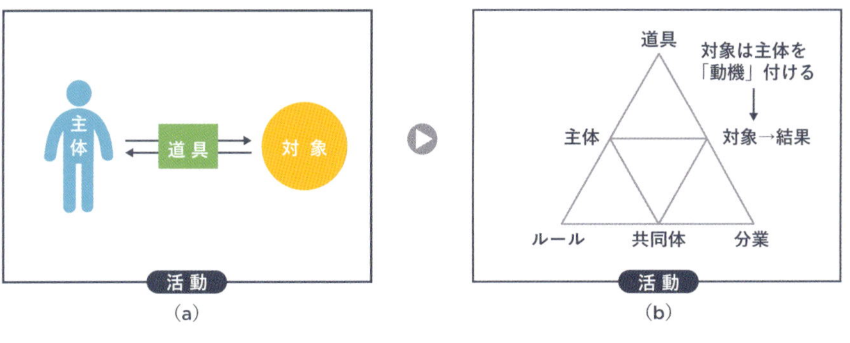

図 9-5　活動理論における活動の構成要素

の対価として手に入れることができる。人間の「活動」は，こうした「行為」あるいは「行為の連鎖」という形式でしか存在し得ず，とすると，「活動」は他者との関係，すなわち社会的文脈を考慮した上でしか成り立ち得ない。こうして，図9-5（a）の関係に共同体の項が付与され，また，ルールが主体と共同体とを，分業が対象と共同体とを媒介する項として新たに加えられることによって，図9-5（b）に示される，活動の最小単位としての構造がモデル化される。

以上が人間の活動の構造の定義である。つぎに，社会－文化的に新しい活動がどのように生成されるのかについて説明する。これは，活動構造のモデル化と共に，活動理論の重要な核である。

上記の活動の基本構造をもとに，活動理論では，活動の変容や発展を，活動を構成する諸要因内での矛盾が，どのように活動の矛盾を引き起こし，それがさらに隣接する他の活動との間で伝播するかについての「矛盾の発展」として捉える。活動理論においては，以下に示すような矛盾の四つのレベルが定義されている。そして，「活動は四つの矛盾を経て活動1から活動2へ発展していく」と捉えるのである（図9-6）。

活動理論における矛盾の概念を，初期医療における医師（一般医）の活動を例に説明する（図9-7（a））。

第1の矛盾

この矛盾は，図9-6において「1」という数字で示した，活動の三角形の各頂点内での矛盾である。この矛盾はまた，各頂点内での二重性とも呼ばれる。たとえば，医師の仕事の「道具」として，多種多様な薬がある。しかし，それらは単に有用な薬剤としてあるだけではない。何といっても，市場に向けて製造され，利益を上げるために宣伝され販売される商品である。すべての医師は，日常の意思決定において，絶えずこの矛盾に直面している。ここでの矛盾の内容を図9-7（b）に例示する。

第2の矛盾

第2の矛盾は，図9-6において「2」という数字で示した，各頂点同士の間に現れる矛盾である。医師の仕事における典型的な第2の矛盾は，疾病の分類や正確な診断に関して伝統的に使われてきた生物医学的な「概念的道具」と，「対象」が常に変化するものであるということ──患者の問題も症状もしだいに相対立する側面が増え，複雑になっていくということとの間の葛藤である。この矛盾は，古典的な診断や標準の学術用語に合わない疾病の出現という形で顕在化する。

第3の矛盾

第3の矛盾は，図9-6において「3」という数字で示した，文化の体現者が，文化的により進ん

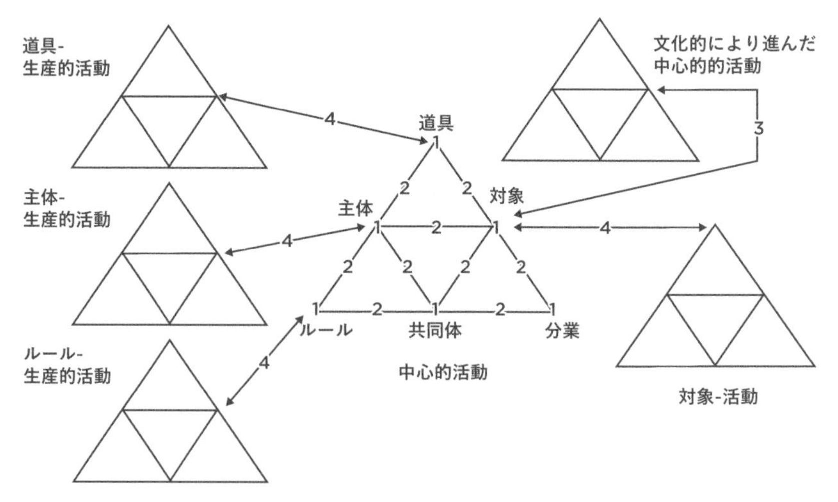

図 9-6　活動理論における四つの矛盾

だ中心的活動の対象と動機を，現在優位にある中心的活動に導入するときに現れる矛盾である。医療システムの管理者が医師に，より全体論的で統合的な医療という理想に対応して，新しい手続きを用いるように命じるときにこの矛盾が生じる。新しい手続きが形式的に履行されても，おそらくは，それまで一般的だった旧態の活動形態に従ったままであったり，そうしたやり方からの抵抗を受けたりすることになる。

第 4 の矛盾

第 4 の矛盾は，図 9-6 において「4」という数字で示した，もともとの解析対象である中心的活動とリンクしている重要な「隣接する活動」との間の矛盾である。「隣接する活動」には，以下の四つが存在する。

1. 対象－活動：中心的活動の対象と結果をその中に持つ活動
2. 道具－生産的活動：中心的活動にとっての主要な道具を生みだす活動
3. 主体－生産的活動：中心的活動の主体についての教育や学校教育のような活動
4. ルール－生産的活動：行政や法制のような活動

たとえば，上記の対象–活動について，医療の例で言えば，医師の診療活動の結果は，患者への生活様式の変更を迫る助言である。そしてこの助言を受け入れる患者の側は，医師からの助言を道具として受け入れ，改められた生活様式を結果とする自身の活動に従事することになるが，その中で新たな齟齬を生み出すことにも繋がりかねない。すなわち，医師の活動と患者の活動との間で矛盾を孕むことになる。活動理論では，以上の四つの矛盾は，活動を遂行する上で不可避的に現れる特徴であり，この矛盾が原動力としてさまざまな作業活動の変容をもたらすことになる。活動理論では，このことを「活動の拡張的な移行」と呼ぶ。

活動理論では，これら四つの矛盾は，単なる活動に不可避の特徴なのではなく，「自己運動の原理であり，発展がもたらされる形式」とされている。

拡張的な移行のサイクル（図 9-8）は，具体的な人間の集合による，社会－文化的に見て新しい活動の生成の過程をたどるものである。図 9-8 に

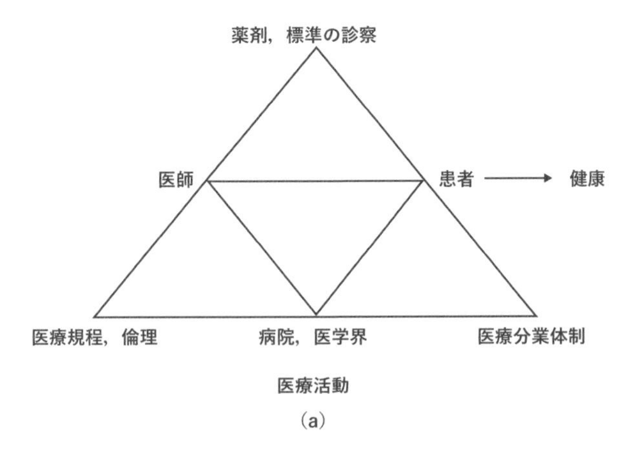

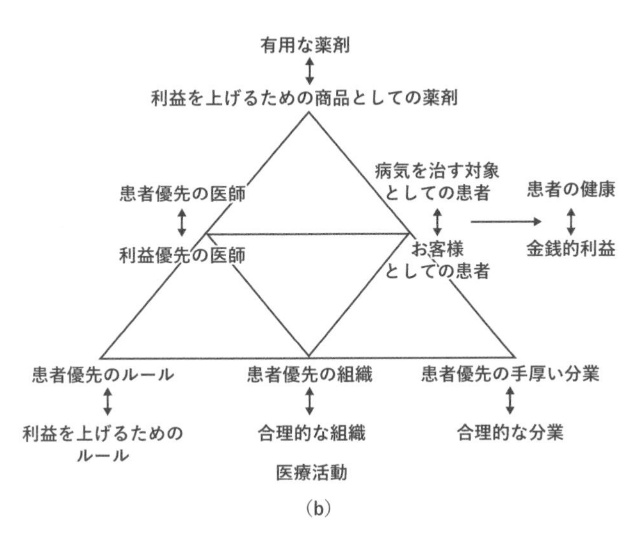

図 9-7　医療活動を例にした活動理論による表現

描かれた発展の段階について説明する。

活動の発展の第 1 段階は「欲求状態」である。これは第 1 の矛盾状態に等しい。主体が，活動の三角形の各頂点内の二重性に直面している段階である。そして，三角形のいずれかの頂点に変化が生じると，頂点間の第 2 の矛盾に発展していく。この矛盾は，対象の変化により生じるものかもしれないし，道具の変化により生じるものかもしれない。たとえば，上述の医師の例であれば，それは患者つまり対象の変化がもたらすものであった。生産の現場であれば，新しい設備（道具）が導入されることによってこの矛盾が生じるかもしれない。新しい設備が導入されても，現場の作業員は急にはその設備の使用法に適応できないであろうし，これまでの設備で作り込んだ製品の品質を保てるかというような板挟みの状態が生じえるからである。活動理論では，この矛盾を「ダブルバインド」の段階として捉える。

「対象／動機の構成」の段階は，ダブルバインドの制約を破り，新しい活動を構成するためのス

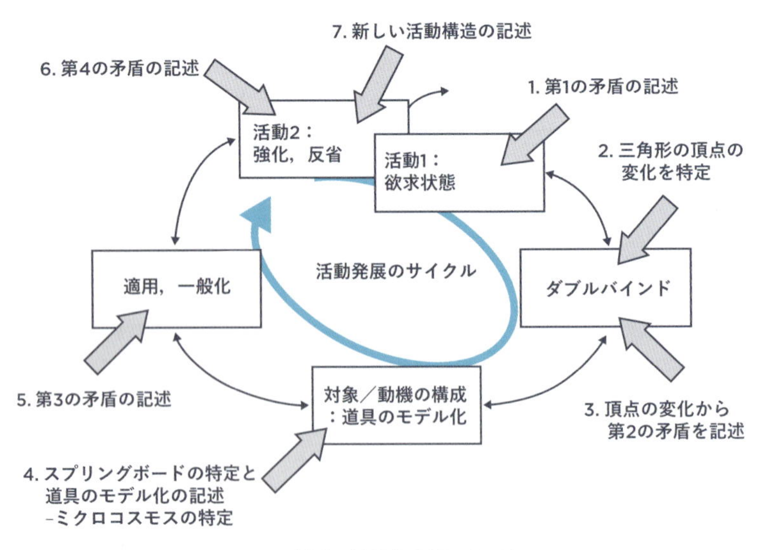

図 9-8　活動の拡張的移行のサイクル

プリングボードとして機能する新しい道具を見いだすことから始まる。「スプリングボード」とは，「促進的イメージ，技術，ないし社会的－会話的布置（あるいはそれらのコンビネーション）であり，ある前の文脈における鋭い葛藤ないしダブルバインド的な特徴から，新しい，拡張的な移行的活動の文脈に誤って置かれたもの，あるいは移植されたもの」と定義される。つまり，ダブルバインドを解決する手がかりにつながる偶然の出来事と言える。この新しい道具をきっかけに，三角形の各頂点が一新され，「与えられた新しい活動」の構造が得られる。「与えられた」という表現は，新しく形作られた活動は，この段階では限られた共同体の中（主に活動構造の上部の小三角形）でしか機能しておらず，まだ社会的な文脈の中に置かれていないことを意味する。この観点から，この状態はミクロコスモスと呼ばれる。これ以後の段階では，この「与えられた新しい活動」が修正されていく。

「適用と一般化」の段階は，行為から活動への移行を意味する。「与えられた新しい活動」は限られた共同体を脱し，社会的な文脈の中に置かれ始める。主体は，実際に与えられた新しい活動のモデルに対応する行為を実行し始める。こうした行為は，多かれ少なかれ，古い活動の抵抗形態や動機からの影響を受ける（第 3 の矛盾）。この状態は，社会的に新しい活動（創造された新しい活動）が現れ始める段階である。

「活動 2」の段階では，新しい活動形態が強化される。まず，活動構造の上部の三角形で新しい行為が十分に再生産され，強化される。その後，社会的な文脈の中で新しいルール，共同体，分業を形作りながら修正されていく。そして，活動構造のすべての頂点が定まると，次には，その活動の「外部」との，つまり隣接する諸活動との間の矛盾にさらされる（第 4 の矛盾）。こうして活動は最後の修正を受け，「創造された新しい活動」となる。この活動がさらに強化されると，もはや新しい活動ではなくなり，再び新たな活動として次のサイクルに移行し，そこで新たな欲求状態へと移行する。

3
活動理論に基づく解析

作業変容のプロセスは，人間の拡張的な移行のサイクルを元にモデル化できる。このような矛盾に伴う活動の変容を活動理論により解析した例として，1999 年 9 月に日本国内で初めて事故被曝による死亡者を出したウラン燃料加工工場での臨界事故について，活動理論の枠組みから検証する。この事故は機器設備の故障や誤動作ではなく，正規の手順を逸脱した作業員の不安全行為を直接原因として起こったものである。さらに，この背後に作業員の不安全行為を抑止し得なかった企業体質や安全行政の組織要因の存在が明らかとなっている。こうした不安全行為にいたるまでの作業変容の過程と組織的な要因との関係性を明らかにするために活動理論を用いることができる[7]。

事故の概要[8]

1999 年 9 月 30 日，午前 10 時 35 分頃，JCO 東海事業所の転換試験棟で，濃縮度 18.8 %のウラン 16.6kg 程度の硝酸溶液を沈殿槽に注入したため，臨界事故が発生した。3 人の作業員が多量の中性子線などで被曝，事業所から半径 350m 圏内の避難要請，半径 10km 圏内の屋内退避要請が行われた国内初の臨界事故である。事故の起きた転換試験棟は，JCO の本来の業務とは別に，核燃料サイクル開発機構（旧動力炉．核燃料開発事業団）から委託された，高速増殖実験炉「常陽」の燃料を加工する試験的な施設だった。

分析対象の活動は事故のあった転換試験棟での作業活動になる。当初に転換試験棟での加工の認可を得ていた対象製品は，事故時に加工していた製品とは異なる軽水炉用固形燃料であった。また，事故時の加工対象となった製品の製造は不定期にしか発注がなかったことから，認可を得ていた設備を使わず，既存設備を用いて製造することにしたことが本事故を引き起こす端緒となった。

まずここでの作業活動の構造を図 9-9 に示す。

主体である作業者が直面している二重性は，「認可を得ている手順書に従い，正確に作業を遂行すること」と「高効率化，高品質化を目指して作業改善に努めること」である。このような二重性は，JCO に限らず，あらゆる企業の作業現場で共通の特徴であると言える。作業者が対象とする製品の二重性は，認許手順に従順な作業者の観点から見いだされる「規格通りの製品」と作業改善に努める作業者の観点から見いだされる「高効率，高品質を求める対象としての製品」である。主体と対象の二重性が定義されると，次に「道具」，「共同体」，「ルール」，「分業」といった各項に着目してその二重性を決定もしくは類推するこ

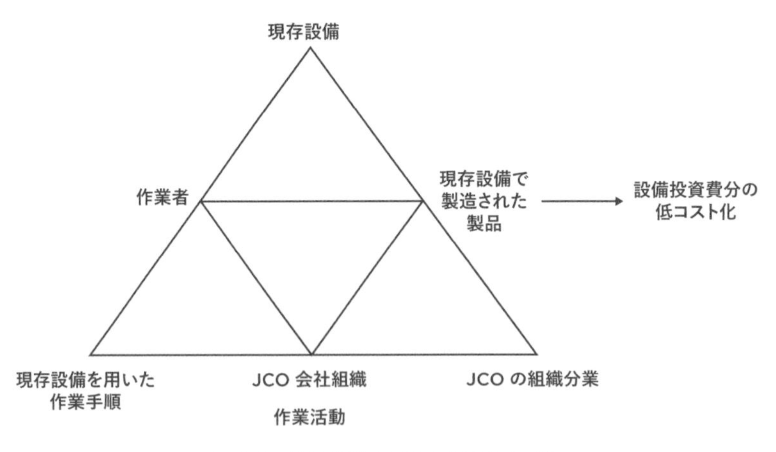

図 9-9　転換試験棟での作業活動の構造

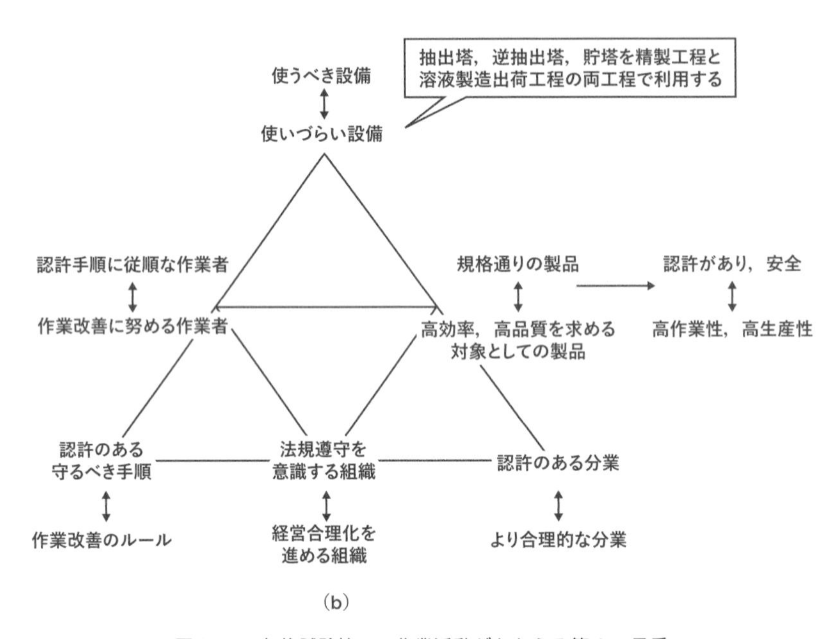

図 9-10　転換試験棟での作業活動がかかえる第 1 の矛盾

とができる。こうして分析した結果が図 9-10 であり，ここでは各頂点においてかかえる第 1 の矛盾を表している（図 9-20（a）参照）。

1986 年 10 月の製造開始に先立ち，発注者から認許時には想定されていなかった 40 リットルの液体燃料の製品均一化と短い納期での納入を要請されることとなった。この対象の変化がもたらす第 2 の矛盾状態を表したのが，図 9-11 である。製品の仕様が変化しても，作業手順を急には変えることができない。そのため，三角形の道具 - 対象（作業手順 - 製品）間に矛盾が生じる。さらに，JCO の組織と製品との間の関係も変化

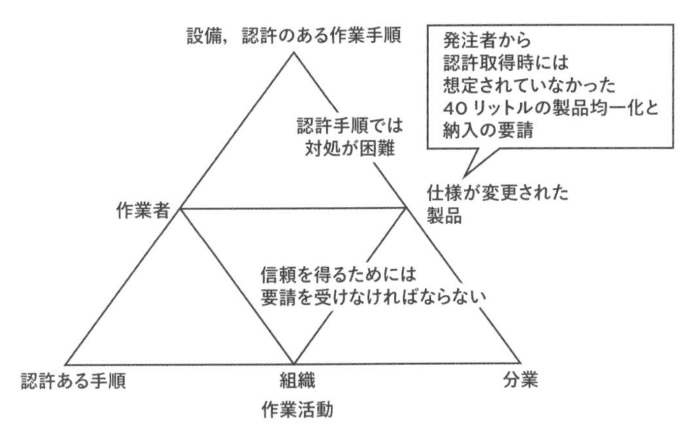

図 9-11　製品仕様の変更がもたらす第 2 の矛盾

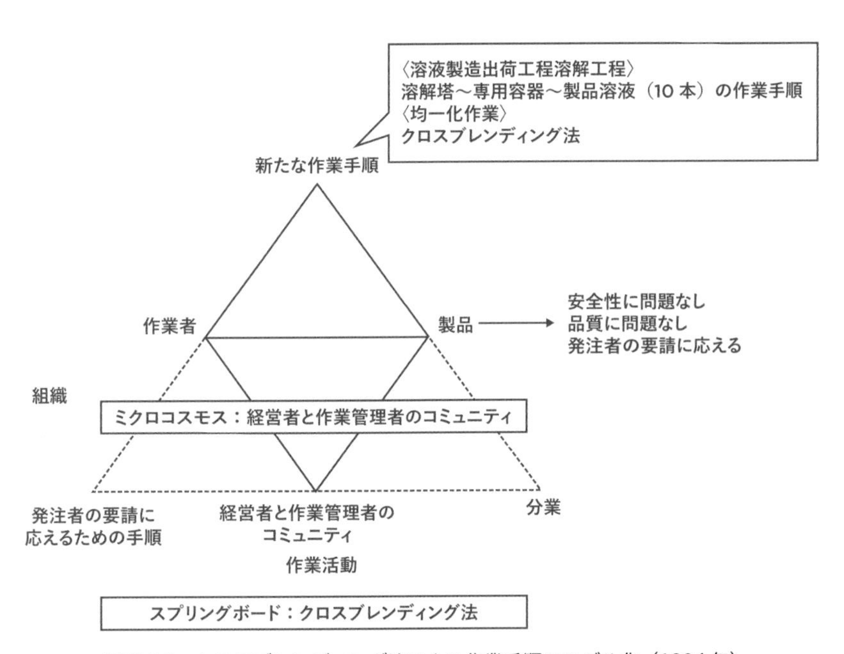

図 9-12　クロスブレンディング法による作業手順のモデル化（1986 年）

し，この間に第 2 の矛盾が生じる。JCO は，取引先の信頼を得るために，何とか要請を受けなければならなかった。しかし，認許のある当初の手順のままでは，要請された仕様を満たすことが難しかった。

図 9-11 のダブルバインド状態は，クロスブレンディング法の確立により解決された。その状態を表したのが図 9-12 である。クロスブレンディング法は，製品均一化作業のための手段として見出された。製品溶液を 10 本のステンレス製（SUS）ビンに詰め，さらにその 10 本のビンから少量ずつ取り出し，新しいビンに詰め直し混合す

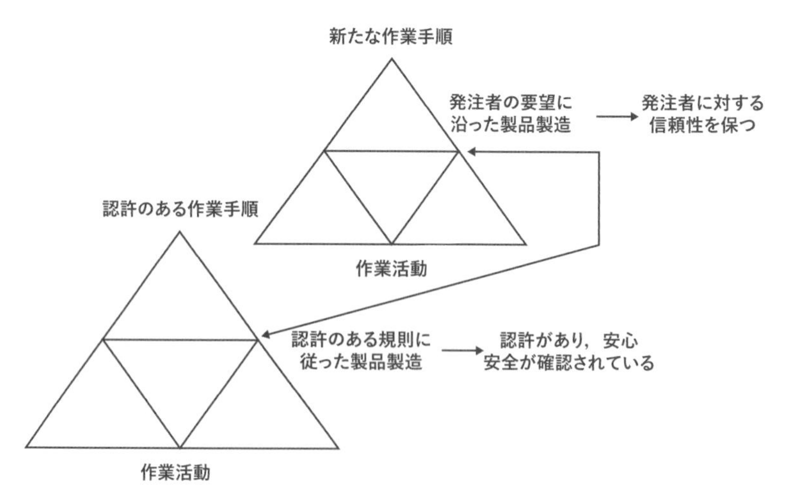

図 9-13　認許のある手順を用いた作業と新しい手順を用いた作業との間の第 3 の矛盾

るという方法である（図 9-20（b）参照）。ここで，ミクロコスモスは経営者と作業管理者のコミュニティである。発注者からの要請を受けて，1986 年 6 月初旬に JCO からクロスブレンディング法が提案されて工程に組み込まれたとの調査結果があることから，クロスブレンディング法の導入には，作業管理者や経営者の判断が寄与したと考えることができる。これにより，認許を受けていた手順においては，抽出塔，逆抽出塔，貯塔を精製工程と溶液製造出荷工程の両工程で重複して利用する手順であったものが，製品溶液を溶解塔から直接専用容器に移し，クロスブレンディング法で均一化するという手順に変化した。この変化により，発注者の要請に応えることができるようになった。

新しく形作られた活動システムが実際に適用されると，古い活動と新しい活動の間に第 3 の矛盾が生じる。これを表したのが図 9-13 である。古い活動は認許があるため，安心であり安全が保証されている。新しい活動は，発注者の要請に従っているため取引先との信頼を保つことができる。また，安全性は現場で確認されており，品質にも変化がないという結果が出ている。新しい手順の利点はわかりつつも，認許手順を逸脱していることへの後ろめたさを意識している段階であると言える。

導入された新しい活動は，主体 - 生産的活動に相当する教育活動と，ルール - 生産的活動に相当する手順書作成活動との間に第 4 の矛盾を孕んでいる。この関係を図 9-14 に示す。まず，教育活動との第 4 の矛盾について詳述する。JCO は，新人に対する導入教育および年 1 回以上の保安教育において，安全教育の一環として臨界現象や臨界管理の方法を教育していた。しかし，臨界になるとどういう被害が起きるのか，最小どの程度のウラン量で臨界になるのか，濃縮度が高いほど臨界になりやすいこと，水が存在する環境の方が臨界になりやすいこと，などの現場の安全を保持するための知識については触れられていない。また JCO は OJT を主体とする教育訓練を実施していたようであるが，臨界の物理を実務的知識に結びつけるには不十分であったと考えられている。この教育との第 4 の矛盾は，以後しばらくの間，解決もしくは解消することなく，同様の矛盾とし

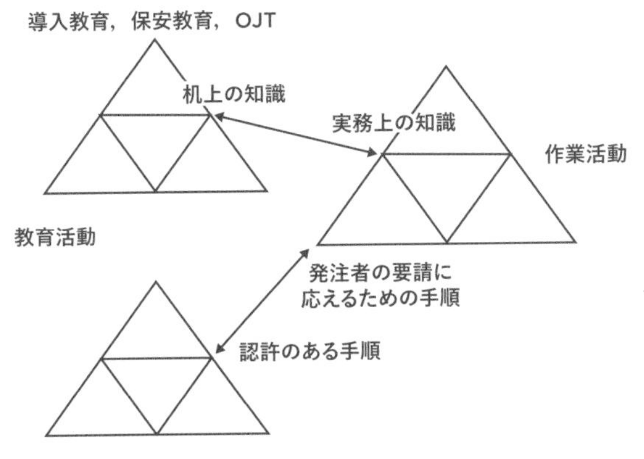

図 9-14　作業員教育活動手順書作成活動と作業活動との間の第 4 の矛盾

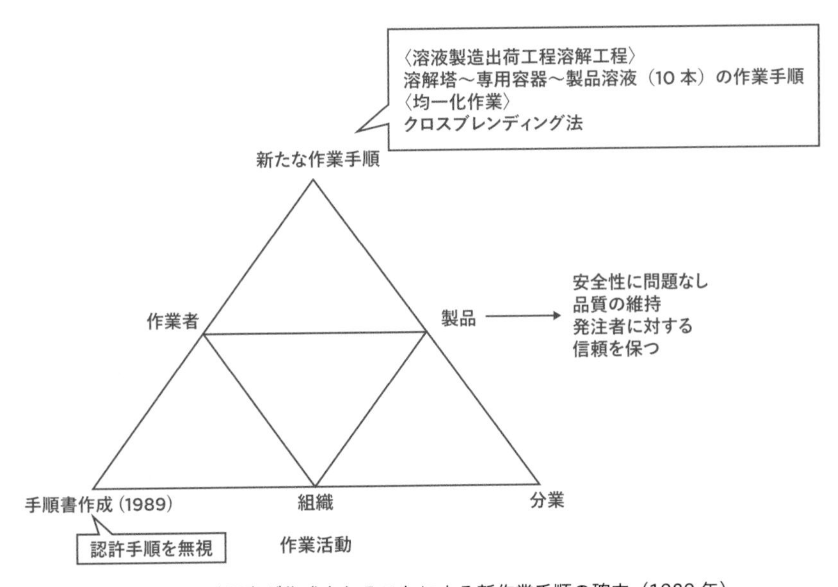

図 9-15　手順書が作成されることによる新作業手順の確立（1989 年）

て存在し続けることとなる。

次に，手順書作成活動との第 4 の矛盾について述べる。これは，新しく形作られた作業活動の作業手順と認許のある手順書に記載の手順との間に生じる。新しい活動は，取引先との関係を優先して形作られたものであるから，認許手順との間に乖離が生じるのは当然であると言える。

以上に述べた第 3，第 4 の矛盾により，図 9-9 で示した本来の活動システムは修正される（図 9-15）。図 9-9 と図 9-15 との相違は，ルールの項である。1989 年に溶液製造工程の手順書が作成されたことによって，図 9-14 に示した手順書作成活動と作業活動間の第 4 の矛盾は解決された。

以上の作業手順の改変を経て，1989 年度に溶

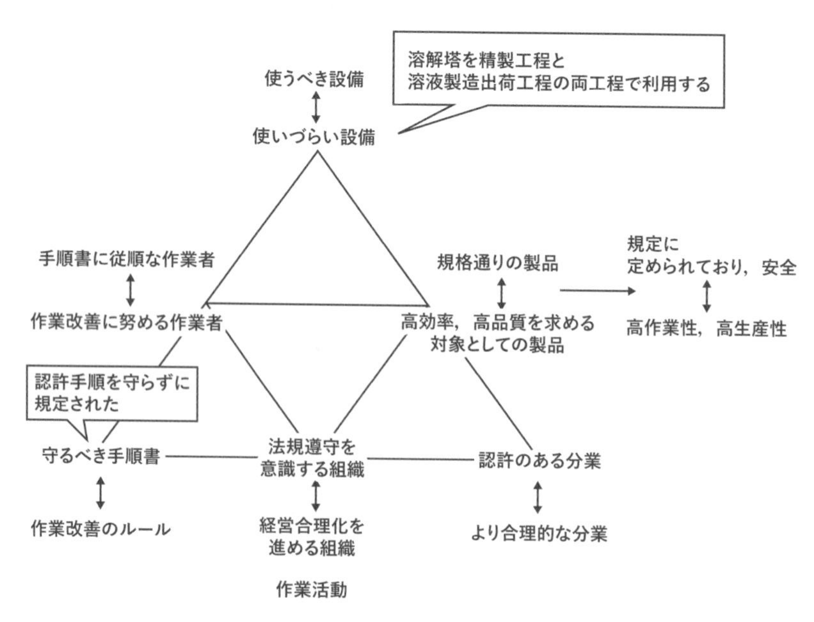

図 9-16　作業手順が改善されたことで新たに発生する第 1 の矛盾

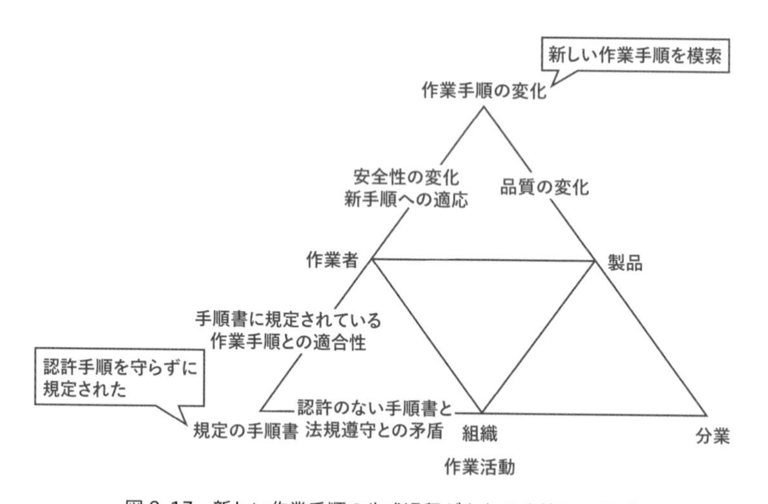

図 9-17　新しい作業手順の生成過程がもたらす第 2 の矛盾

液製造出荷工程溶解工程の手順書が作成されてから，1993 年度に製品の再溶解工程で SUS バケツ使用の手順が確立することになる。図 9-15 で形作られた作業活動が強化され，一般化されてくると，より良い作業形態を模索する動きが生じ始める。その様子を描いたのが図 9-16 である。

図 9-17 は，前述の問題を解決しようとする過程で生みだされる第 2 の矛盾を表したものである。作業者は，問題解決のために道具（つまり，作業手順）の改善を試みた。

まず，三角形の「道具」の項が変化する。ここでは，「作業手順の変化」とした。この「道具」

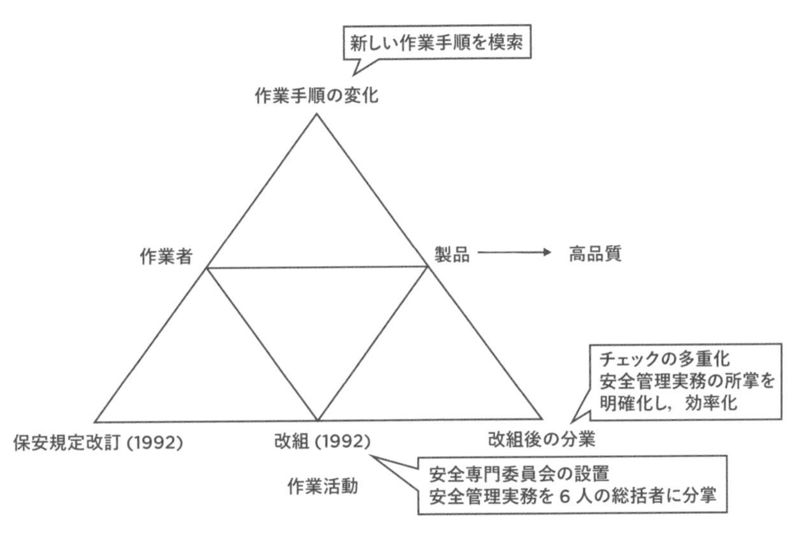

図 9-18　保安規定改訂による改組（1992 年）

の項の変化は，すぐ隣の項である「主体（作業者)」や「対象（製品)」との間の関係に変化をもたらし，第 2 の矛盾を生じさせる。手順が変化すれば，安全性を再評価しなければならないし，作業者は新手順に適応するために労力をさかなければならない。また，新手順により品質に影響を与えるかもしれない。そして，新手順を導入しようする作業者と認許のある手順書との間に第 2 の矛盾が波及していく。規則である手順書に適合するかという問題の発生である。また，認可の下りていない手順書で現場の作業を管理しているために，法規を遵守すべき組織と手順書との間に第 2 の矛盾が生じる。

図 9-18 に，保安規定の改訂がもたらした影響を示す。この保安規定改訂により，改組が行われる。この改組は，上述のルール－共同体（手順書－組織）間の第 2 の矛盾を解決しようとする動きと理解できる。これまでの手順書作成は，この安全管理組織の下で行われていた。安全管理の統括責任者は安全主管者であり，放射線管理と臨界管理の実務は，放射線安全管理者が臨界管理主任者と放射線管理主任者の協力の下に実施し，核燃料取扱主任者が安全主管者を補佐することになっていた。保安上重要な事項の審議機関として安全専門委員会が設けられ，安全管理の実務が 6 人の統括者によって細かく分掌されることになった。ただしこの改組後の組織では，安全管理統括者が他の統括者と同列に置かれたことから，核燃料取扱主任者と安全管理専門委員会の権限が弱くなり，放射線管理と臨界管理が形骸化する危険性を孕んでいることが指摘されていたが，不幸にもこのことはその後の手順変容にも影響を及ぼす結果になった。

以上までの 2 段階の作業内容の様子を図 9-20 にまとめて示す。このあと，

(1) 1993 年度〜1996 年度：1993 年度に SUS バケツ使用の手順が確立してから，安全委員会での作業実態の審議があり，均一化作業に貯塔を使用した手順が確立した。
(2) 1996 年度〜1999 年度：1996 年度に貯塔を使用した手順が確立してから，その手順がマニュアル化され，人員削減を経て均一化作業に沈殿槽を使用した手順（＝臨界事故を引き

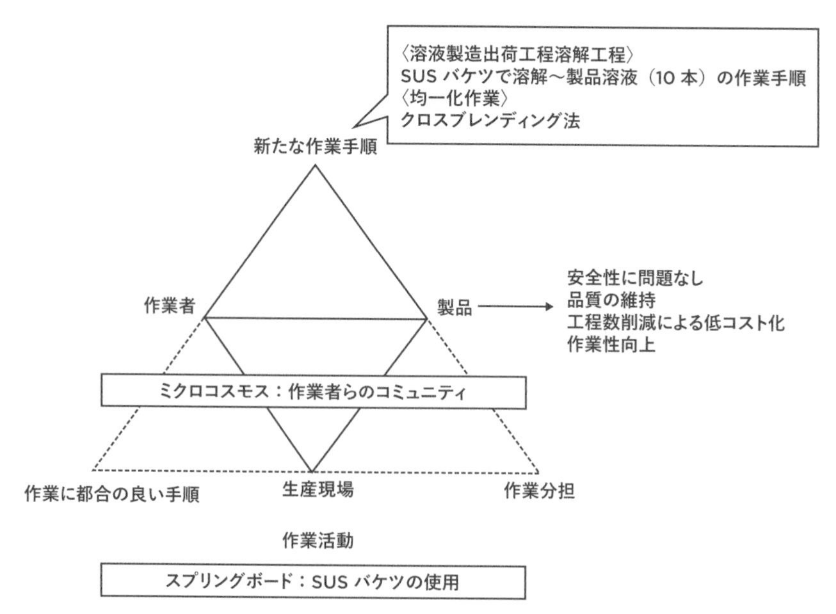

図 9-19　SUS バケツ使用による作業手順のモデル化（1993 年）

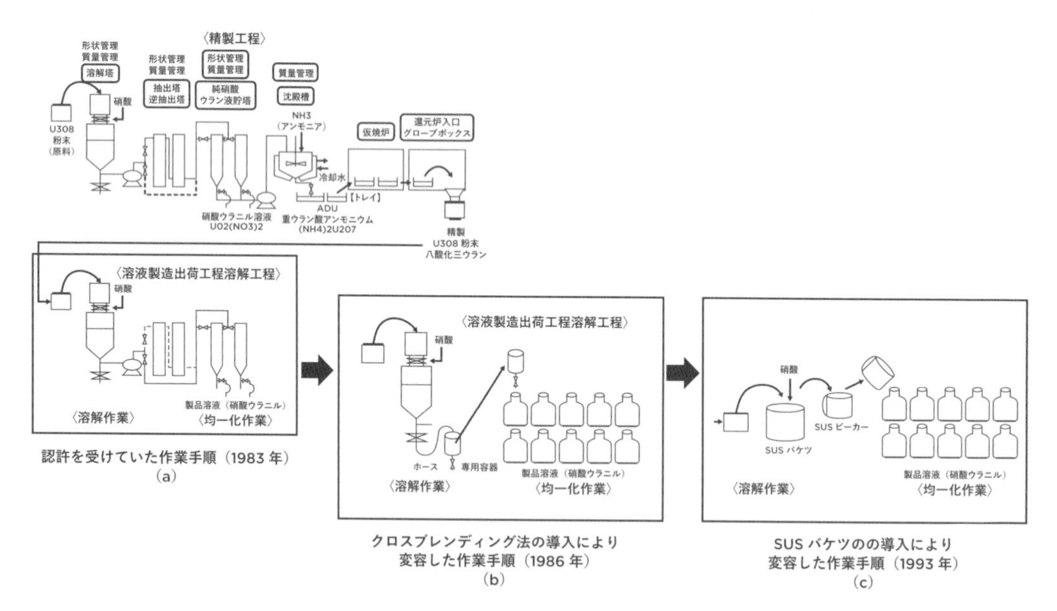

図 9-20　認証を受けていた作業手順からの第 1 段階，第 2 段階での作業手順の変容

起こした作業手順）が生まれた。

と作業変容が引続いた。図 9-21 にこの変容について示す。最終的には，同図（b）に示す沈殿槽での均一化作業の工程において臨界事故を起こすに至った。詳細な作業変容プロセスの解析については省略するが，活動理論では現場作業員の行為が諸要因とかかわりながら組織活動のルールに発展していく過程について解析することができる。

わずかの矛盾が解消されないまま他の要因と結びつくことで，要素間の動的な相互作用が矛盾の時間発展として捉えることができ，人間の活動が必然的に抱える矛盾に着目した分析が可能になるため事故事例に限らず適用範囲が広い方法論である。

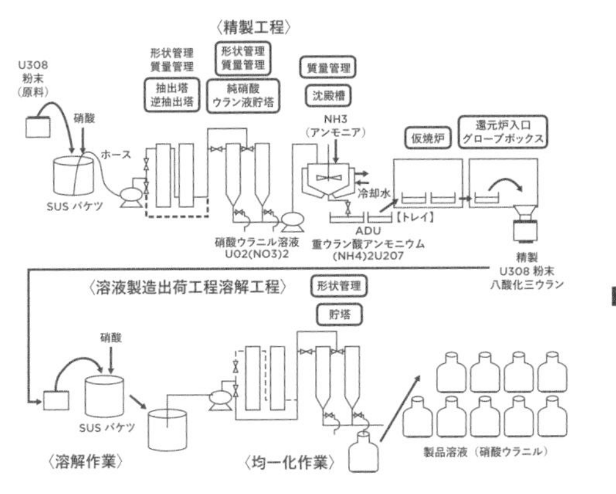

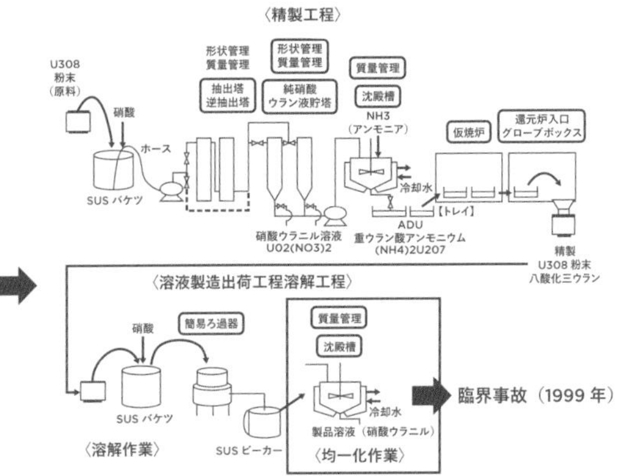

図 9-21　第 3 段階，第 4 段階での作業手順の変容

4
機能共鳴の概念に基づく安全性解析

本節では，作業遂行中にゆらぎが発生したとき，設計時に想定されていた一連の手順実行がどのような変容を見せるかについての事前予測を行い，ゆらぎに対して脆弱な部分を同定するための解析法について概説する。まずその解析のための基礎となる，Functional Resonance（**機能共鳴**）という概念について述べる。次に，上記に述べた解析を行う手段として E. Hollnagel が提唱する FRAM（Functional Resonance Accident Model）[9] を用いた手法について述べる。

機能共鳴とは，システムの機能に潜在するゆらぎが契機となって他の機能や状況因子や環境因子と相互作用し，動的にゆらぎが増幅されることで事故に発展する現象に対して，確率共鳴の概念をアナロジーとして用いた概念である。

確率共鳴は，以前は物理系の中でのみ起こる現象だと思われていた。しかし 1990 年代に入って，生体の感覚ニューロンの中でも起きていることが発見され，現在では，さらに生物が周囲の環境，または，その生体内に持つノイズによる確率共鳴を利用して，自己の機能行動を高めているという可能性まで示されつつある。確率共鳴とは非線形な入力（ノイズ）が周期的な微小な信号に加わることによって生じる現象である。この信号は非常に弱いものであり，通常は観測されない。しかし，ノイズが加わることによって共鳴現象が起き観測可能な信号として立ち現れてくる。

一方，人間機械系では，その構成要素である人間の操作や機械の挙動には常に想定されていたパフォーマンスから逸脱したり変動することが不可避となる。ここで，このような逸脱や変動をゆらぎと定義する。それぞれの構成要素について考えると，その要素の持つゆらぎは，あらかじめ各々の作業遂行上の妨げとならない範囲内での**ゆらぎ**（variability）である限りは，非常に微弱な信号ということができ，目に見える現象としては立ち現れては来ない。また，人間機械系を取りまく環境の中にも多くの要因が存在しており，それぞれがゆらいでいる。環境要因のゆらぎが，人間機械系に加わることで，人間と機械の協調作業の中でのゆらぎと共鳴が起き，もともとは信号として表出するほどの大きな逸脱ではなかったものが，人間の操作の逸脱や，機械の不具合として露呈するほどに成長し，直接の事故要因となりうるものに発展することが考えられる。

確率共鳴の理論では，微小な周期的な信号に，非線形なノイズが加えられる。このことを人間機械系にあてはめて考えてみると，確率共鳴の理論で言うところの信号は，人間と機械を含むシステムが正規の手順に従って作業が遂行されている状況の下で進行している各作業に潜在する危険因子として捉えることができる。一方，ノイズは，個々の作業遂行の正規手順の逸脱や，さらに人間と機械を取りまく環境の中に存在する変動要因として捉えられる。あらかじめ想定された環境下で，適正に各機能の遂行が行われている限りは，そこでの危険因子が明示的に認識されることはない。しかし環境要因の変動が契機となって，各作業の遂行がゆらぎ始め，それらが互いに共鳴現象を引き起こすことで，システム全体の破綻に繋がりかねない明示的な危険因子として露呈してくることになる。このメカニズムが，確率共鳴の理論をアナロジーに用いている根拠である。すなわち，あるシステムの中でシステム要素の機能同士があらかじめ適正に（想定された通りに）結合しているところに，システム外部からゆらぎが加えられると，各機能コンポーネントで発生している微小なゆらぎが共鳴を起こし，不可逆的な破綻状態に陥ることを喩えた概念である。ここで機能とは人間の操作や機械の挙動など，そのシステムを構成する要素の持っている特徴のことである。

このような機能共鳴の概念を用いた事故モデルが FRAM である。FRAM では事故に至る状況がどのように現れるかに焦点を当てている。

FRAM を用いた事故解析の手順を図 9-22 に示す。

STEP 1
事故解析をする対象となる一連の
作業系列の範囲を定める

STEP 2
範囲を定めた作業系列を構成する
個々の手順や機能を決める

STEP 3
各手順や機能のもつ
特徴を定義する

STEP 4
各手順（機能）間の従属性を基にそれらがどのように
つながるか図示する（正常時の作業系列）

STEP 5
手順または機能のもつ共通行動形成条件（CPC）を定め，
直接（第1次）と間接（第2次）のゆらぎを評価する

STEP 6
各作業へのCPCの影響を評価し，
ゆらぎの総合評価スコアを算出する

STEP 7
各作業の制御モード（戦略的，戦術的，機会主義的
（対処療法的）混乱状態）を導出する

図 9-22　機能共鳴解析法の実施手順

(1) 一連の作業系列の範囲

事故解析をする一連の作業系列の範囲を定める。

(2) 作業系列を構成する手順または機能の同定

事故解析をする一連の作業系列を構成している個々の手順または機能に分ける。ここで，手順とは人間の操作や監視，確認動作等を指す。また，機能とは機械の機能を遂行する挙動を指す。

(3) 手順または機能の持つ特徴の定義

個々の手順または機能の特徴を定義する。手順の特徴の定義項目は以下の 6 項目である。各々の手順に対してこの 6 項目の定義をする。

・Input (I)：手順を遂行するために必要な事象。前の手順とのリンクを構成する。
・Output (O)：手順が遂行されることにより生成される事象。後の手順とのリンクを構成する。
・Resource (R)：手順の遂行に必要とされる資源。例として，ハードウェア・ソフトウェア・マニュアルが挙げられる。
・Time (T)：手順を遂行するにあたっての時間の制約。

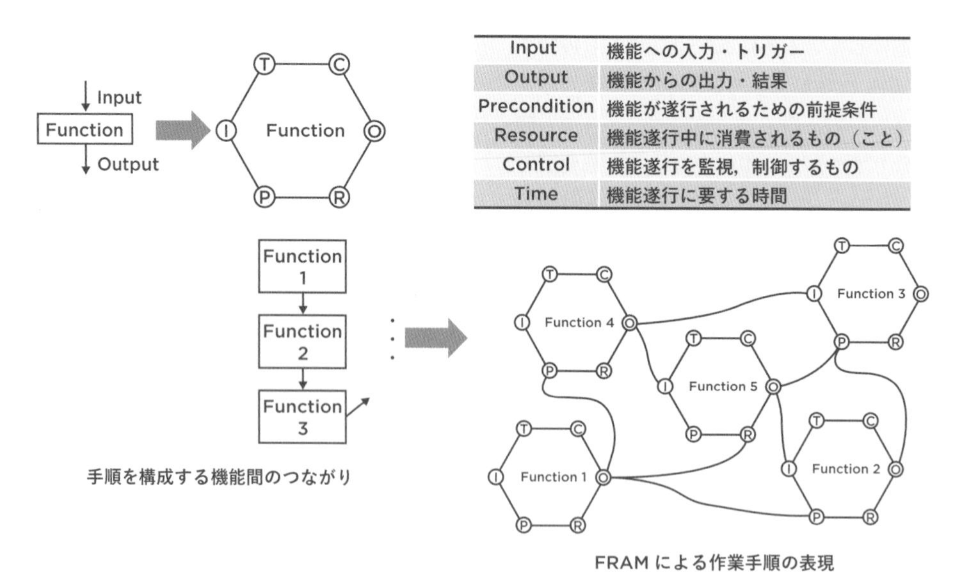

図 9–23　FRAM による表現

・Control（C）：手順遂行を行う人やもの。
・Precondition（P）：適切な手順遂行のために満たされていなければならない前提条件。

ここで定義された特徴を含む手順を図 9-23 に示す 6 角形の図形で表現する。

（4）手順の連結

手順の特徴の定義によって明らかになった 6 項目をもとに，各手順間の連結を図示する。

図 9-24 は，E. Hollnagel により作成された調剤業務における手順の連結の例である。図中左にある黒丸からの入力「処方箋を患者から受け取る」が入ることによって，システムの一連の作業系列が開始される。薬剤師は，医師から送られてきた患者の処方箋に基づき，システム内の薬品リストとの照合により，コンピュータに登録，薬品棚から患者に処方する薬剤を調達し，薬剤のバーコードチェックを経て，提供薬剤の袋詰めを行い，これを処方の仕方を患者に説明しながら患者に提供するという一連の作業である。この図を見ると，「薬棚より薬を取り出す」手順の Output と「バーコードを読み取る」手順の Input が連結している。これは前述した各手順の特徴の定義を行うことによって，「薬棚より薬を取り出す」手順の Output「薬を薬棚より取り出し完了」と「バーコードを読み取る」手順の Input「薬が薬棚より取り出される」が一致していることによる連結である。つまり，薬棚より薬を取り出す手順を完遂することによって，バーコードを読み取る手順を開始できるという手順間の従属関係を示している。また，「処方箋の登録」手順の Output と，「薬棚より薬を取り出す」手順の Precondition が連結しているのは，前述した各手順の特徴の定義を行うことによって，「処方箋の登録」手順の Output「処方箋の登録が完了する」と「薬棚より薬を取り出す」手順の Precondition「処方箋が登録されていること」が一致していることによる連結である。このように Output と Precondition が連結することもある。

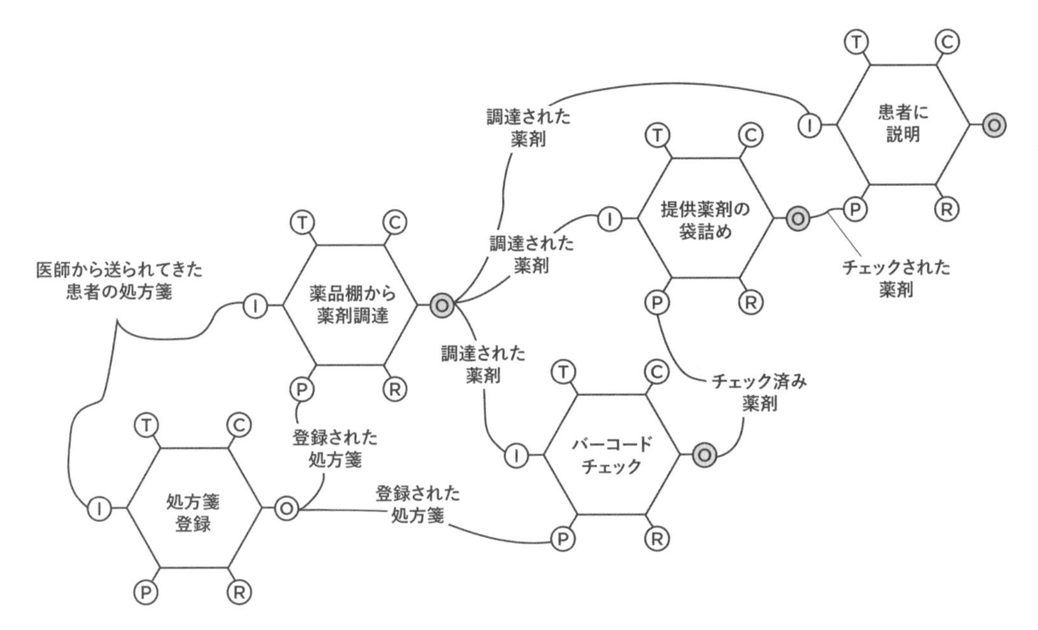

図 9-24　薬剤師の調剤業務における作業手順

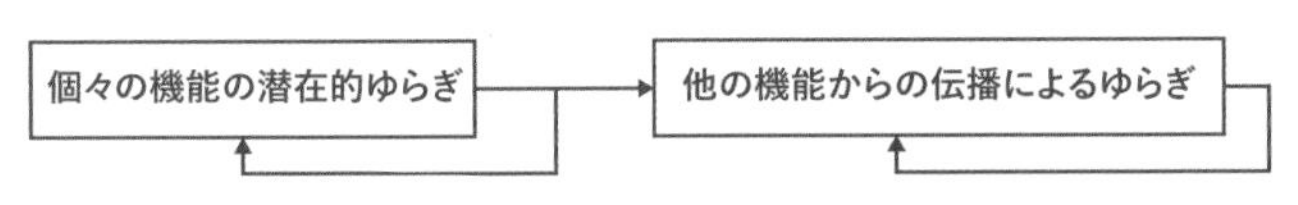

図 9-25　共通行動形成条件によるゆらぎの 2 段階評価

(5) 共通行動形成条件

ここでは，各手順に潜在するゆらぎの評価法について説明する。

共通行動形成条件（Common Performance Conditions）とは，各手順に潜在するゆらぎの共通要因のことである。FRAM を用いた解析は，その対象を人間（Human），機器（Technology），組織（Organization）の各要素が複雑に相互作用をしている作業系列としている。その中で，共通行動形成条件が人間，機器，組織の各要素のどれに依存しているのかをも考慮にいれなければならない。

以下に共通行動条件を示す。括弧内は M が人間を表し，その因子が人間に依存していることを示している。同様に，T は機器，O は組織に依存していることを示している。

・資源有用性（M, T）
・訓練や経験（M）
・連絡（M, T）
・インタフェース（T）
・運転要領（M）
・作業環境（T, O）
・同時達成目標（M, O）
・時間余裕（M）
・サーカディアンリズム（M）
・クルーの協調（M）
・管理組織（O）

対象を構成する個々の手順（機能）に対して，

表 9-1　共通行動形成条件

CPC	定義	評点（注参照）	
時間帯	・タスクが行われる時間帯 ・人間が順応したいるかが問題	日中	
		夜間	−
作業環境	・作業が行われる環境の物理条件 ・温室度，照明，騒音など	良好	＋
		許容範囲	
		不良	−
マンマシン インタフェース	・インタフェースの品質 ・運転支援システムの品質	とても良好	＋
		良好	
		許容範囲	
		不良	−
運転要領	・運転要領の有無	良好	＋
		許容範囲	
		不良	−
同時に達成する目標	・運転員が同時に取り組む目標 ・変化するので典型的な状況を評価	容量以下	
		容量にマッチ	
		容量以上	−
時間余裕	・タスクに費やせる時間 ・時間圧	十分	＋
		一時不十分	
		常に不十分	−
管理組織	・組織が提供する支援・資源の品質	とても良好	＋
		良好	
		良好でない	−
		不良	−
訓練・経験	・訓練・経験による備え	訓練良好 経験豊富	＋
		訓練良好 経験不十分	
		訓練不十分 経験不十分	−
クルー協調	・クルー構成員間の協調	とても良好	＋
		良好	
		良好でない	
		不良	−
連絡	・クルー間・組織内での連絡	良好	
		不良	
資源可用性	・作業に必要な資源（人・機器など）	充足	
		許容範囲	
		不足	

注：－印はパフォーマンスに負の影響，＋印は正の影響を与える。（無印は影響小）

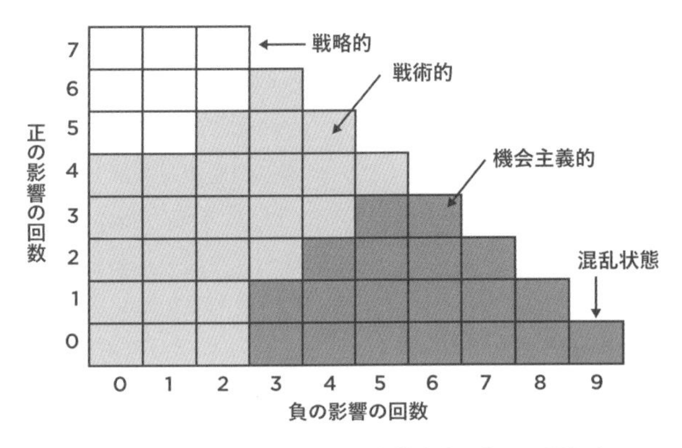

図 9-26　各機能の制御モードを推定するための評価表

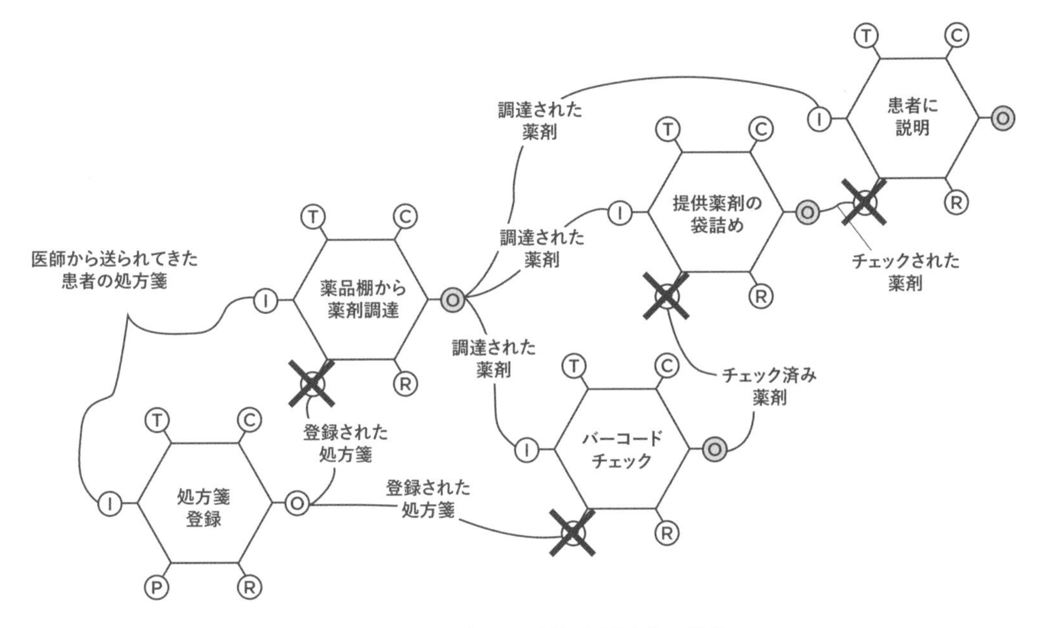

図 9-27　ゆらぎによる破綻が予想される機能

それが影響を受けると想定される潜在的なゆらぎの同定を行う（表 9-1）。想定される機能のゆらぎには主に，機能自身の特性によるゆらぎ，外部環境の変動に誘発されるゆらぎ，上流機能から伝播してきたゆらぎが存在する。またその中でも，機能の特性そのものによるゆらぎと外部環境の変動によるゆらぎは，潜在的なゆらぎと呼ばれる。さらにこれらの潜在的なゆらぎのうち，前者を内的なゆらぎ，後者を外的なゆらぎという（図 9-25）。

次に，図 9-25 に示すように共通行動形成条件の各条件によるゆらぎを 2 段階で評価し，各機能の状態を表す制御モードを，図 9-26 に示す評価表に従って，以下の四つのモードのいずれかに決定する。

表 9-2　制御モードと失敗確率の対応

Control Mode	Intervals of PAF
Strategic	$0.5 \times 10^{-5} < p < 0.01$
Tactical	$0.001 < p < 0.1$
Opportunistic	$0.01 < p < 0.5$
Scrambled	$0.1 < p < 1.0$

・混乱状態（scrambled）：状況が未知で思考が麻痺するようなパニック状態
・機会主義的・場当たり的（opportunistic）：部分的な状況理解の下で経験的または習慣的な判断が下される状態
・戦術的（tactical）：既知の理解に基づく限定された領域で判断が下される状態
・戦略的（strategic）：大局的な状況理解の下で保持する知見により高度な判断が下される状態

また，各々の制御モードに対して，解析対象となる事象が正常に進行せずに破綻を起こす確率（PAF：Probability of Action Failure）が定義されている（表 9-2）。

(6) ゆらぎに脆弱な部分の同定

考えうる共通行動形成条件が加わったときにどのように個々の手順に影響し，遂行上のゆらぎを発生させることとなり，それにより設計時に想定されていた一連の手順実行がどのような変容を見せるかを図示する。その際，図 9-24 で表現した手順の連結の図を用いる。

調剤業務の例では，調剤業務の例では，たとえばゆらぎを引き起こす要因として同僚の欠勤があり，薬局で薬の処方を待つ患者の行列ができ始め，それに対応するべく調剤業務を担う薬剤師に過度な負荷がかかり始める状況が想定できる。この場合，CPC としては，時間余裕と同時達成目標の条件が活性化されると考える。このもとで各機能間でゆらぎが伝播した際に，どの機能が破綻するかを検証することに相当する。ゆらぎが発生した場合には図 9-27 に示す連結になる。×印はその部分の連結が機能しなくなることを意味している。

まず，「処方箋の登録」手順の Output と「バーコードを読み取る」手順の Precondition の連結が切れてしまっていることがわかる。これは，コンピュータへの処方箋の登録が完了しておらず，「バーコードを読み取る」手順の前提条件が満たされていないことを意味する。そのことにより，「バーコードを読み取る」手順の遂行がなされず，薬名などの特徴が確認されるという Output が生成されない。さらに，「薬の成分や服用する際の注意などをチェックする」手順の Precondition への連結も切れてしまい，薬の成分の詳細を確認することもできなくなる。「薬の成分や服用する際の注意などをチェックする」手順の Output である薬の成分の詳細も確認できず，患者に薬を手渡す際に誤った薬を渡してしまっても気づかないという事故発生の可能性がみてとれる。

一方，「処方箋の登録」手順の Output と「薬棚より薬を取り出す」手順の Precondition との連結も切れてしまっていることがわかる。処方箋の登録という「薬棚より薬を取り出す」手順の Precondition が完遂していないので，この手順遂行もゆらぎ，正しい薬を薬棚から取り出すことができない可能性がある。しかし「薬棚より薬を取り出す」手順の Output と他の連結している作業間の連結は切れていない。これは，「薬棚より薬を取り出す」手順では Precondition が完遂されていなくても，手順遂行がなされることを意味している。このことにより，薬は取り出されるがそれが誤った薬である可能性がある。「薬棚より薬を取り出す」手順の Output から出ている 3 本の連結のうち，2 本の連結先の Output は生成されず，「患者に薬を手渡す」手順では，コンピュータのデータベースでの確認がなされないため，処方箋に記載されている薬とは異なった薬が患者に手渡されてしまうという事故に発展する可能性がある。

以上のように手順遂行上のゆらぎが次々に伝播し，一連の作業手順が変容してしまうことがわかる。この解析により，ゆらぎに脆弱な部分は「処方箋の登録」手順ということができる。事故防止としては，処方箋の登録がコンピュータになされていないときは，薬棚から薬を取りだせないような仕組みを設計しておく，患者に渡すものがすべてそろっているか確認するような手順を入れる，といったことが考えられる。

5

機能共鳴解析法を用いた解析事例

機能共鳴解析法を用いた解析例を以下に示す[10]。1995年12月夜，アメリカン航空965便ボーイング757型機が，コロンビアのカリ近郊のエル・デルビオ山西斜面の頂上付近に墜落した。機長は目的地のカリへ向かう途中，遅れを取り戻すために空港への進入コースを変更，この変更に伴うコンピュータのソフトに経由地点の入力ミスが生じた。機長は進入コースの変更に伴う急な降下のための高度処理に追われていてそれに気づかず，さらに副機長がクロスチェックで入力を確認するべきところも，別の経由点の確認作業に没頭しており，コース変更をコンピュータに任せきりにした。その結果，同機はコースを逸れて旋回，カリ近郊の山岳地帯に進入することになった。対地接近警報を受けたパイロットは緊急の上昇を試みたものの，降下時にセットしたブレーキを解除することを怠り，その結果機体は上昇できないまま山に激突し，乗員・乗客163名中159名が死亡した。この事故の背景には，管制官と乗務員とのコミュニケーションの齟齬や，最新のハイテク旅客機の自動航法の複雑な設定処理の手順とパイロットの理解不足，時間の余裕のなさに起因するさまざまなリスクの予知に関する能力がパイロットに欠落していたこと，機長と副機長の間で適正な分業と状況認識の共有がなされなかったことなど，人間と技術，組織的要因が複合する社会技術システムとしての典型的な事故であると言える（図9-28）。

調査の結果，最終的に特定された，事故を引き起こしたとされる原因や関連要因を以下に示す。

- パイロットはマイアミを出発する時点で定刻より2時間遅れていたことを気にしていた。
- “DIRECT TO” コマンドを実行すると，入力された地点以外が表示から消えるようになっていた。
- 使用する滑走路変更に対応できる，十分な時間がなかった。
- ディスプレイ上の表示と，到着経路を示すチャートの記載が異なる点が多々あり，パイロットに混乱を招いた。
- パイロットたちはFMSに入力した “R” がROZOではなく，ROMEOを指すことを知らなかった。
- PNF（2名のパイロットのうち操縦を任されていないパイロット）は “DIRECT TO R” コマンドの実行を，PF（2名のパイロットのうち操縦を担当するパイロット）と確認することなく実行した。
- 途中で進入を一度中断してやり直すべき状況

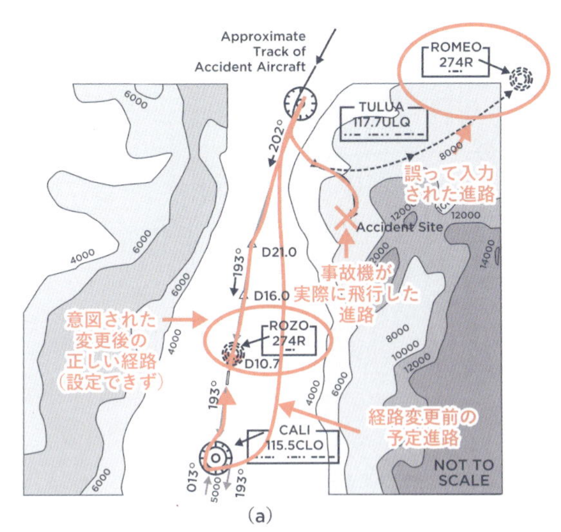

(a)

(b) 事故機と同型機のコクピット

図 9-28　アメリカン航空 965 便の墜落事故の経緯（1995 年）
（(a)［11］より著者により改編，(b) Wikipedia より転載）

になっても，元のコースに復帰するために FMS（Flight Management System）と格闘を続けていた。

・滑走路の変更を承諾してから墜落するまで，常に降下の態勢であった。

・GPWS（対地接近警報）への対応の際，降下のために開いたスピードブレーキを閉じていなかった。

そこで，これらの原因がどのような依存関係をもって影響を及ぼし合いながら最終的に墜落に至ったかを，FRAM の解析により検証する。

まず対象とする作業を図 9-29 に示す構造として表現する。ここでは，手順を構成する機能として以下の 5 つの機能を考える。

1. COMMUNICATION WITH ATC は，文字通り管制官との交信
2. INPUT AND EXECUTE THE ROUTE TO FMC は，今後飛行していく経路を，FMS に入力する作業
3. IDENTIFYING APPROACH COURSE は，チャートをはじめとした情報をもとに，着陸のための経路（Approach course）を確認する作業
4. DESCENDING FOR NEW APPROACH COURSE は，着陸に向けて正しい経路を降下し続けること
5. REVIEW OF FLIGHT PLAN FOR RWY CHANGE はさまざまな必要に応じて飛行計画の検討を行うという作業である。

以上の準備の下で，事故調査報告書で明らかにされている外的ゆらぎを以下のシナリオに沿って設定する。ここでの設定は，各機能の制御モードを表すスコアの初期値で，FRAM 解析を通じて各機能の制御モードのスコアは，依存関係で結ばれた他の機能の制御モードの状態からの影響を受けながら，当該初期値から随時更新される。

シナリオ 0. 初期状態ではすべての物事が，特に問題なく順調に進んでいた。
→すべての機能におけるすべての CPC スコア

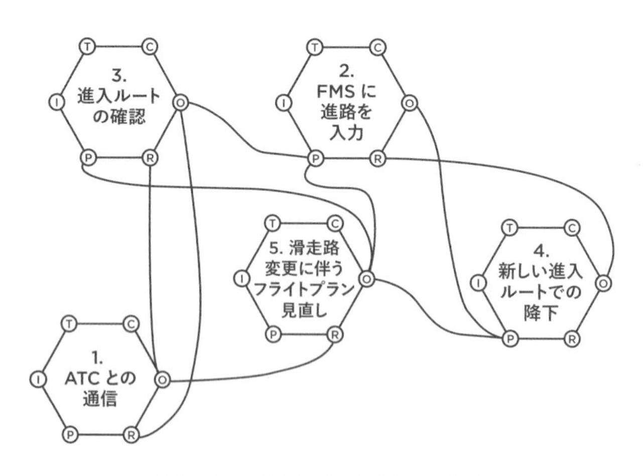

図 9-29　解析対象の FRAM による表現

の値を 100 に設定

シナリオ 1. 空港の管制圏内に入ってから管制官と 965 便の間にはコミュニケーションの齟齬が断続的に続いていた。

→1. COMMUNICATION WITH ATC の CPC："Quality of communication" のスコアを 20 に設定

シナリオ 2. 965 便のパイロットたちは着陸滑走路の変更を受け入れる際，飛行計画の十分な見直しを行わなかった。

→5. REVIEW OF FLIGHT PLAN FOR RWY CHANGE の CPC："Crew collaboration Quality" のスコアを 0 に設定

シナリオ 3. 経路変更の承諾後，PF は新たな飛行経路である Rozo 1 到着ルートに向けて，手動操縦で急降下を開始した。

→4. DESCENDING FOR NEW APPROACH COURSE の CPC："Available time" と "Number of simultaneous goals" のスコアを 0 に設定

シナリオ 4. 時間やワークロード的に余裕がない中，新たな経路を確認する必要があった。

→3. IDENTIFYING APPROACH COURSE の CPC："Available time" と "Number of simultaneous goals" のスコアを 0 に設定

シナリオ 5. FMS に新たな経路を入力する際，入力内容がパイロットたちにより確認されないまま実行された。またこのとき，FMS は飛行経路の候補の一覧を，通常とは異なる形式で表示していた。

→2. INPUT AND EXECUTE THE ROUTE TO FMC の CPC："HMI" と "Crew collaboration quality" のスコアを 0 に設定

その結果を図 9-30（a）に示す。シナリオ 1 において管制官との交信によるゆらぎが，すべての機能の制御モードを "Opportunistic" にまで悪化させている。この状態はその後も改善されることはなく，シナリオ 5 の段階では，2. INPUT AND EXECUTE THE ROUTE TO FMC の制御モードが，最も危険な状態の "Scrambled" にまで悪化している。この事故はこのようにして複数のゆらぎが積み重なり，状況が次第に悪化していったために生じたものであることがわかる。

これに対して，事故当時に定められていた手順に対して，図 9-31 に示すような代替手順を想定

図 9-27 の作業手順	シナリオ 0	シナリオ 1	シナリオ 2	シナリオ 3	シナリオ 4	シナリオ 5
1. ATC との通信	戦略的	対処療法的	対処療法的	対処療法的	対処療法的	対処療法的
2.FMS に進路を入力	戦略的	戦術的	戦術的	戦術的	混乱	混乱
3. 進入ルートの確認	戦略的	対処療法的	対処療法的	対処療法的	対処療法的	対処療法的
4. 新しい進入ルートでの降下	戦略的	対処療法的	対処療法的	対処療法的	対処療法的	対処療法的
5. 滑走路変更に伴うフライトプラン見直し	戦略的	対処療法的	対処療法的	対処療法的	対処療法的	対処療法的

(a) 事故時の手順

図 9-28 の作業手順	シナリオ 0	シナリオ 1	シナリオ 2	シナリオ 3	シナリオ 4	シナリオ 5
1. ATC との通信	戦略的	対処療法的	対処療法的	対処療法的	対処療法的	対処療法的
2.FMS に進路を入力	戦略的	戦術的	戦術的	戦術的	対処療法的	対処療法的
3. 進入ルートの確認	戦略的	対処療法的	対処療法的	対処療法的	対処療法的	対処療法的
4. 新しい進入ルートでの降下	戦略的	戦略的	戦術的	戦術的	戦術的	戦術的
5. 滑走路変更に伴うフライトプラン見直し	戦略的	対処療法的	対処療法的	対処療法的	対処療法的	対処療法的

(b) 改訂された手順

図 9-30 解析結果

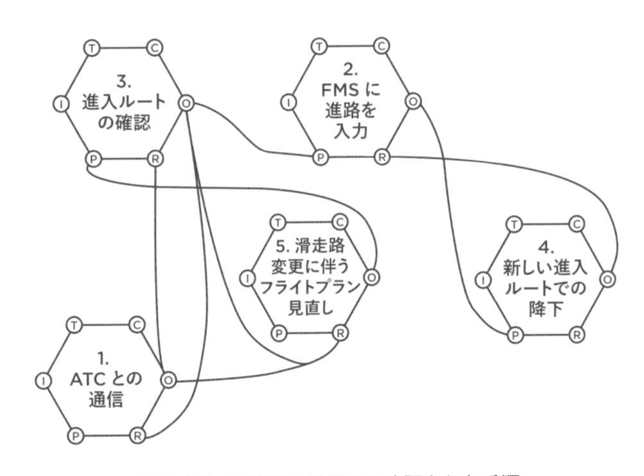

図 9-31 事故時の手順から改訂された手順

し，この下で事故当時と同様の外部ゆらぎが発生した場合にどのような手順遂行になったかをシミュレートしてみることができる。その結果を図 9-30 (b) に示す。この場合の機能の制御モードは (a) の場合に比べて，一時的にいくつかの機能は危険な状態に推移はするものの，事故の致命的原因となった 2. INPUT AND EXECUTE THE ROUTE TO FMC の機能については，これが破綻するまでには至らないことが予測される結果から得られている。

以上のような解析を行うことで，さまざまなゆらぎを想定した上で，安全で実行可能な作業手順になっているか否かの事前検証，いわゆる作業手順の**ストレステスト**が可能になる。これにより特定の文脈における潜在的な事故原因の究明や，類似事故の再発防止のための対応措置に関する知見が得られることになる。このような解析は，想定されるリスクを可能な限り回避することに着目した従来の安全対策に対し，物事をいかに望ましい方向に導くかに着目した新たな取り組みとして考えられる。

演習問題

（問 1） 下記のサイトに掲載されている「失敗百選」の中に掲載されている失敗事例のいずれか 1 つを取り上げ，社会技術システムとしての過誤であることを説明せよ。

http://www.sozogaku.com/fkd/index.html
http://www.sozogaku.com/fkd/en/index.html

なお事例の選択に際しては，以下を考慮すること。

1）複数の軸（人，機械，組織など）の関与があること
2）常の作業手順からの変動によりもたらされた失敗であること

（問 2） 自動運転技術は，交通事故をゼロにすることが目指されていると言う。その一方で，携帯電話やスマートフォンの使用による不注意は近年，自動車事故の主な原因の 1 つになっている。アメリカの分析によれば，2012 年に米国の道路で起きた事故の 4 分の 1 が電話の使用に関連しているが，運転中の通話，メール，アプリ使用を防止するソフトウェアの開発は一向に進まない。このような状況を社会技術システムとして捉え，本章で説明した活動理論の観点から説明を試みよ。

参考文献

[1] ピーター・チェックランド，ジム・スクールズ（著），妹尾堅一郎（監訳）：『ソフト・システムズ方法論』，有斐閣，1994.

[2] Wilson, B.: *Soft Systems Methodology*, John Wiley & Sons, 2001.

[3] 木嶋恭一：『ソフトシステム方法論とは何か』，日本ファジィ学会誌，11(3)，1999.

[4] 椹木義一，河村和彦（編）：『参加型システムズ・アプローチ―手法と応用―』，日刊工業新聞社，1981.

[5] Vygotsky, L.: *Mind in Society-The Development of Higher Psychological Processes*, Harvard University Press, 1978.

[6] ユーリア・エンゲストローム（著），山住勝弘（他訳）：『拡張による学習―活動理論からのアプローチ』，新曜社，1999.

[7] 椹木哲夫，塚本智司，堀口由貴男，中西弘明：組織活動における作業変容の記号論的プロセス分析，横幹，1(2), 2007.

[8] 原子力安全委員会ウラン加工工場臨界事故調査委員会：ウラン加工工場臨界事故調査委員会報告. http://www.nsc.go.jp/anzen/sonota/uran/siryo11.htm (1999)

[9] Hollnagel, E.: FRAM: *The Functional Resonance Analysis Method: Modelling Complex Socio-technical Systems*, Ashgate Pub Ltd., 2012.

[10] Hirose, T. Sawaragi, T. Horiguchi, Y. Nakanishi, H.: Safety Analysis for Resilient Complex Socio-Technical Systems with an Extended Functional Resonance Analysis Method, *Int. J. Astronaut Aeronautical Eng.*, Vol. 2, No. 2, 2017.

[10] Simmon, D.: Boeing 757 CFIT Accident at Cali, Colmbia Becomes Focus of Lessons Learned, *Flight Safety Digest*, Vol. 17, No. 5/6, pp. 1-40, 1988.

CHAPTER

10

不便の効用を活用するシステムデザイン

1 不便益

2 不便でよかった事例の分析

3 システムデザインの話題

4 システムデザインの指針

5 デザインへの適用

本章は，「不便がもたらす効用」を不便益と呼び，“不便益を実現する”というシステムデザインの新たな指針について論じる。人間機械系（human machine systems）の視点から人工物（artifact）のデザインを考えるとき，システム（人工物）側単体の効率化や高機能化が，必ずしも人を含む系に益するとは限らない。さらには，自動化に代表される「便利」は，人間疎外を生じさせるなど，さまざまな分野で問題が指摘される。しかしわれわれは，効率・高機能・便利に代わる明確な方向性をもたない。本章で論じるのは，新たな方向を示すデザイン指針であり，今後の「人と人工物の関係」を再考する試みでもある。

（川上 浩司）

1

不便益

「不便益」とは，“不便であるからこそ得られる効用”である[1, 2]。一般に，不便と益は相容れないと思われる。このときには，図 10-1 の左側に示す関係が前提とされる。一方で不便益は，同図右側に示すように，便利／不便と益／害は同一視してはならず，独立であることを前提とする。

素朴に考えて，以下に例示の事態は，客観的には不便なやり方であるにもかかわらず，同時に本人に益をもたらしている。

- 車のドアロックは，鍵を挿して捻る方式の方が今のリモコン方式より不便だった。でも，捻った手に反作用があり，ガシャという作動音も聞こえたので，ハザードの点滅よりも信頼できた。
- バイクが壊れたための自転車通学は，不便だった。でも，バイクでは見過ごしていた定食屋にフラっと入ってみたら，今ではお気に入りの一つになった。
- 安宿でテレビがロビーに一台しかないのは不便だった。でも，見知らぬ人とサッカー日本代表を一緒に応援して，親友ができた。

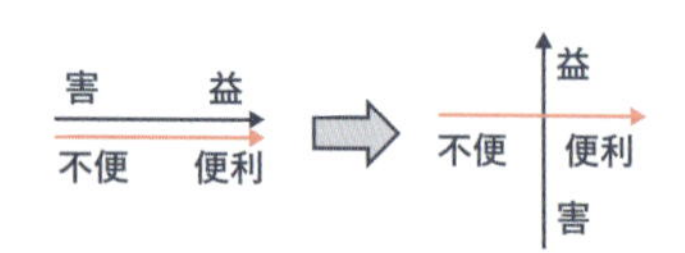

図 10-1　便利 / 不便と益 / 害の独立

このように，表面的には不便であるが，それだからこそ得られる便益がある。物理を介した安心感が与えられ，お気に入りの店や友人を見つける機会が得られ，フラっと店に入るという試みが許されることを，便益とみなす。

また，図 10-1 右側に示す関係は，盲目的な便利追求が本質的に無意味な領域を特定するときにも基礎となる。たとえば，必ず狙いどおりのヒットが打てる究極のバットがあれば便利である。しかし，本質的に野球の存在意義（益：野球のおもしろさ）がなくなる。

(1) 不便とは

ここでの便利とは，“タスク達成に必要な労力が少ないこと”とし，労力とは以下の二つとする。

物理的：手間がかかる（時間経過を伴う場合が多いが，その限りではない）

心理的：認知リソースを割く（注意，記憶，思考など）

すなわち不便益とは，手間をかけたり頭を使うからこそ得られる効用である。

「便利追求が発生させた問題は新たな便利追求で克服する」ことが技術革新の原動力である。このように前世紀の高度成長期時代から考えられてきた。不便益に価値を見いだすことは，この考え方へのアンチテーゼでもある。しかし，単なる懐古主義という一言で一蹴されるものではなく，「昔の暮しに戻れ」と主張する市民運動でもない。何が失われたかを整理して，新たなシステムデザインの糧とするものである[1]。

(2) 不便の客観性と主観性

不便も益も，主観的であり，定量化も困難である。一般にこのような対象の工学的取り扱いは容易ではない。しかし，客観的で定量化可能な指標だけでシステムデザインを推し進めることができないのも明らかである。そこで，不便に関する主観と客観，益に関する主観と客観をそれぞれ区別して議論する。

客観：人が不便を感じる時に発生している客観的現象として，先に示した「労力」を採用する。すなわち，「手間がかかること」と「認知リソースを割くこと」とする。厳密には，特定のタスク達成に省労力である事態を便利と呼び，比較的便利でない状態を客観的な不便とする。

主観：不便であると感じることは主観である。たとえば車の変速機をMT（マニュアル）とAT（オートマ）に大別すると，先の労力がかかるという意味ではMTの方が客観的には不便である。しかし，ATを（比較的労力のかからない方式を）知っていながら，MTを不便とも思わずに車を運転している人もいる。この場合，客観的不便は認められるものの，主観的不便は「なし」となる。

主観的	不便	益
客観的	労力	機能

図 10-2　不便と益の客観と主観

(3) 益の客観性と主観性

不便な道具は，ユーザが使用法に習熟する（次第に使いこなせるようになる）ことを許すことが多い。しかし，許されたからといってユーザが習熟するとは限らないし，許される状態を「益」と感じるかも属人性が高い。

ここで，「システムが許している」ことは客観であるが，それに益を感じるかは主観である。この例と同様に，不便がもたらす客観的な益は一般に，「許す」あるいは「可能にする」という，システム側が提供する**機能**としてとらえることができる。この場合，様相論理の演算子（□と◇）を導入することによって，益を客観と主観に区別して表記する。

様相論理は，古典論理にモード（様相）を導入したものである。義務（deontic）様相では，□は義務（obligation），◇は許可（permission）を意味する。真理論的（alethic）様相では，□は必然（necessary），◇は可能（possible）を意味する。

このほかにもいくつかの様相が知られるが，いずれの様相においても以下の関係が成立する。

$$\sim(\Diamond p) \Leftrightarrow \Box \sim p$$

すなわち，pが許可されていない場合はpでないことが義務であり，pが可能でない場合はpでないことが必然である。また，いずれの様相においても，以下の関係が成立する。

$$p \rightarrow \Diamond p$$

	□	◇
deontic	obligation	permission
alethic	necessary	possible

図 10-3　様相演算子の意味

すなわち，システムが提供する客観的機能$\Diamond p$（システム側がpを許す，あるいは可能にすること）は，主観的益pの（ユーザがpを真にして，それを価値あるものとみなす）ための必要条件となっている。言い換えれば，$\Diamond p$が真（pが可能）でない限りpは真になり得ない。

客観（機能）：システムがユーザに，手間をかけることや頭を使うことを求める，すなわち客観的に不便な場合，システムは以下に示す客観的機能を持つ場合が多い。

・気づきや出会い
・能動的工夫
・対象系理解
・（飽和しない）習熟
・主体性
・スキル低下防止

また，これらの機能を具体的に実装する方策としては，

・物理量の連続性や多様性を援用する
・物理的実体感を与える

などが多くの事例に見られる。それぞれについては，次節で事例とともに説明する。

主観（益）：システム側が提供する客観的機能に，ユーザが主観的な意味を与え，それを「益」とみなす場合，その益はおよそ以下のように分類される。

・動機付け（モチベーション）
・安心感
・自己肯定感
・パーソナライゼーション
・嬉しさ

これらについても，次節で事例とともに述べる。

(4) 文脈依存性

ここまでで，益も不便も主観的であることを指摘した。ただしこれは，文脈依存性が高いことの一例であり，文脈は属人性の高さだけに限られるものではない。同じ人でも，状況や目的によって認識が入れ替わる。

再びATとMTの例になるが，一般にはATの方が便利であると言われる。MTと較べて，変速を意識する（認知リソースを割く）必要はなく，クラッチ操作やシフトレバー操作という手間も不要である。しかし，悪路を走破したりエコ運転を試すという状況あるいは目的の下では，つまりドライバが車を自分の制御下に置こうとした途端に，ATはメンタルイメージを形成して絶妙なアクセルワークだけで車を運転することを要求する。この場合，MTよりも頭を使う作業になり，テクニックも要求されるので，ATの方が不便となる。

(5) 対症療法とイタチごっこ

足し算の技術進化は，良いこともあるが新たな問題を発生させることがある。問題が発生した場合，新たな便利を付加して解決するというのも一つの方策である。しかし，これがさらなる問題を発生させるとイタチごっことなる。この場合，一度引き算をして（立ち戻って）違うベクトルを探す方が健全であろう。

そのときには，工学的装置の持つ機能が直接的に目的遂行に利用されるのではなく，人とのインタラクションが重要になる。人の手間が増えるという意味では不便であったとしても，モチベーション・スキル・対象系の把握などの**人依存の益**を重視することになる。

以下では，さまざまな分野で見られるイタチ

ごっこの一部を概観する。

航空機操縦：航空機操縦の自動化が進み，パイロットの仕事はオペレータからオブザーバにシフトしていると聞く。狭い部屋に初対面の人と二人で黙々と10時間以上も計器を睨み続けるのは，つらい作業に違いない。

これに対しては，長時間の単調な業務に従事者を耐えさせ，意識レベルを一定以上に保つための新たな装置を付加するという方策が考えられるが，一般に対症療法は得策ではない。操縦という仕事を取り上げた代わりにテレビを見せるという事態は，新たな問題を発生させる。

安全：安全装置一般を考えても，対症療法的なタンバープルーフならばイタチごっこが繰り返される。

安全確認の後からでないと押してはいけないボタンがあったとする。作業者の安全確認ミスを防止するためには，たとえば動作を一つ挟むことで安全確認を促すためのフタを付けるなどの方策が考えられる。しかしこの場合，逐一フタを開閉するのは煩雑なので，現場作業員はフタを開けたままにする。そこで開けたままにできない構造に改善する。すると今度はいつの間にかフタそのものが取り外される。

このシナリオのように，毒をもって毒を制すのはイタチごっこを招きかねず，やはり得策ではない。

高機能化：既存システムを改良して便利にするときには，瑣末なことは無視される。たとえば，テレビのチャンネルはダイアル式からプッシュボタン式に改良され，ほとんど力を加える必要がなくなったので，応力に起因する機械力学的な故障を低減したであろうし，サイズを削減してリモコン上への配置を可能にした。

ここでは，ダイアル式ならばダイアルの向きを介した「チャネルの状態」に対する視覚と触覚による知覚を許し，照明がなくても操作できたことは瑣末なことである。暗闇で操作可能にするならば，ボタンをLEDで光らせるなどの簡易な対応で済まされる。システムの状態をユーザに知覚させるには，別途に表示装置を付ければよい。小さな液晶パネルを使えばコストはそれほどかからない。しかしこれは視覚障害者にとっては無意味であり，さらなる対応を重ねる必要がある。

(6) 人と人工物の関係

不便益のシステム論とは，無批判な便利追求の過程が見過ごしてきた事象を整理し，新たなシステムデザインの指針を探るものである。

そのために，“不便であることが持つ潜在機能”を「不便益」と呼び，これに着目したデザイン方法論を構想する。これは，今後の「人と人工物の関係」のあり方を再考する試みでもある。統計数理研究所の国民性調査によれば，「世の中が便利になるにつれて人間らしさが失われる」という意見に反対する日本人は，1998年以降2割を切った[3]。

2

不便でよかった事例の分析

「不便でよかった」という事例を収集すると，その中には以下に挙げるカテゴリーに分類される場合がある。

- ・懐古主義的な造形の事例
- ・他人の不便が自分の益になる事例（複雑な料金体系によってユーザに不便を押しつけて収益を増やす，など）
- ・不便に対する妥協（セキュリティのために仕方なくパスワードを入力する，など）

これらは，不便益の事例ではない。

不便益はシステムの使用を通じたユーザとの関係に着目するものであり，美術的な造形とは異なる。また，労力をかける主体と不便益を享受する主体は同一であり，他人の不便が自分の益になる場合も不便益に含めない。効用を得るために仕方なく不便に甘んじることも，不便益には含まない。

これらを除外すると，不便だからこその効用が得られる事例が残る。本節では，それらに認められる効用をまとめる。なお，図 10-4 に示すのは，本節で取り上げる不便益間の寄与関係である。同図中，有向アークは益が他の益に寄与することを表し，双方向アークは互いに寄与し合うことを表す。

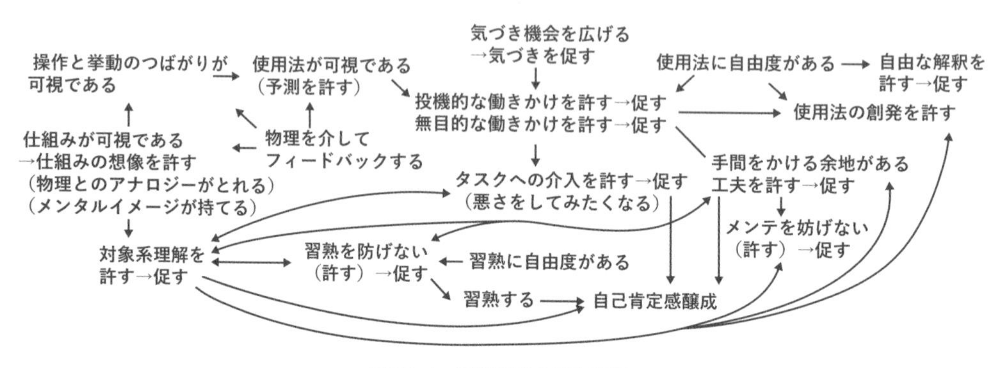

図 10-4　不便益間の寄与関係

(1) 気づきや出会いの機会（◇気づきや出会い）

前節の冒頭に示した，バイク通学に対する自転車通学で定食屋に気づく例，あるいは安宿のロビーにだけ設置された共用テレビで友人と出会う例など，不便であることが気づきや出会いの機会を与えることがある。また，10.1(2)項で文脈依存性の説明に用いたATに対するMTの事例でも，クラッチを切ったままのときの微減速など，便利なATでは気づき得ないことがある。

この特徴は，以下の事例にも共通する。

辞書：電子辞書は所望の単語を見つけるというタスクにおいては時間を節約して便利であるが，従前の紙の辞書は探索の過程で思いがけず別の単語を目にする機会を与えてくれる。

手書き：ワープロは美しい書類の作成には便利だが，手書きには文字の乱れ・大きさや濃さのバリエーションがあり，書き留めたときの思考を思い出す手掛かりとなる。

(2) 能動的工夫の余地（◇能動的工夫）

不便な方が，気づきの機会が多いだけでなく，さらには能動的工夫の余地が残されていることにも注目する。定食屋に気づいてフラっと入ってみる，ロビーのテレビを共に見ている人に話しかける，クラッチを切ったままの運転を試みる，目的の単語と違う単語に注目してみる，手書きの書体を変えてみるなどは，比較的便利な方法では許されない。

連続を辿る不便と投機的な行動の許容：便利な道具や方式は，連続よりも離散化を指向するものが多い。ラジオの選局は，連続する周波数を辿るよりもプリセットボタンの方が便利である。しかし連続を辿る不便は，ユーザの投機的な行動を許す（試すコトを許す）。雑音だらけだが何やら日本語ではないラジオ局にチューンしてしまい，聞き入ってみることは連続式ならではである。

お気に入りの食堂を作るのにも，通学路が連続を辿るものであり，フラっと入ってみるという投機的な働き掛けが許される必要があった。

園庭：園庭をデコボコにする幼稚園が増えている。効率的で安全な移動のためには，園庭は平らな方が便利である。これに対して，あえて園庭をデコボコにすると，子供達はイキイキとする。その理由は，デコボコの方が園児に工夫の余地が与えられるからだと言われる。平らでは，かけっこは足の速い方がいつものように順当に勝つだけだが，デコボコであると，工夫次第でかけっこに勝てるし，新しい遊びも思いつかれる。

(3) 対象系理解の促進（◇対象系理解）

手間いらずで便利なものは，対象系を理解する必要も操作に習熟する必要もない。一方で手間のかかる不便な道具は，対象系の理解を促してくれ，習熟する余地も残してくれる。

車の変速機はATよりMTの方が駆動系をイメージしやすく，電子辞書より紙の辞書の方が一覧性は高い。ワープロは手の動きと表示される字形との関係が恣意的な約束でしかないが，手書きは手の動きと字形が同相である。

この特徴は，以下の事例にも共通する。

車のキー：車のドアロックは，従前の「挿して捻る」式から，現在はほとんどがリモコン式に遷移した。開け閉めにかかる手間の少なさという意味では，リモコン式が便利である。しかし，リモコン式ではロックの開閉がハザードランプの点滅で知らされる。これは，デザイナの作り込んだ恣意であり，ユーザは信じるほかに術はない。場合によっては，受信装置からロックとハザードランプに信号が並列で届けられていれば，ハザードが点滅していてもロックされていない状況も起こりうる。しかし，そうでないことを確証する術もない。

一方で，ドアに近づき，細い鍵穴に挿し，捻るという動作が必要である方式は不便であるが，それゆえに捻った手首にかかる反作用で「どこかに作用している」ことが感じられ，近寄っているから数カ所のドアからの作動音が耳に届く。このように，不便な「挿して捻る式」は，物理（モノのコトワリ）を援用したインタフェースを形成し，ユーザに対象系をイメージさせていた。

(4) 飽和しない習熟の余地（◇（飽和しない）習熟）

ここまでの，「気づき」，「出会い」，「能動的工夫」，「対象系理解」は，ユーザが対象系に習熟することをサポートする。

AT に対して MT の方が独自の運転ができる余地が大きく，ワープロに対して手書きでなければ独自の字体を構成することはできない。

また，これ以上上手い運転はない，あるいはこれ以上綺麗な書体はないというかたちで，習熟が飽和しないことが望ましい。

(5) 主体性を持ち得る（◇主体性）

黄金バット：道具も，不便だからこそ内発的動機付け[4]のきっかけとなる。必ず狙いどおりの所へ球を運べる便利な究極のバットがあっては，逆に野球というスポーツは成立しない。あくまでパフォーマンスを発揮する主体は，人でなくては意味がない。

わかりにくさと解釈の多様性：わかりそうで，わかりにくいというのは不便なことである。しかし，舞妓さんは「舞い散る雪を受け止めるように」扇子を動かせと教わり，バイオリニストは「湯葉を掬い上げるように」弓を引けと教わる。読者を楽しませた小説も，映画化されてディレクターの解釈が入ったとたんに元のストーリーまで色あせることがある。座っているだけの落語家の所作で風景まで見えてくる。わかりにくいことは，人が主体的に解釈する余地を与えてくれる。

(6) スキル低下を防ぐ可能性（◇スキル低下防止）

バリアフリー：バリアフリーは，日常生活からバリアをなくすという方向で，便利を指向する。一方,バリアフリーと逆の発想を「バリアアリー」と呼び，あえて段差・坂・階段を施設内に導入しているデイケアセンターがある[5]。バリアフリーでは身体能力が衰える事象が報告されているのに対し，バリアアリーの施設では，日常生活そのものが，自然にちょっとしたバリアの克服法を習得するメニューになっている。

バリアアリーが身体能力に注目するデイケアセンターであるのに対して，認知症高齢者を対象としたグループホームもある[6]。この施設も，バリアアリーと同様に施設内にちょっとしたバリアが敷設されているが，それは生活能力低下の緩和だけでなく，認知症の周辺症状発生の緩和にも効果がある。

足こぎ車椅子：一般に，工学的なセンスでは，新たな車椅子をデザインする場合には，衝突自動回避装置をつける，あるいは動力アシストをつけるという，便利な機能を加える方向に向く場合が多い。これとは逆の方向で，ユーザに自分の足で漕ぐという労力を要求する，足こぎ車椅子「COGY」がデザインされた[7]。両足をペダルに固定するので，動く方の足で漕ぐと元々は動かない足も受動的に動かされる。これによるリハビリ効果も確認されている。それ以上に，自分の力で移動できることは，ユーザの QOL 向上に寄与している。

(7) 動機付け（モチベーション）

コンビニ新聞：ある学生が，就職氷河期にあって超勝ち組と呼ばれた。そうなった秘訣は，新聞を下宿に配達してもらうのを止め，毎日コンビニに買いに行くことであった。その方が，新聞を大切にし，記事を真剣に読む気になるとのことである。

時事を知るという目的タスクを完遂するためだけなら，配達の方が便利である。インターネットに接続された機器を持っていれば，配達さえ不要であり，いつでもどこでも記事を読むことができる。さらには，読みに行くどころか，こちらからのアクション不要で情報を自動的に配信させることもできる。しかし，当該学生はあえて不便な決まり（コンビニに買いに行く）を課すことによって，モチベーションを向上させた。

銀閣寺：京都の白川に下宿していたときには，歩いて行ける距離だったのに，銀閣寺には結局一度も訪れていない。いつでも行けるという便利は，行く気を誘わない。行き難いという不便は，行きたいモチベーションになる。

遠足おやつ：遠足のおやつを300円以内に制限すること，これを制度設計の例とみなすと，巧みなデザインは人のモチベーションを向上させる。合計金額の制限がなければ，遠足のおやつを入念に選択するという行動の動機付けは低くなり，ひいては自分で選び抜いたおやつの組合せに対する価値も下げる。

(8) 安心感

便利にすることがブラックボックス化を伴う場合，対象システムの状態までユーザから隠される。この場合には，一般には状態表示装置がつけられる。車のリモコン式ドアロックではハザードランプが点滅してロックしたことを知らせ，IHのコンロでは温度が液晶で表示され，テレビのリモコンでは現在のチャネルが画面の片隅に表示される。しかし，これらの対応はデザイナが恣意的に作り込んだ約束でしかない。誤作動してもわからないし，故障の原因も知りようがない。

一方，機械式のロックは操作と挙動（捻ると閉まる）の因果関係が力の伝達としてイメージしやすい。このときに与えられる安心感や信頼感は，フィードバックがデザイナの恣意ではなく物理に立脚していることがもたらす。奇数回のランプ点滅がロック，偶数回が解除というのは単なる約束でしかなく，物の理（コトワリ）で説明できるものではない。

押しボタン式はほとんど力を加える必要がないのに対して，ダイアル式はその表面的な物理的状態（ダイアルの向き）によって内部状態を視覚と触覚で知覚することを許す。

(9) 自己肯定感醸成

図10-4に示したのは，いくつかの事例を解析した結果として得られた不便益の間の，寄与関係や因果関係である。その関係を表す有向アークを辿ると，ほとんどの経路は習熟を経て自己肯定感醸成に至る。これは定量的な尺度を導入することができないので工学的には扱い難い。しかし，不便の益を議論するときには欠かすことができない。さまざまな益（対象系理解，自由な解釈，メンテナンスなど）を「許す・妨げない」という不便の性質が「促す」という性質に転じるのには，この自己肯定感に代表される心理的なメカニズムが影響していると考えられる。

3
システムデザインの話題

本節では，システムデザインにおけるいくつかの話題を，不便益という視点から捉え直す。

システムデザインの現場に目を向けると，「より便利なもの」が「生活を豊かにするもの」として無批判に追求され，なくても済んでいたものをなくては困るものにし，それが各種方面の技術進歩をもたらし，われわれ自身もその恩恵を受けてきた。しかし，少しでも生活を豊かにしようとして不便の解消を試みた結果が思いがけぬ問題を発生させ，それへの対処がさらなる問題を発生させている。

システムをデザインするときには，このことを無視することはできない。いかにデザインするかも不可欠であるが，何をデザインするかを考えることも重要である。これに関して，本節で取り上げる話題の関連を図 10-5 に示す。

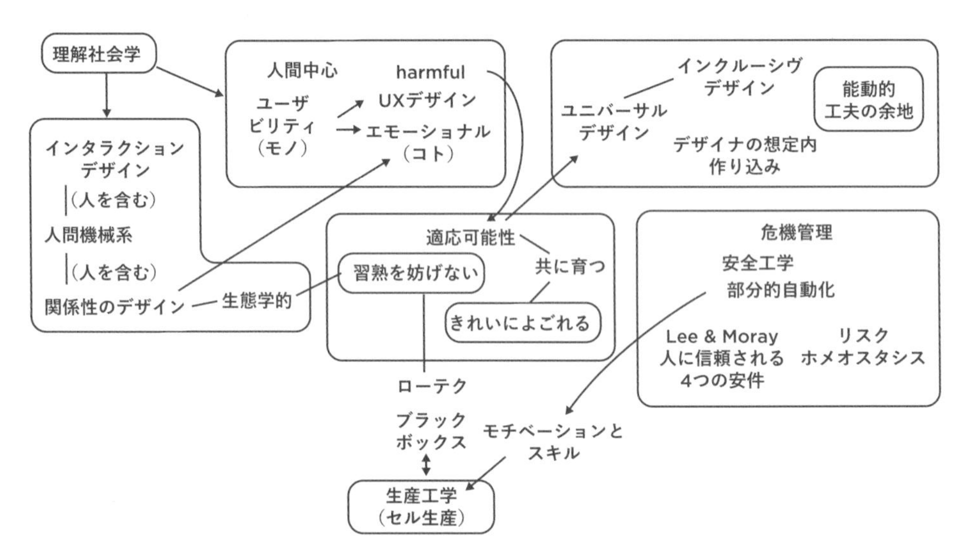

図 10-5　不便の効用に関連するデザインの関連

(1) 理解社会学

理解社会学[8]によると，人の判断の基礎は，価値／目的合理性のいずれかである。この視点から「ものづくり」を眺めると，目的（何を作るか，解決すべき問題は何か）を指示された後にエンジニアが追求するのは，目的合理性である。しかしこれでは対症療法的になりがちであり，より本質に立ち戻れば，その目的そのものに価値があるかを問う，すなわち価値合理性に基づく判断が重要である。

この時にデザイナは，「如何に作るか」だけではなく，「何を作るか」までを考察対象に含める必要がある。単線的に高機能化や効率化を求めていれば良いわけではない。近年のユーザビリティからユーザ・エキスペリエンスへと移りつつある動向や，誤った人間中心設計をナンセンスと断じる[9]認知心理学者 D.A. Norman の真意などに通じる。

(2) インタラクションデザインと人間機械系

インタラクションデザイン：インタラクションデザインでは，システム（人工物やルールなど）と人とのインタラクションが注目される。人からシステムに向けた働きかけ（操作など）が許され，システムは人に状態をイメージさせ可能な働きかけをアフォードすることが不可欠である。この場合，手間がかかり頭を使わなければならないことは，忌避されるべきものどころか，デザイン対象の本質である。

人間機械系：人間機械系においても，インタフェース（もの）のデザインを通してインタラクション（こと）をデザインすると言われる。すなわち，インタフェースデザインはインタラクションデザインの手段の一つとみなすことができる。さらには，システム（もの）のデザインを通して人と人とのインタラクション（こと）をデザインする場合もある。また，「もの」を介することなく，サービスやビジネス，制度設計などにより「こと」を直接的にデザインすることもある。

いずれにせよ，人からの働きかけが不可欠であり，手間をかけ頭を使うという意味での不便が本質である。

関係性のデザイン：便利や不便は使用者の持つ感覚であるから，不便の効用を活用するというときには，人とシステムを系に含めて考えるのが前提となる。そして，システム単体での高機能化や効率化を便利と呼べば，不便の効用は人とシステムの関係，あるいは人側に現れる。ここで，人とシステムの関係に注目すれば，それは個から関係へ注視点を移す関係性のデザイン[11]がカバーする研究領域の一つになる。

生態学的アプローチ：同じ「関係」という言葉つながりで，生態学的（エコロジカル）な視点も重要である。生態学は元来，「関係の学問」であった。これの名を借りたはずのエコ運動が，近年は眼前のエコノミー（経済性）を追求することへの免罪符になっているように思える。

これとは異なり，不便だからこその益を考えるときには，眼前の便利だけを見るのではなく，関係ネットワークを辿って人側に属する事象までを考察対象に入れることが必要になる。

(3) 人間中心設計と UX

ユーザビリティからエクスペリエンスへ：人間中心設計において，モノのユーザビリティ（使い勝手，効率）の高さは重要であり，この点から製品（モノ）は評価される。これに対して近年は，モノとインタラクションすることでユーザが得られる体験（コト）に注視点を移す動向がある。これは，使い勝手や効率を「便利」と捉えると，それよりも「不便」の効用を重視する方向と同じベクトルにある。

人間中心設計は害悪である：POET（Psychology of Everyday Things）で知られる D.A. Norman

が「誰のためのデザイン」[12]でユーザ中心設計と名づけた内容は，近年の人間中心設計にほかならない。そこでは，認知心理学の見地からユーザビリティの高さが議論される。そういう意味で，D.A. Norman は人間中心設計のエポックを作ったと言ってよい。

ところが，D.A. Norman は 2005 年に Human Centered Design Considered Harmful[9]と題する論文で，人間中心設計に代えて行動中心設計という考えを提出した。そこでは，人間中心を浅薄に理解して，人に適応する機械（adaptive あるいは adaptable systems）を求める風潮を“nonsense”と断じ，人の適応能力（変われる能力）を活かすデザインが指向される。

(4) アダプティブシステムズ

人間機械系において，解釈系（人側）が不便を通して変化することが，不便の「益」の一つに数えられる。これに対して，近年は学習理論を援用して道具側が人に適合する方向に研究が進められている。後者が，認知心理学者 D.A. Norman が「害悪」と断じる動向である。

不便の益には，図 10-4 に示すように「習熟を妨げない」ことが含まれており，この性質を活かすデザインが望まれる。ただし，この「妨げない」ことは「促す」ことの必要条件でしかなく，習熟（適合）への圧力の一つではあるが十分条件ではない。

必要条件に関しては，少なくともブラックボックスは系の状態を隠匿し，さらに入出力関係の変化まで隠匿されると，適合のしようがなくなることは自明であろう。これらの「適合を邪魔するか」,「状態を隠匿するか」などは，無駄な複雑さと有益な複雑さを区別するための，不便益の視点から導かれた基準と考えることができる。

共に育つ：工業製品と言えば，使用前の新品時が最も性能が高く，使用に伴って劣化するものと思われがちである。一方で工芸品などは，使用（ユーザとのインタラクション）の履歴が残ると，それは「劣化」ではなく「年季が入る」と言う。また，ユーザ側にも適合や習熟という形で履歴が残る。これら，インタラクションの履歴が双方に残ることを，生物になぞらえて「共に育つ」とみなす。そして，ユーザと共に育つシステムのデザインが望まれる。

(5) UD と ID

人の身体能力はサイズ・年齢・性別・障害などによって異なる。このことに注目するデザイン手法としては，バリアフリー・ユニバーサル・インクルーシブデザインなどが知られる。

ユニバーサルデザイン（Universal Design：UD）：ユニバーサルデザイン（UD）の当初の思想[12]では，ニーズに対応して個別にバリアを取り除き多くの選択肢を提供するのは窮余の策であり，その前に可能ならばさまざまなニーズを包含するデザインが試されるべきであった。しかし現実には，このような究極の UD は容易ではない。

不便益は，特定の便利（省労力）に対して近視眼的に最適を目指すことを戒める。デザイナの想定範囲内でユニバーサルに省労力なデザインは，想定外のユーザにはバリアになり得る。逆に，自身の身体能力に合わせるようにユーザが工夫できる余地を残すデザイン，あるいはユーザによる適応を妨げないデザインが，不便の効用を活かす立場から求められる。

インクルーシブデザイン（Inclusive Design：ID）：UD と ID はアウトプットの違いが明確ではないので，米国発か欧州発かの違いでしかないという見方をされることが多い。しかし，UD が広く原則を示すものであるのに対して，ID はさまざまな身体能力を持つ人をただのテスターではなくデザイナとして包摂（inclusion）する具体的な手法を提供する[13]。

UDの実践を通して得られた知見の一つは，「不便なことはありませんか？」という問いには「いや，なにも，取り立てては」との回答を得るという傾向である。個別の身体能力に応じた工夫によって不便ではなくしていた状態に対して，「小さな親切」の投入はその能動的工夫の余地を奪う「大きなお世話」になる。不便益の視点からは，能動的工夫を加える余地を残すデザインが望まれる。

(6) 安全と安心

デザイナの想定範囲内でトップダウンに作り込むことと同根の問題は，デザインの分野にとどまらず，危機管理や安全の分野でも指摘されている。

危機管理：危機管理の分野では，集団行動のマネジメントにおいて「すべての事象が想定可能であるという現実的には不可能な仮定の下に完全マニュアル化する」という従来方法の危険性が指摘されている[14]。そこでは，ある程度の経験者集団には直接の行動指示よりも目的，あるいはより抽象化したテーマだけを与えることによって，メンバの個性を反映した役割分担が創発し，マニュアルを完璧にこなす訓練が施されたチームに匹敵する能力と，さらには想定外事象への対処能力の勝る集団が形成されることが報告されている。

米国連邦航空局の報告書：米国の連邦航空局は，航空機におけるオートパイロット機能の長期使用が，航空機を望まない状態から復帰させるパイロットの能力の低下につながることを指摘した[15]。

部分的自動化：ヒューマンファクターの分野では，安易な部分的自動化が引き起こした航空機や原子力プラントの重大事故が詳細に検討されている[16]。

まず，自動化は部分的であり，自動化できない難しい操作はオペレータに委ねられる。最悪のシナリオは，部分的自動化がオペレータから対象系の全体像を隠蔽し，さらに操作を困難にする。そのうえ自動化は，オペレータのタスクを操作から監視に変容させ[17]，OJT（On the Job Training）の機会を奪う。これはオペレータのモチベーション低下とスキル低下が互いを促進させあう，いわば負のフィードフォワードループを形成する。さらに故障時の自動補償は，故障の顕在化を遅らせ，OJT 機会減少とあいまって正確で迅速な状況認識を困難にする。以上の関係を図 10-6 にまとめる。

このようにまとめると，この問題の二つの根元である「部分的」と「自動化」は独立である（相互依存していない）。しがたって，この問題を解消する方針として，以下の二つを考えることができる。

- 「部分的」であることを問題の元凶とみなし，完全自動化をめざす。
- 「自動化」を問題の元凶とみなし，自動と手動の分担を見直す。

前者は，当然人間疎外を招く。一方，不便の効用を活用するシステムのデザインを考える場合は，後者の立場を取る。たとえ不便な手動に戻す部分があろうと，人とシステムのかかわりを重視して，人がシステムの全体像を喪失しないように自動化する部分を選定するという方策を考えてもよい。

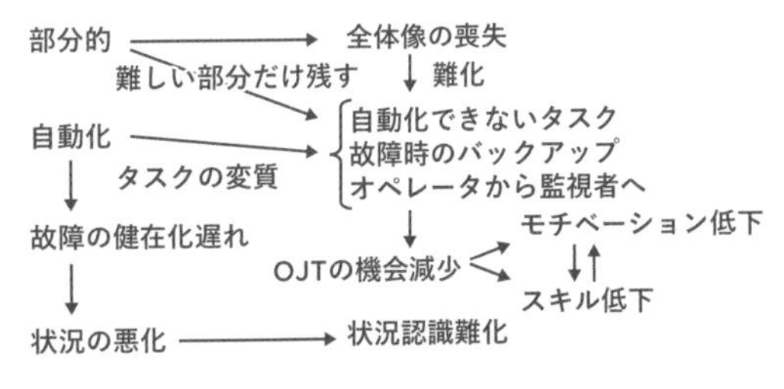

図 10-6　部分的自動化の問題

この考え方をインタフェースのデザインに適用すると，たとえば自動化されたモジュールの情報は「表示はシンプルであるべき」という指針の下では操作者に隠匿されるべきであるが，逆に「対象系の全体像をイメージさせる」という不便益的指針の下では，たとえ認知資源を分散させることになろうとも，操作可能なモジュールとの関連を含めて表示すべきである。

不便とは異なる文脈から，同様の考え方がプラント制御盤のシミュレータを用いて検討された結果も報告されている[18]。

ヒューマンファクター：いわゆるブラックボックス化の弊害と呼ばれる事象に対して，操作者がメンタルイメージを持てるようにするインタフェースを作り込むという方策とは別に，操作者には手間をかけるがそれに対する物理的フィードバックを与えれば対象系理解が促進するという益を積極的に活用する方策も有効である。

これは「人にシステムに対する信頼を抱かせる方策」の一つとしても期待できる。以下に示すのは，J. Lee らが自動制御と人との間で信頼を成立させる要件を四つにまとめたものである[19]。

purpose：fiduciary responsibility, faith, and leap of faith
process：dependability and understanding
performance：technically competent performance, predictability, and “trial and error” experience
foundation：persistence of natural laws

これらは，図 10-4 に示した不便益関連グラフの左半分に含まれる項目と合致する。

リスクホメオスタシス：自然界のホメオスタシス（平衡状態維持機能）を人のリスク補償行動に拡張した考えを，リスクホメオスタシス[20]という。この考えに基づき，人を安全行動に動機づける方策の一つとして不便の活用が考えられる。

自動車の運転を例にとれば，良いシャーシは踏ん張り感さえ隠匿して路面を滑走するかのごとき感覚を運転者に与える。これは表面的には安心であるが，逆に安全ではない。また，リスクホメオスタシス説を仮定すれば，安全装置は安心感を運転者に与え，安全技術が発達して交通事故による死者数は減少しているが逆に交通事故発生数は増加を続けている[21]。このまま人の作業の代替を指向し続けるという方向とは別に，面倒な作業に潜在していた益を整理して活用することは重要であると考える。

(7) 生産工学

セル生産方式：分業と流れ作業に基づくライン生産方式は，個々の作業を容易にするだけでなく大量生産には便利である。これに対して，自家用車や複合複写機などの複雑な工業製品を製造する現場でも，作業者が一人（または少人数のチーム）ですべてを作り上げるというセル生産方式が知られる。セル生産方式にすると，一般には作業者には多くのスキルを体得しなければならないという不便や，作業者による作業時間のばらつきや作業ミス発生要因が増えるという不便が発生する。

それにもかかわらず，多くの製造現場でこの形態が採用されている。そこで得られる益は，単に多品種少量生産における生産性や柔軟性を高めるだけではなく，労働意欲や技能の向上などのヒト依存の益も指摘される[22]。

公道を走る車を自分一人で組み上げることができるのである。スキルアップとモチベーションアップが相互を助長する構図となっている。結果として懐妊期間を経た後に，生産性も向上する[22]。

ローテク：シーズ主導型で新たに便利な技術が開発されると，なくても済んでいたものがなくてはならないモノになることがある。また，個別の身体能力に応じた工夫で不便とは思っていなかった状態に対して，一方的に便利な方式が投入されると，われわれの工夫や習熟の意義が否定される気になることもある。一方で不便の益を重視すると，高度な技術を不要とする場合が多い。ローテクの方が，対象系を理解しやすいし，自分でのメンテナンスを可能にする。ただしこのときの「ロー」には，low ではなく raw（粋な，生の）を当てたい。

ブラックボックス化の弊害の対極である。繕いが様になるための条件である。さらには，人とモノとの関係を「自分事」にする方策にもなっている。

4
システムデザインの指針

表面的に不便であるからという理由で安易に考察対象から外すことは，その不便の先にある効用を見逃すだけでなく，発想の妨げにもなる。このことは，発散＋収束という2段階での発想支援法では暗に前提とされていることではあるが，それを明示的にして「不便にする」ことを発想の鍵とすることができる。

(1) 事例から抽出した指針の一般化と利用

デザインが問題解決行為であるかという問いに対しては，分野に依存して答えが異なる。アーティファクトデザインの中でも工学系に分類される分野では，デザインは意匠デザインというよりいわゆる設計であり，問題解決の手段とみなされる。本節では，発明的問題解決手法と呼ばれるTRIZ[23]に倣って，不便益をシステムデザインの指針にする。

TRIZによる発明的問題解決：旧ソ連の国家機密であった発明的問題解決手法TRIZは，2.5節に詳述している。その中でも，数十万件の特許を解析して得られた約40の発明原理と，それを直面する問題に適用するためのツールである矛盾マトリックスをここでは導入する。

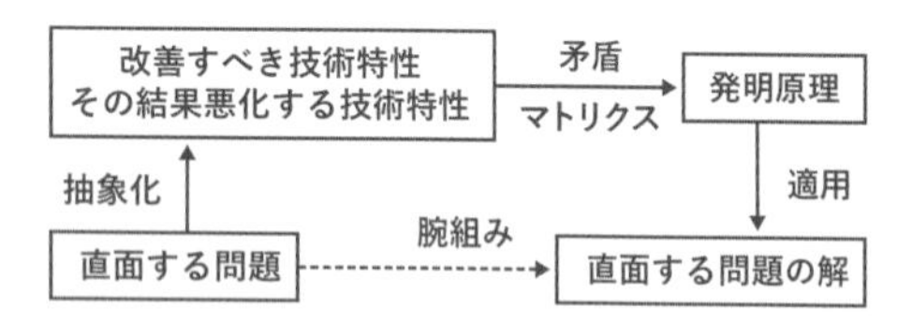

図10-7　矛盾マトリクスを用いた問題解決プロセス

矛盾マトリクスを用いた問題解決の枠組みを，図10-7に再掲する。同図左下に解決すべき課題が与えられると，腕組みしながらそのまま右に進んで直接解決策を考えてもよい。一方，問題を「あちら立てればこちら立たず」という形に整えれば，同図上段に思考プロセスが遷移し，矛盾マトリックスを援用してより良き解決策を求めることができる。

このように，TRIZを発想支援に用いるときには，解決すべき問題をトレードオフとして定式化することから始める。そして，妥協ではない形での解決策が指向される。同様に，不便と益とのトレードオフを妥協ではない形で解消するにも，TRIZのプロセスを援用可能である。

不便益マトリクスによる発想支援：まず，TRIZの「発明原理」に倣って，「不便益原理」を構成する。発明原理は，数十万件の特許から抽出された，問題解決方法のパターンである。これに倣い，不便だからこその効用がある事例から，いかなる不便が益をもたらすかのパターンを抽出する。

10.2 節で示した事例を含め，約 100 件の事例[5]を解析し，以下に示す三つ組の形式で記述する。

不便さ，得られる益，比較事例の便利さ

たとえば，紙媒体の辞書と電子辞書を比較すると，紙媒体の方では連続をたどらなければならないという不便さが，逆に目的外の単語に気づくという益を与えるのに対して，電子辞書は早いという便利さがある。この例では

連続を辿る，気づきの機会拡大，早い

という三つ組が得られる。このようにして得た三つ組を分析して用語を統一する。その結果，先の例で得た三つ組は以下のように一般化される。

アナログである，発見できる，早い

一番左の「不便さ」は 12 に分類することができる。これを「不便にする方策」と読み替えると，TRIZ の発明原理に対応するものとなり，ここでは不便益原理と呼ぶ。図 10-8 に 12 の不便益原理示す。

また，二つ目の「益」は，図 10-9 に示すように 8 つに分類される。

不便益マトリクスには，三つ組の中央にある「益」を列に，右にある「便利さ」を行に並べ，対応するセルには一番左の「不便にする方策」が記入される。図 10-10 に不便益マトリクスの一部を示す。

先の例では，「早い」の行と「発見できる」の列が交差するセルに記入された数字に 6 が含まれている。これは，図 10-8 に示す原理の 6 番，すなわち「アナログにする」を示している。

マトリクスを用いた発想支援：マトリクスに記入された不便益原理の番号は，分析した事例のうち適用できるものが多い順に並べてある。

マトリクスの使用法は，TRIZ の矛盾マトリクスと同様に，図 10-11 に示すプロセスを踏む。

1．課題となる対象を，便利である事柄（または便利にしたい事柄）と，それによって損なわれる事柄のペア，という形式に整える。
2．不便益マトリクスを利用して，便利に対応する行と損なわれる事柄に対応する列にある原理番号を得る。
3．マトリクスが推奨する原理を，課題となる対象に適用する。

たとえば，ナビの便利さに依存して道を覚えな

図 10-8　TRIZ における発明原理に対応する 12 の不便益原理

図 10-9　不便がもたらしやすい 8 つの益

望む（不便）益 / システムの便利さ		1 発見できる	2 工夫できる	3 上達できる	4 対象系を理解できる	5 能力低下を防ぐ	6 主体性が持てる
1	速い	5,7					
2	早い	1,2,6 7,9,10	3,4,6 1,2,8	3,4,6 8	3,4,6 1,10	3,4,1 6,8,10	3,10,1 4,6,9
3	軽い/小さい	1,5,6	5,6,1 3,4	3,4,5 6	3,4,5 6		3,4,5 6
4	劣化しない	1,2,5 6	1,2,5 6		3,5,10	3,5,10	3,5,10
5	操作の種類が少ない	5,9,10	4,5,6 8,9	4,5,6 8,9	4,6,5 9	3,5,6 8	4,5,6 9,10
6	操作量が少ない	5,9,10	3,5,8	3,5,8	3	3,4,5,8	3,5,9 10
7	均一化	5,10	3,4,5 6,8	3,4,5 6,8	3,4,6 5	3,4,5 8	3,4,5 6,10

図 10-10　不便益マトリクスの一部

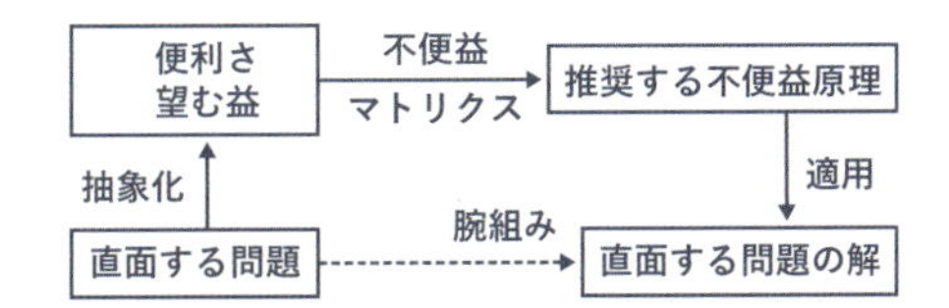

図 10-11　不便益マトリクスを用いる問題解決プロセス

図 10-12　かすれるナビ

くなるという事象に注目すれば，「早く」移動経路を計画できるのは便利だが「能力低下を防ぎたい」と読み替え，マトリクスの 2 行目 5 列目から原理 3, 4, 1, 6, 8, 10 を得る。たとえば原理 1「劣化させよ」を適用すれば，通った道が次第にかすれていくナビが思いつかれる。

(2) 不便益カードを用いたデザインワーク

事例を整理した結果から，効用の得やすい不便が 12 種類，そこから得られる効用の候補が 8 種類得られた。これらを発想支援に利用する際，前節で示した TRIZ に倣う方法とは別に，より簡便な方法がある。

図 10-8 と図 10-9 に示すのは，12 の不便にする方法と 8 の益が表示されたカードタイプのツールである。これらは簡便な強制発想ツールとして，たとえばデザインワークの場面で利用することができる。

デザインワーク：現状のデザインを敢えて不便にし，そこに効用を見いだすという思考プロセスは，発想の支援になる。たとえば，京都大学サマーデザインスクールにおける数あるテーマの中の一つとして，2012 年から「不便益なシステム」のデザインワークが実施されている。

そこでは日用品と制度に対して多くのデザイン案が出された。たとえば，そのうちの一つが京都大学生活協同組合で発売されている「素数ものさし」である（図 10-13）。

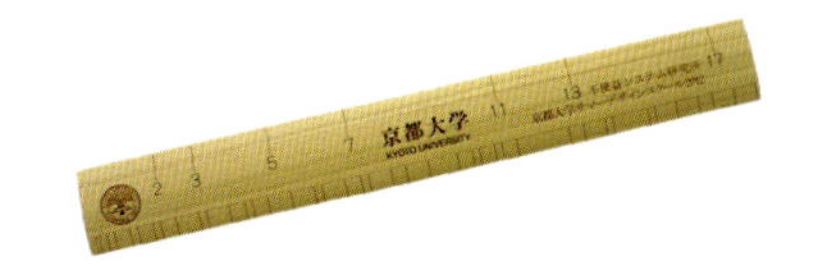

図 10-13　素数ものさし

5 デザインへの適用

本節で紹介するデザイン例のほとんどは，元々は不便益という考え方からスタートしたものではない。しかし，本質的には安易な自動化や高機能化とは異なる方向を指向しており，不便益指向のデザインに通底する。

(1) コトのデザイン

コトをデザインする場合，プロダクトデザインのようにモノのデザインを媒介させる方法が一般的である。すなわち，モノのデザインを通してコトがデザインされる。

一方で制度設計などのメカニズムデザインでは，モノに媒介させる必要はなく，直接的にコトを規定する。このときにも，不便の効用を導入したデザインが可能である。たとえばビブリオバトルと呼ばれる書評のメカニズムが知られる。

書評を媒介としたコミュニティデザイン──ビブリオバトルの実践：ビブリオバトルは，参加者が自らの好きな本を持参して集まり，制限時間内で紹介し会って，その中から相互投票でチャンプ本を決めるというゲームであり[24]，東京都主催の全国大会も開催された。ビブリオバトルには，「いつでも，どこでも，だれとでも」できるインターネットを使った便利な書評へのアンチテーゼという側面もある。そういう意味では，「いまだけ，ここだけ，ぼくらだけ」しかできない，不便な書評と捉えられる。

しかしその本質は，コミュニティを形成する装置として，書かれた文字列や語られた言葉という記号だけでは意味が確定しないという，コミュニケーションの持つ本質的な不便の上に立脚する。その上で，人の行動に対する制約や撹乱という不便を導入した制度デザインの実践と考えることができる。

(2) モノのデザイン

モノのデザインに不便益を適用する場合，ユーザとデザイン結果であるモノとのインタラクションを考慮し，その結果として（主観的）益が得られることを想定する必要がある。たとえば車のデザインを対象とした場合，便利な自動化ではなく，ドライバに工夫の余地を与えるとともに習熟することを可能にし，車という対象系の把握を容易にすることに，デザインの焦点が当てられる。

デザイン結果はたとえモノに現れるとしても，その実は使用者とのインタラクションを見据えたデザインでなければ不便の益は活用できない。そのような意味で，以下に示すデザインは好例である。

不便が楽しい──観光の新たな支援枠組み：不

便によって偶然の出会いや気づきを誘発し促進する実例が，観光ナビゲーションシステムを題材にした多様な実験によって検証されている。

そこでは，わかりにくい不便や完了しないことがユーザに与えるツァイガルニク効果が利用される。具体的には，あえて詳細な地図情報を見せないことで周囲との相互作用を誘発する観光ナビ，時期や場所がたまたまマッチしなくて楽しむことができない「くやしさ」に基づく観光誘導（再訪問推進）システムなどが知られる。

図 10-14 に示すのは，立命館大学のソーシャルコミュニケーション研究室がデザインした観光ナビゲーションアプリの一つである。詳細な地図情報は捨象され，ランドマークや目的地の，現在地からの方向と距離が読み取れる。道程は，ユーザが自ら環境とのインタラクションを通して考えなければならない。

こころの痛み軽減のための義手デザイン：プロダクトデザインと技術の共存は容易ではない。特に義手という「手」の代替となるデバイスにおいては，喪失された機能を目指すべきゴールと設定して開発しがちである。さらに，評価に際しても「本物の手を基準に同じ行為が可能になったか」という観点になりがちである。しかし，実際のユーザは「便利な」義手よりも「気が楽な」義手を選択している。

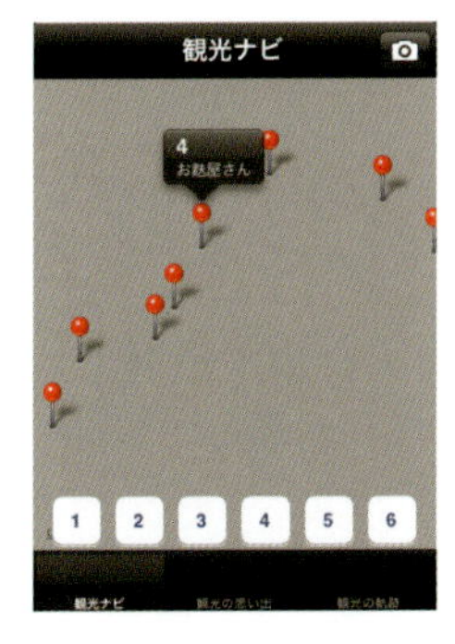

図 10-14　出会いや気づきを誘発するナビゲーションアプリ

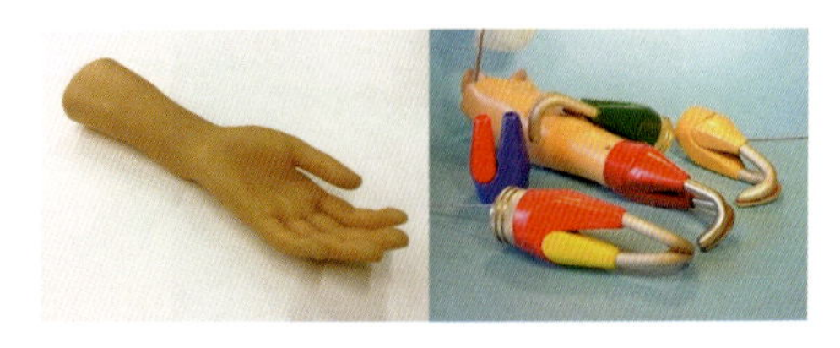

図 10-15　義手のデザイン例

“不便の効用の活用” と同じ方向で，機能性という便利だけに囚われないデザインが指向される。図 10-15 に示すのは，日本で多く使用されている装飾義手（左）に対して，小児対象にオランダ・デルフト工科大で開発された Wilmer Appealing Prehensor である（右）。パーツごとに，赤青黄等と異なる鮮やかな色彩が配され，玩具で遊ぶかのような楽しさを感じさせる。

(3) インタフェースデザイン

人間機械系では，インタフェースのデザインに注目する研究がある。その中でも特に不便の益を活用する研究事例として，安全と安心に関連する自動車のインタフェースが知られる。

ドライバに安全運転を促す運転支援システム：運転支援システムは，ドライバの運転操作に直接介入する直接型と，情報のみを提示することでドライバ自身に判断を行わせて安全な操作を促す間接型に分類できる。直接型は，最終的に安全性を確保する上では重要な役割を担うが，ドライバの判断や操作を代替することは結果としてドライバの注意力や運転能力そのものを低下させる恐れがある。

図 10-16 に示すのは，運転を評価してドライバに提示するインタフェースである[25]。

これは，間接型運転支援システムに注目するものであり，情報提示によってドライバの動機づけに影響を与え，結果として安全運転が促されうることが示される。

自動運転システムのような直接型はドライバに

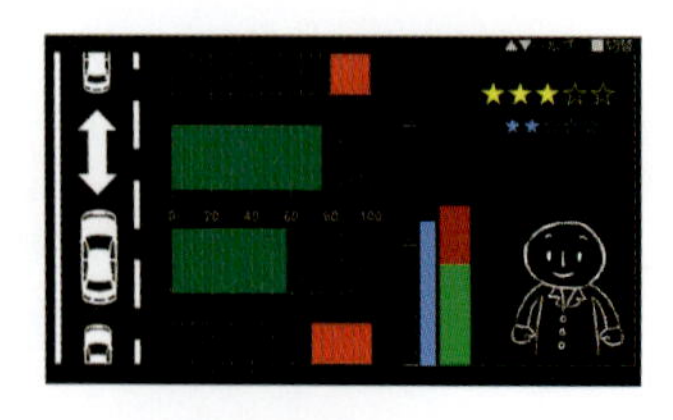

図 10-16　安全運転を促すインタフェース

とっては便利であるが，システムの内部でどのような処理や制御が，どのような判断基準で行われているかを知る術がない。一方で間接型では，ドライバに運転技能を習熟する余地が残される。

(4) インタラクションデザイン

先にも述べたように，不便の活用には関係性の科学がカバーする領域も含まれる。これに関連して，関係論的ロボットがデザインされている。

ゴミ箱ロボット――関係論的なロボットの目指すもの：乳児は一人では何もできない「弱い存在」でありながら，養育者からのアシストを上手に引き出しつつ，結果としてミルクを手に入れ，行きたいところへ移動してしまう。

一方，養育者はこの乳児に手を焼きつつも，その乳児をアシストする中で，自分の存在価値の一部を乳児によって与えられるような相互構成的な関係を作り上げている。

図 10-17 に示すのは，自分ではゴミを拾えないけれど，子どもたちのアシストを上手に引き出しながらゴミを拾い集めてしまう，やや他力本願な「ゴミ箱ロボット」である[26]。これらを使って，人とシステムとの相互構成的なかかわりや関係発達論的なかかわりが議論される。

図 10-17　ごみ箱ロボット

演習問題

10.1 不便益

(問 1) 「買い替えよりもメンテナンスをして使い続けたくなる人工物」が持つべき特性に関して，仮説を立てよ。

(問 2) 上記仮説を確認するための実験を設計せよ。

10.2 不便でよかった事例の分析

(問 3) 前節（1）で定めた意味での「不便」が，本節（1）～（9）に示す「益」のいずれかをもたらす事例を挙げよ。

(問 4) 問 1 で取り上げた事例が，本節冒頭に示した 3 つのカテゴリには当てはまらないことを確認せよ。

10.3 システムデザインの話題

(問 5) マズローの欲求階層説に対応させて，デザインルールとしての Hierarchy of Needs（機能性の欲求，信頼性の欲求，有用性の欲求，熟達の欲求，独創性）が定められている。不便の効用の一つが「ユーザの習熟を許し工夫の余地を与える」であることに注目し，Hierarchy of Needs との関係を論じよ。

10.4 システムデザインの指針

(問 6) 不便だからこその益をユーザに提供するシステムをデザインする方法の一つに，問題解決型がある。すなわち，便利が害をもたらす状況を見極め，それを問題として「不便にすること」で解決する方法である。その時には，不便益マトリクスが利用できる。この方法により，問題解決の結果としての新たなデザインを実践せよ。

(問 7) 不便だからこその益をユーザに提供するシステムをデザインする方法の一つに，価値発掘型がある。すなわち，便利で害もない状況をあえて不便にし，そこで現れる新たな価値（益）を見つける方法である。その時には，不便益カードが利用できる。この方法により，身近にある道具をあえて不便にし，新たなデザインを実践せよ。

参考文献

[1] 川上浩司：不便の効用に着目したシステムデザインに向けて，ヒューマンインタフェース学会論文誌，Vol.11, No.1, pp.125-134, 2009.

[2] 川上浩司：『不便から生まれるデザイン―工学に活かす常識を超えた発想―』，化学同人，2011.

[3] http://www.ism.ac.jp/~taka/kokuminsei/table/data/html/ss7/7_1/7_1_all.htm

[4] 上淵寿：『動機づけ研究の最前線』，北大路書房，2004.

[5] 藤原茂：『強くなくていい「弱くない生き方」をすればいい』，東洋経済新報社，2010.

[6] 釈徹宗：『お世話され上手』，ミシマ社，2016.

[7] http://www.ashikogi-kurumaisu.com

[8] マックス・ウェーバー：『理解社会学のカテゴリー』，岩波書店，1968.

[9] Norman, D. A.: Human-Centered Design Considered Harmful, Interactions, Vol.12, Issue 4, pp.14-19, 2005.

[10] D. A. ノーマン：『誰のためのデザイン？』，新曜社，1990.

[11] 下原勝憲：関係性をデザインする，設計工学，Vol.43, No.11, pp.609-615, 2008.

[12] 季刊 ユニバーサルデザイン , Vol.1, ユニバーサルデザイン・コンソーシアム，1998.

[13] Clarkson, J. et.al.: *Inclusive Design*, Springer, 2003.

[14] Kugler, P. N., Lintern, G.: Risk Management and the Evolution of Instability in Large-Scale Industrial Systems, *Local Applications of the Ecological Approach to Human-Machine Systems*, Vol.2, Chap.14, pp.416-450, Lawrence Erlbaum Associates, pub. ,1995.

[15] Federal Aviation Administration: Safety Alert for Operators, Vol.13002, 2013.

[16] 片井修：人間とシステムのかかわり合いと知的支援―チュートリアル―；人工知能学会誌，Vol.13, No.3, pp.339-346, 1998.

[17] Sarter, N. B. et.al.: *Automation Surprises; in Handbook of Human Factors & Ergonomics*, Wiley, 1997.

[18] 河野龍太郎，他：研究用シミュレータによる「分かりやすく複雑な」CRT 画面の有効性の検討，ヒューマンインタフェース論文誌，Vol.5, No.3, pp.373-382, 2003.

[19] Lee, J., Moray, N.: Trust, control strategies and allocation of function in human machine systems, *Ergonomics*, Vol.35, No.10, pp.1243-1270, 1992.

[20] ジェラルド J. S. ワイルド：『交通事故はなぜなくならないか』，新曜社，2007.

[21] http://www.npa.go.jp/hakusyo/h20/，警察白書，統計 3-3，2008.

[22] 都留　康：『生産システムの革新と進化』，日本評論社，2002.

[23] ゲンリック・アルトシューラー：『TRIZ シリーズ 1 入門編』，日経 BP 社，1997.

[24] 谷口忠大：『ビブリオバトル』，文春新書，2013.

[25] Hiraoka, T. et.al: Safe driving evaluation system to enhance motivation for safe driving, Proc. of FAST-zero 2015 Symposium, pp.613-620, 2015.

[26] 岡田美智男：『弱いロボット』，医学書院，2012.

索　引

【英数字】

【あ】

【か】

【さ】

【た】

【な】

【は】

【ま】

【や】

【ら】

【わ】

【編著者紹介】

樵木哲夫（さわらぎ てつお）

1981年　京都大学工学部機械系学科卒業
1983年　京都大学大学院工学研究科修士課程修了
1986年　同上博士課程指導認定退学．同年京都大学工学部助手
1988年　京都大学工学博士
1991～1992年　米国スタンフォード大学客員研究員
2002年　京都大学大学院工学研究科精密工学専攻教授
現　在　京都大学大学院工学研究科機械理工学専攻教授

松原　厚（まつばら あつし）

1985年　京都大学工学部機械系学科卒業．同年株式会社村田製作所入社
1991年　京都工芸繊維大学大学院工芸科学研究科博士前期課程修了
1992年　京都大学工学部助手
1997年　京都大学工学博士
2000年　京都大学大学院工学研究科精密工学専攻助教授
2005年　京都大学大学院工学研究科マイクロエンジニアリング専攻教授
現　在　京都大学大学院工学研究科マイクロエンジニアリング専攻教授

川上浩司（かわかみ ひろし）

1987年　京都大学工学部精密工学科卒業
1989年　京都大学大学院工学研究科修士課程修了．同年岡山大学工学部助手
1993年　京都大学博士（工学）
1998年　京都大学情報学研究科助教授
2007年　京都大学情報学研究科准教授
現　在　京都大学デザイン学ユニット特定教授

堀口由貴男（ほりぐち ゆきお）

1997年　京都大学工学部精密工学科卒業
1999年　京都大学大学院工学研究科修士課程修了
2001～2003年　日本学術振興会特別研究員
2003年　同上博士課程指導認定退学．同年京都大学大学院工学研究科助手
2005年　京都大学博士（工学）
2007年　京都大学大学院工学研究科機械理工学専攻助教
2010～2011年　カナダ・ウォータールー大学客員研究員
現　在　京都大学大学院工学研究科機械理工学専攻助教

京都大学デザインスクール
テキストシリーズ 3
アーティファクトデザイン

Kyoto University Design School
Text Series Vol.3
Artifact Design

2018年4月25日　初版　第1刷発行

編　者　樵木哲夫　© 2018

著　者　樵木哲夫・松原　厚
川上浩司・堀口由貴男

発行者　**共立出版株式会社**/南條光章

東京都文京区小日向4-6-19
電話 東京(03)3947局2511番
〒112-0006/振替 00110-2-57035番
www.kyoritsu-pub.co.jp/

印　刷
製　本　藤原印刷

一般社団法人
自然科学書協会
会員

Printed in Japan

検印廃止
NDC 500
ISBN978-4-320-00602-7